電子回路の基本法則から
トランジスタ/OPアンプ回路の設計まで

[改訂新版] 電子回路設計の基礎知識

塩沢 修／村橋 善光 共著

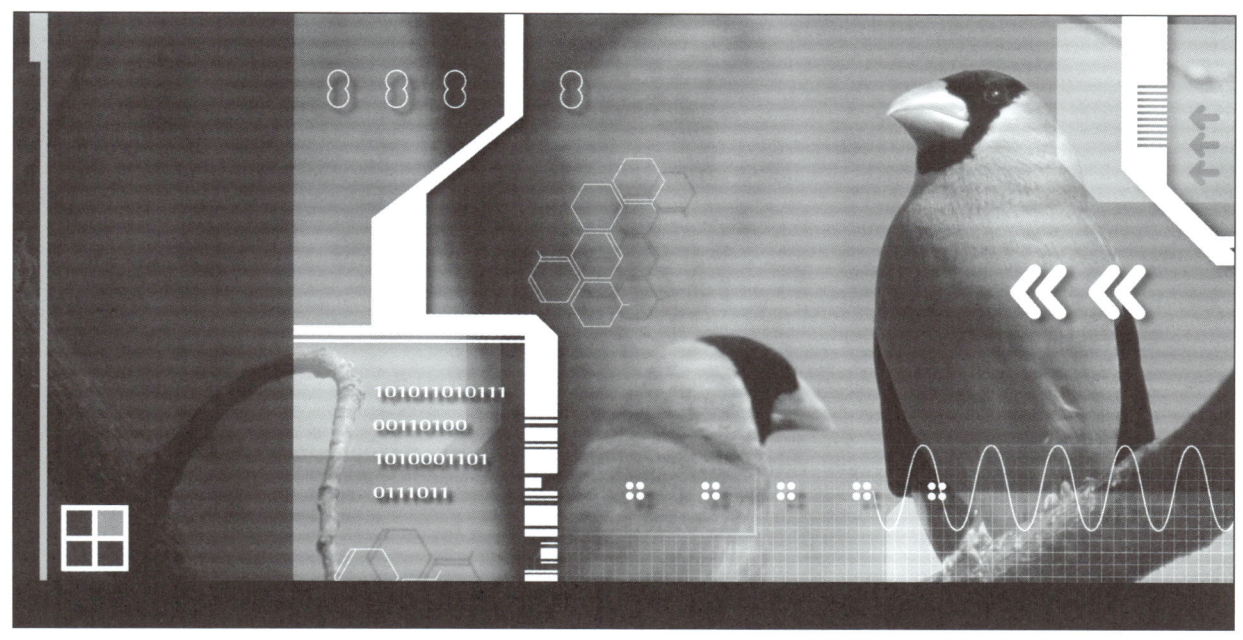

はじめに

　今，私は東京の武蔵小金井にあるビルの8階から，外の景色を見ながら原稿に向かっています．そして，高層の近代的ビルが立ち並んでいるのに少し驚いています．

　武蔵小金井というと，ちょっと昔は相当な田舎だったと想像します．私の住んでいるアパートには今年引っ越してきたばかりですが，周囲には竹林などもあって鬱蒼とした林が豊富だからです．

　このような風景は，電子技術の発展にも似たようなところを感じます．今のようにコンピュータが発達し，IT革命や地上波ディジタル放送などと騒がれていますが，ほんの少し昔には何もなかったのです．現在の日本の状況を見てみると，コンピュータ技術が高度に発達し，そのためソフトウェアに関する本は書店にずらりと並んでいますが，アナログ技術の本などは目にすることが少なくなりました．また，若者達の理数系離れもあり，電子技術を基礎から体系的に学んでみようという人は少なくなったように思います．

　ある年配の大学の先生の話ですが，電子科の授業の中から「電磁気学」という科目がなくなってしまったと憤慨されていました．私はこれを聞いたとき，「応用を学ぼうとするならば基礎を学ぶべきであり，基礎を学ぼうとするならば応用を学ぶべきだ」というノーベル化学賞を受賞された福井謙一博士の言葉を思い出しました．

　本書は，トランジスタ技術SPECIAL No.36「基礎からの電子回路設計ノート」をリニューアルしたものです．もともとこの本は，私が回路設計するとき，その解析法や設計法を情報カードにメモし，設計するときに開いて使っていたものをまとめたものです．そのため，前著は辞書のように編集してありましたが，初心者が基礎から学ぶには少し難があったように思います．そこで今回は，ある程度体系的に学べるように整理しなおしました．

　また，前著の誤りにつきましては，名古屋大学の村橋善光氏に手伝っていただき，可能な限り訂正いたしましたが，もし新たに誤りがあるようでしたらご指摘いただければ幸いです．最後に，本書の出版にあたり，ご尽力いただいた江崎氏，村橋氏に厚くお礼申し上げます．

2005年9月　塩沢 修

改訂版の発行にあたって

　このたび，私は塩沢先生の書かれたトランジスタ技術 SPECIAL No.36「基礎からの電子回路設計ノート」を元に，加筆・修正・再構成のお手伝いをさせていただきました．

　私は過去に，電気回路・電子回路の演習授業の手伝いをしたことがあり，その際に学生からよく質問されたことを参考にしながら，本書の内容に反映しました．近年は，LSIで構成される回路がほとんどを占めており，ディスクリート部品のみで構成された回路は見かけなくなりました．それに伴い，「トランジスタやダイオードを見たことがない」という学生が，電気系の中でも多数を占めるようになりました．こうなると，電子回路の動作原理に興味を持つ学生が少なくなり，電子回路の授業は単に数式を追うだけのつまらない授業になりがちになってしまいます．

　本書では多くの数式が出てきますが，単に数式を追うだけでなく，先人がどのような工夫を凝らしながら目的の回路を実現したのか，というところに注目しながら読んで行くと，興味が沸いて理解しやすいのではないかと思います．そして，本書で述べられている電子回路の設計法や実現のためのアイデアは，今後登場する新しいデバイスの応用を発展させたり，問題につまずいたときの貴重なヒントになってくれると思います．

　本書が，「これから電子回路を学ぼう」という人のみならず，「学生時代に習ったけれど，職場で必要になったので，もう一度勉強し直したい」という人にもお役に立てると幸いです．本書の出版にあたり，有益なご助言，ご指導賜りました塩沢先生，江崎先生には心から感謝いたします．

2005年9月　村橋 善光

目 次

はじめに …………………………………………………………………………………3

第1章　直流回路と交流回路の基礎知識 …………………………11

1. 直流回路の基礎 …………………………………………………………11
- 1.1　オームの法則 …………………………………………………………11
- 1.2　キルヒホッフの法則 …………………………………………………12
- 1.3　キルヒホッフの法則の応用 …………………………………………13
- 1.4　抵抗の直列接続と並列接続 …………………………………………16
- 1.5　分圧法則と分流法則 …………………………………………………18
- 1.6　線形素子と非線形素子 ………………………………………………19
- 1.7　重ねの理 ………………………………………………………………20
- 1.8　重ねの理の応用例 ……………………………………………………20
- 1.9　テブナンの定理 ………………………………………………………21
- 1.10　テブナンの定理の応用 ………………………………………………22
- 1.11　電圧源と電流源 ………………………………………………………23
- 1.12　帆足-ミルマンの定理 ………………………………………………24
- 1.13　直流における電力 ……………………………………………………25
- 1.14　電力を最大に取り出す条件 …………………………………………26

2. 交流回路の基礎 …………………………………………………………29
- 2.1　正弦波電圧・電流 ……………………………………………………29
- 2.2　実効値 …………………………………………………………………30
- 2.3　抵抗回路 ………………………………………………………………31
- 2.4　誘導回路 ………………………………………………………………32
- 2.5　容量回路 ………………………………………………………………33
- 2.6　RLC直列回路 …………………………………………………………35

2.7　交流における電力 ... 37
2.8　交流回路の複素計算法 ... 38
2.9　インピーダンスの直列接続法と並列接続法 ... 42

3. 回路の過渡応答 ... 43
3.1　CR直列回路 ... 43
3.2　初期値最終値法 ... 47

【コラム1.A】クラーメルの公式 ... 26

第2章　電子回路用語と部品の基礎知識 ... 49

1. 電気の基礎 ... 49
1.1　インピーダンス ... 49
1.2　インピーダンスのマッチング ... 51
1.3　デシベル(dB) ... 52
1.4　S/N比 ... 54
1.5　雑音指数(NF) ... 55

2. 雑音対策 ... 56
2.1　静電シールドと磁気シールド ... 56
2.2　ツイスト配線とトランスを用いた雑音対策 ... 57

3. 部品に関する知識 ... 58
3.1　抵抗 ... 58
3.2　コンデンサ ... 59
3.3　トランス ... 62
3.4　ダイオード ... 63
3.5　トランジスタ ... 65
3.6　FET(電界効果トランジスタ) ... 67
3.7　集積回路(IC) ... 68

4. テスタの使い方 ... 68
4.1　テスタの原理 ... 68
4.2　テスタの使い方 ... 70

【コラム2.B】抵抗値の読み方 ... 60

第3章　ディスクリート半導体の基礎知識 ……72

1. ダイオード ……72
- 1.1　p型半導体とn型半導体 ……72
- 1.2　PN接合とダイオード ……73
- 1.3　ダイオードの使い方と注意事項 ……76
- 1.4　定電圧ダイオード(ツェナ・ダイオード) ……77
- 1.5　発光ダイオード(LED) ……78
- 1.6　可変容量ダイオード ……79

2. トランジスタ ……80
- 2.1　トランジスタの構造 ……80
- 2.2　トランジスタの準位図とトランジスタの働き ……80
- 2.3　エミッタ接地の増幅作用 ……81

3. UJTとPUT ……82
- 3.1　UJTの特性 ……82
- 3.2　UJTの発振について ……83
- 3.3　PUT ……86

4. FET ……87
- 4.1　FETの原理 ……87
- 4.2　FETの特性 ……87

5. SCRとトライアック ……88
- 5.1　SCRの構造 ……88
- 5.2　SCRの原理 ……89
- 5.3　SCRによる交流の位相制御 ……90
- 5.4　トライアック ……91

第4章　トランジスタ回路の基礎知識 ……92

1. トランジスタの基礎理論 ……92
- 1.1　等価電源定理 ……92
- 1.2　ベース接地のトランジスタ等価回路 ……93
- 1.3　エミッタ接地のトランジスタ等価回路 ……97
- 1.4　コレクタ接地(エミッタ・フォロワ)の等価回路 ……99
- 1.5　hパラメータ ……102

1.6	固定バイアス回路	104
1.7	自己バイアス回路	106
1.8	電流帰還バイアス回路	109
1.9	電圧分割バイアス回路	111

2. トランジスタ応用回路 …………116

2.1	スイッチング回路	116
2.2	ダーリントン回路	117
2.3	エミッタ・フォロワ	118
2.4	CR結合増幅回路	120
2.5	エミッタ接地–コレクタ接地2段直結増幅回路	125
2.6	電力増幅回路──抵抗負荷A級電力増幅器	128
2.7	電力増幅回路──トランス結合A級電力増幅器	131
2.8	電力増幅回路──B級プッシュプル電力増幅器	132
2.9	電力増幅回路──SEPP(シングルエンド・プッシュプル)電力増幅器	136

第5章　OPアンプ回路の基礎知識 …………139

1. OPアンプの基礎 …………139

1.1	OPアンプとは	139
1.2	OPアンプの特性	140
1.3	反転増幅器	141
1.4	非反転増幅器	145
1.5	ナレータとノレータを用いた計算手法	148
1.6	ボルテージ・フォロワ	151
1.7	OPアンプの特性を表すその他のパラメータ	151
1.8	バイアス電流とオフセット電圧の影響	154

2. 基本的なOPアンプ回路 …………155

2.1	加算回路	155
2.2	減算回路	156
2.3	高利得増幅回路	157
2.4	差動増幅回路	158
2.5	差動増幅回路──利得可変の単一差動アンプ	159
2.6	差動増幅回路──高入力インピーダンス差動アンプ	161

第6章　トランジスタとOPアンプを使った回路設計の基礎知識 … 163
―― 発振回路，定電圧/定電流回路，フィルタ回路 ――

1. 発振回路 …163
- 1.1　LC発振回路――発振の原理 …163
- 1.2　LC発振回路――LC発振回路の基本 …164
- 1.3　LC発振回路――ハートレー発振回路 …166
- 1.4　LC発振回路――コルピッツ発振回路 …167
- 1.5　CR発振回路――微分型移相発振回路 …168
- 1.6　CR発振回路――積分型移相発振回路 …170
- 1.7　CR発振回路――OPアンプを使用した移相型CR正弦波発振器 …172
- 1.8　ウィーン・ブリッジ正弦波発振回路（OPアンプ使用） …174
- 1.9　マルチバイブレータ発振回路（トランジスタ使用） …177
- 1.10　無安定マルチバイブレータ（OPアンプ使用） …182
- 1.11　マルチバイブレータ発振器（インバータ使用） …185

2. 定電圧回路と定電流回路 …188
- 2.1　ツェナ・ダイオードを用いた定電圧回路(1) …188
- 2.2　ツェナ・ダイオードを用いた定電圧回路(2) …189
- 2.3　ツェナ・ダイオードとトランジスタを用いた簡単な定電圧電源 …189
- 2.4　リプル・フィルタ …191
- 2.5　定電流ダイオードを利用した定電圧回路 …191
- 2.6　ツェナ電圧V_Zと同電位の定電圧回路 …192
- 2.7　1段の電圧-電流変換回路 …192
- 2.8　2段の電圧-電流変換回路(1) …195
- 2.9　2段の電圧-電流変換回路(2) …197
- 2.10　定電流回路 …198

3. フィルタ …199
- 3.1　RCローパス・フィルタ …199
- 3.2　ハイパス・フィルタ …201
- 3.3　アクティブ・フィルタ――1次のローパス・フィルタ …203
- 3.4　アクティブ・フィルタ――2次のローパス・フィルタ …205
- 3.5　アクティブ・フィルタ――2次のハイパス・フィルタ …206

第7章　OPアンプを使った応用回路 ……………………………………207

1. OPアンプ応用回路 …………………………………………………207
 1.1 反転型交流増幅回路 ……………………………………………207
 1.2 非反転型交流増幅回路 …………………………………………208
 1.3 反転型分圧帰還回路 ……………………………………………209
 1.4 反転型分圧帰還回路（別法） …………………………………210
 1.5 連続利得可変回路 ………………………………………………211
 1.6 インスツルメンテーション・アンプ …………………………213
 1.7 インスツルメンテーション・アンプ（別法） ………………213
 1.8 シュミット回路（ヒステリシス・コンパレータ） …………215
 1.9 単安定マルチバイブレータ（モノマルチ） …………………216
 1.10 半波整流回路 …………………………………………………220
 1.11 絶対値増幅回路 ………………………………………………221
 1.12 方形波/三角波発振回路 ……………………………………222
 1.13 発振周波数とデューティ比を独立に可変できる発振回路 …225
 1.14 負性インピーダンス変換器（NIC） …………………………225
 1.15 一般化インピーダンス変換器 ………………………………226
 1.16 インピーダンス・スケーラ …………………………………228

2. アナログ応用回路 ……………………………………………………229
 2.1 発光ダイオード回路 ……………………………………………229
 2.2 トランジスタで駆動する発光ダイオード回路 ………………229
 2.3 微分回路 …………………………………………………………230
 2.4 積分回路 …………………………………………………………233
 2.5 カレント・ミラー回路 …………………………………………234
 2.6 ミラー積分回路 …………………………………………………236
 2.7 ブースタ回路 ……………………………………………………238
 2.8 スイッチト・キャパシタ・フィルタ（SCフィルタ） ………239
 2.9 復調器（反転・非反転切り替え回路） ………………………240

索　引 ………………………………………………………………………242

第1章 直流回路と交流回路の基礎知識

　本章では，電子回路の基本法則を学びます．よく「オームの法則」を知っていれば電気はわかったようなものだといいますが，実際きちんと理解するのは難しいものです．オームの法則は，筆者は中学3年のときに学習したことを覚えています．筆者の場合は暗記のみで，その内容についてまるで理解していませんでした．それは，自分で電子機器を設計し，製作する経験がなかったからでした．

　少し複雑な回路網では，「キルヒホッフの法則」を使います．キルヒホッフの法則を使って方程式を解く場合，行列式を使いますが，行列式についてはコラムに解説しました．

　「重ねの理」は，OPアンプ回路の解析で重要になります．しっかり覚えてください．また，電流源，電圧源の考え方は，トランジスタ等価回路を理解するのに重要です．

1. 直流回路の基礎

 ### 1.1 オームの法則

　図1.1のように，乾電池などの直流電源に抵抗Rが接続されている回路を考えます．この回路に流れる電流Iは電圧Eに比例し，抵抗Rに反比例します．式で表すと，

$$I = \frac{E}{R} \quad \cdots\cdots\cdots\cdots\cdots\cdots\cdots\cdots\cdots\cdots\cdots\cdots\cdots\cdots\cdots\cdots\cdots\cdots\cdots (1.1)$$

となります．これをオームの法則といいます．このオームの法則は電気回路，電子回路（トランジスタ回路）を設計するときに頻繁に使われる，電気の基礎公式です．

　一般に，抵抗Rのことを負荷といい，その両端の電圧IRを電圧降下といいます．

第1章

1.2 キルヒホッフの法則

簡単な回路では，オームの法則を用いて電流や電圧を計算することができます．しかし，複雑な回路網になるとオームの法則だけでは計算ができなくなります．その場合は，キルヒホッフの法則を用いて回路方程式を立て，その方程式を解く必要があります．

● キルヒホッフの第1法則（電流連続の法則）

任意の回路網において，ある導線の接続点に流入する電流の和と，流出する電流の和は等しくなります．たとえば，図1.2(a)のように電流の出入りがあるとすると，

$$I_1 + I_2 + I_3 = I_4 + I_5 \quad\cdots\cdots(1.2)$$

が成立します．これは，電流連続の法則という名称がつけられていますが，電流が回路のある1点に入ると，入った分だけその点から出ていくことを示し，電流の連続性を表します．

仮に，もしこの法則が成り立たないとすると，回路の1点にどんどん電気が蓄えられていくことになり，おかしなことになります．

また，見方を変えて，ある導線の接続点に流入（あるいは流出）する電流の総和はゼロであると考えてもかまいません．すなわち，式(1.2)の右辺にマイナスの記号をつけ，図(a)の I_4, I_5 の向きを逆にすると，式(1.2)は，

$$I_1 + I_2 + I_3 + I_4 + I_5 = 0 \quad\cdots\cdots(1.3)$$

となります．一般に，

$$\sum_{k=1}^{n} I_k = 0 \quad\cdots\cdots(1.4)$$

が成立します．

● キルヒホッフの第2法則（電圧平衡の法則）

任意の回路網のある閉回路において，閉回路に沿って一定方向をたどるとき，電圧降下の総和は起

図1.1 オームの法則

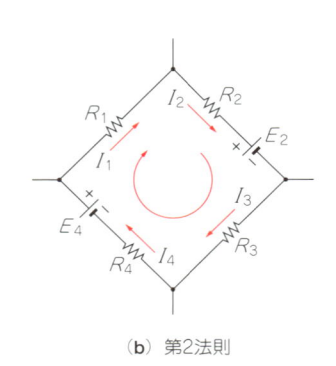

(a) 第1法則　　(b) 第2法則

図1.2 キルヒホッフの法則

電力の総和に等しくなります．たとえば，図1.2(b)において，
$$I_1R_1 + I_2R_2 + I_3R_3 + I_4R_4 = E_4 - E_2 \quad \cdots\cdots (1.5)$$
が成立します．

または，右辺のE_2のマイナスの記号をプラスにし，電圧の測り方の向きを逆にすると式(1.5)は，
$$I_1R_1 + I_2R_2 + I_3R_3 + I_4R_4 - (E_4 + E_2) = 0 \quad \cdots\cdots (1.6)$$
となります．一般に，
$$\sum_{k=1}^{n} I_k R_k - \sum_{k=1}^{n} E_k = 0 \quad \cdots\cdots (1.7)$$
が成立します．この式の意味は，任意の閉回路において，それを構成する抵抗の電圧降下，起電力（同一方向に測る）の総和はゼロであるということです．

1.3 キルヒホッフの法則の応用

● 応用例(1)

図1.3に示すような回路は，オームの法則だけでは回路に流れる電流を計算することができないので，キルヒホッフの法則を応用します．まず，図のようにI_1，I_2，I_3と電流の方向を決めます．そして，キルヒホッフの第1法則を用いると，
$$I_3 = I_1 + I_2 \quad \cdots\cdots (1.8)$$
となります．次に，ℓ_1，ℓ_2のように閉路の方向を決め，キルヒホッフの第2法則を用いると，
$$E_1 = I_1R_1 + I_3R_3 \quad \cdots\cdots (1.9)$$
$$E_2 = I_2R_2 + I_3R_3 \quad \cdots\cdots (1.10)$$
となります．未知数がI_1，I_2，I_3の三つですから，式(1.8)，式(1.9)，式(1.10)の三つの方程式で解けることになります．式(1.8)を式(1.9)，式(1.10)に代入して，
$$E_1 = I_1R_1 + (I_1 + I_2)R_3 = (R_1 + R_3)I_1 + I_2R_3 \quad \cdots\cdots (1.11)$$
また，
$$E_2 = I_2R_2 + (I_1 + I_2)R_3 = I_1R_3 + (R_2 + R_3)I_2 \quad \cdots\cdots (1.12)$$
となり，式(1.11)，式(1.12)を整理してまとめると，
$$(R_1 + R_3)I_1 + R_3I_2 = E_1$$
$$R_3I_1 + (R_2 + R_3)I_2 = E_2$$

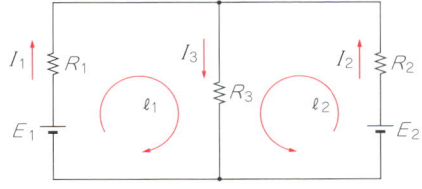

図1.3 キルヒホッフの法則の応用例

となります．行列で表すと，

$$\begin{bmatrix} E_1 \\ E_2 \end{bmatrix} = \begin{bmatrix} R_1 + R_3 & R_3 \\ R_3 & R_2 + R_3 \end{bmatrix} \begin{bmatrix} I_1 \\ I_2 \end{bmatrix} \quad \cdots (1.13)$$

となります．そこで，行列式を用いて解くと，

$$\Delta = \begin{vmatrix} R_1 + R_3 & R_3 \\ R_3 & R_2 + R_3 \end{vmatrix}$$
$$= (R_1 + R_3)(R_2 + R_3) - R_3^2 = R_1 R_2 + R_1 R_3 + R_3 R_2 + R_3^2 - R_3^2 = R_1 R_2 + R_2 R_3 + R_3 R_1$$

として，I_1, I_2 は，

$$I_1 = \frac{1}{\Delta} \begin{vmatrix} E_1 & R_3 \\ E_2 & R_2 + R_3 \end{vmatrix} = \frac{1}{\Delta} \{(R_2 + R_3) E_1 - R_3 E_2\}$$
$$= \frac{(R_2 + R_3) E_1 - R_3 E_2}{R_1 R_2 + R_2 R_3 + R_3 R_1} \quad \cdots (1.14)$$

$$I_2 = \frac{1}{\Delta} \begin{vmatrix} R_1 + R_3 & E_1 \\ R_3 & E_2 \end{vmatrix} = \frac{1}{\Delta} \{(R_1 + R_3) E_2 - R_3 E_1\}$$
$$= \frac{-R_3 E_1 + (R_1 + R_3) E_2}{R_1 R_2 + R_2 R_3 + R_3 R_1} \quad \cdots (1.15)$$

となります．

● **応用例(2)ホイートストン・ブリッジ**

図1.4(a)に示すような回路をホイートストン・ブリッジといいます．このホイートストン・ブリッジに流れる電流を求めるには，I_0, I_1, I_2, I_3, I_4, I_5 の枝電流を決めて，方程式を立てても求められますが，その場合は六つの方程式が必要になります．

そこで，図1.4(b)のように，I_1', I_2', I_3' の閉路電流を考えます．そうすると，三つの方程式を立てればよくなります．閉路にそって回路方程式を立てると，

$$(R_2 + R_4) I_1' - R_2 I_2' - R_4 I_3' = E$$
$$- R_2 I_1' + (R_1 + R_2 + R_5) I_2' - R_5 I_3' = 0$$
$$- R_4 I_1' - R_5 I_2' + (R_3 + R_4 + R_5) I_3' = 0$$

となります．行列で表すと，

$$\begin{bmatrix} E \\ 0 \\ 0 \end{bmatrix} = \begin{bmatrix} R_2 + R_4 & -R_2 & -R_4 \\ -R_2 & R_1 + R_2 + R_5 & -R_5 \\ -R_4 & -R_5 & R_3 + R_4 + R_5 \end{bmatrix} \begin{bmatrix} I_1' \\ I_2' \\ I_3' \end{bmatrix} \quad \cdots (1.16)$$

となり，この連立方程式を行列式を用いて解きます．

$$\Delta = \begin{vmatrix} R_2 + R_4 & -R_2 & -R_4 \\ -R_2 & R_1 + R_2 + R_5 & -R_5 \\ -R_4 & -R_5 & R_3 + R_4 + R_5 \end{vmatrix} \quad \cdots (1.17)$$

として，I_1', I_2', I_3' を求めます．

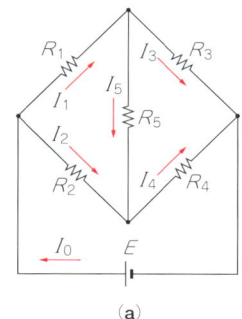
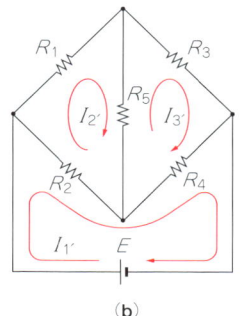

(a) (b)

図1.4 ホイートストン・ブリッジ

$$I_1' = \frac{1}{\Delta}\begin{vmatrix} E & -R_2 & -R_4 \\ 0 & R_1+R_2+R_5 & -R_5 \\ 0 & -R_5 & R_3+R_4+R_5 \end{vmatrix} = \frac{E}{\Delta}\begin{vmatrix} R_1+R_2+R_5 & -R_5 \\ -R_5 & R_3+R_4+R_5 \end{vmatrix} \quad \cdots\cdots(1.18)$$

$$I_2' = \frac{1}{\Delta}\begin{vmatrix} R_2+R_4 & E & -R_4 \\ -R_2 & 0 & -R_5 \\ -R_4 & 0 & R_3+R_4+R_5 \end{vmatrix} = -\frac{E}{\Delta}\begin{vmatrix} -R_2 & -R_5 \\ -R_4 & R_3+R_4+R_5 \end{vmatrix} \quad \cdots\cdots(1.19)$$

$$I_3' = \frac{1}{\Delta}\begin{vmatrix} R_2+R_4 & -R_2 & E \\ -R_2 & R_1+R_2+R_5 & 0 \\ -R_4 & -R_5 & 0 \end{vmatrix} = \frac{E}{\Delta}\begin{vmatrix} -R_2 & R_1+R_2+R_5 \\ -R_4 & -R_5 \end{vmatrix} \quad \cdots\cdots(1.20)$$

電池Eから見た合成抵抗Rは，

$$R = \frac{E}{I_1'} = \frac{\Delta}{\begin{vmatrix} R_1+R_2+R_5 & -R_5 \\ -R_5 & R_3+R_4+R_5 \end{vmatrix}} \quad \cdots\cdots\cdots\cdots\cdots\cdots\cdots\cdots(1.21)$$

です．R_5を流れる電流I_5は，

$$\begin{aligned} I_5 &= I_2' - I_3' \\ &= \frac{-E}{\Delta}\begin{vmatrix} -R_2 & -R_5 \\ -R_4 & R_3+R_4+R_5 \end{vmatrix} - \frac{E}{\Delta}\begin{vmatrix} -R_2 & R_1+R_2+R_5 \\ -R_4 & -R_5 \end{vmatrix} \\ &= \frac{-E}{\Delta}\{-R_2(R_3+R_4+R_5) - R_4R_5 + R_2R_5 + R_4(R_1+R_2+R_5)\} \\ &= \frac{E}{\Delta}(R_2R_3 - R_4R_1) \quad \cdots\cdots\cdots\cdots\cdots\cdots\cdots\cdots(1.22) \end{aligned}$$

となります．したがって，$I_5 = 0$となるためのブリッジの平衡条件は，

$$R_2R_3 = R_4R_1 \quad \cdots\cdots\cdots\cdots\cdots\cdots\cdots\cdots(1.23)$$

となります．あるいは，

$$\frac{R_3}{R_1} = \frac{R_4}{R_2} \quad \cdots\cdots\cdots\cdots\cdots\cdots\cdots\cdots(1.24)$$

です．

このホイートストン・ブリッジは，未知の抵抗を測定するために用いられます．R_3を未知抵抗とし，R_5の枝路に検流計を入れて検流計に電流が流れないようにR_4を調整し，R_3を測定します．R_3は式（1.24）より，

$$R_3 = \frac{R_1}{R_2} R_4 \quad\quad\quad (1.25)$$

となります．

1.4 抵抗の直列接続と並列接続

図1.5（a）は抵抗の直列接続，図1.5（b）は抵抗の並列接続といいます．

● 直列接続

図1.5（a）の直列接続の場合の合成抵抗（端子a-bから見たときの抵抗）を求めてみましょう．R_1，R_2，R_3の直列接続にかかる電圧をV，それぞれに流れる電流をIとすると，キルヒホッフの第2法則より，

$$V = IR_1 + IR_2 + IR_3 = I(R_1 + R_2 + R_3) \quad\quad\quad (1.26)$$

となります．

また，これらを一つの抵抗Rとみなしたときの値は，

$$V = IR \quad\quad\quad (1.27)$$

の関係が成り立ちます．

式（1.26）と式（1.27）を比較すると，直列接続の合成抵抗は，

$$R = R_1 + R_2 + R_3 \quad\quad\quad (1.28)$$

となります．一般に，抵抗R_iの直列接続の合成抵抗Rは，以下の式で表されます．

$$R = \sum_{i=1}^{n} R_i \quad\quad\quad (1.29)$$

● 並列接続

図1.5（b）の並列接続の場合の合成抵抗（端子a-bから見たときの抵抗）を求めてみましょう．R_1，R_2，R_3の並列接続にかかる電圧をV，それぞれに流れる電流をI_iとすると，オームの法則より，

$$I_1 = \frac{V}{R_1} \quad\quad\quad (1.30)$$

$$I_2 = \frac{V}{R_2} \quad\quad\quad (1.31)$$

$$I_3 = \frac{V}{R_3} \quad\quad\quad (1.32)$$

となります．a点における電流の関係は，キルヒホッフの第1法則より，

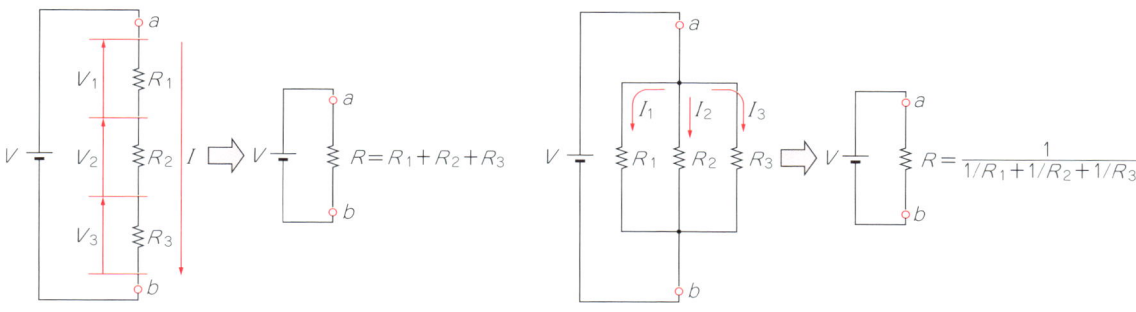

(a) 抵抗の直列接続　　　　　　　　　　**(b) 抵抗の並列接続**

図1.5 直列接続法と並列接続法

$$I = I_1 + I_2 + I_3 \quad \cdots \cdots (1.33)$$

式(1.30)～式(1.32)を式(1.33)に代入して整理すると，

$$I = \frac{V}{R_1} + \frac{V}{R_2} + \frac{V}{R_3} = V\left(\frac{1}{R_1} + \frac{1}{R_2} + \frac{1}{R_3}\right) \quad \cdots \cdots (1.34)$$

また，これらを一つの抵抗Rとみなしたときの値は，

$$I = \frac{V}{R} \quad \cdots \cdots (1.35)$$

の関係が成り立ちます．式(1.34)と式(1.35)を比較すると，並列接続の合成抵抗は，

$$R = \frac{1}{\dfrac{1}{R_1} + \dfrac{1}{R_2} + \dfrac{1}{R_3}} \quad \cdots \cdots (1.36)$$

となります．ここで本書では，式(1.36)の右辺を並列接続の記号//を使って，次のように記述します．

$$\frac{1}{\dfrac{1}{R_1} + \dfrac{1}{R_2} + \dfrac{1}{R_3}} = R_1 // R_2 // R_3 \quad \cdots \cdots (1.37)$$

一般に，抵抗R_iの並列接続は以下のように記述できます．

$$R = \frac{1}{\displaystyle\sum_{i=1}^{n} \frac{1}{R_i}} = R_1 // R_2 // \cdots // R_n \quad \cdots \cdots (1.38)$$

また，両辺の逆数をとると次の式で表されます．

$$\frac{1}{R} = \sum_{i=1}^{n} \frac{1}{R_i} \quad \cdots \cdots (1.39)$$

$1/R = G$，$1/R_i = G_i$として書き直すと，

$$G = \sum_{i=1}^{n} G_i \quad \cdots \cdots (1.40)$$

第1章

と書けます．抵抗の逆数である G, G_i はコンダクタンスと呼ばれており，単位は [S]（ジーメンス）で表されます．ジーメンスを使って電流と電圧の関係を表すと，

$$I = GV \tag{1.41}$$

となります．R が電流の流れにくさを表すものであるのに対し，G は電流の流れやすさを表します．

1.5 分圧法則と分流法則

● 分圧法則

図 1.6 に示すように抵抗 R_1, R_2 が直列に接続されていて，これに直流電圧源 E が印加されるとき，電圧 E は抵抗 R_1, R_2 によって分圧されます．分圧された電圧 V_1, V_2 は次のようにして求めることができますが，その結果を公式として記憶しておくと便利です．

回路の合成抵抗 R は，

$$R = R_1 + R_2 \tag{1.42}$$

であり，回路に流れる電流 I はオームの法則より，

$$I = \frac{E}{R} = \frac{E}{R_1 + R_2} \tag{1.43}$$

となります．

抵抗 R_1 の両端の電圧 V_1 は，

$$V_1 = IR_1 = \frac{R_1}{R_1 + R_2} E \tag{1.44}$$

です．また，抵抗 R_2 の両端の電圧 V_2 は，

$$V_2 = IR_2 = \frac{R_2}{R_1 + R_2} E \tag{1.45}$$

となります．

● 分流法則

図 1.7 のように抵抗 R_1, R_2 が並列に接続されていて，電流 I が流れているとすると，電流 I は抵抗 R_1, R_2 によって分流されます．分流される電流 I_1, I_2 は次のようにして求めることができますが，その結果

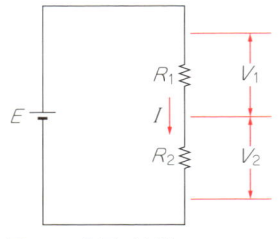

図 1.6　分圧の法則

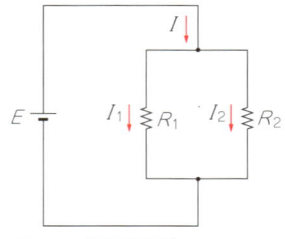

図 1.7　分流の法則

を公式として記憶しておくと便利です．

回路の合成抵抗 R は，

$$R = \frac{R_1 R_2}{R_1 + R_2} \quad \cdots\cdots (1.46)$$

であり，回路の電圧はオームの法則より，

$$E = IR = \frac{R_1 R_2}{R_1 + R_2} I \quad \cdots\cdots (1.47)$$

となります．抵抗 R_1 に流れる電流 I_1 は，

$$I_1 = \frac{E}{R_1} = \frac{R_2}{R_1 + R_2} I \quad \cdots\cdots (1.48)$$

です．また，抵抗 R_2 に流れる電流 I_2 は，

$$I_2 = \frac{E}{R_2} = \frac{R_1}{R_1 + R_2} I \quad \cdots\cdots (1.49)$$

となります．

1.6 線形素子と非線形素子

ある素子に電圧 V を印加したとき流れる電流を I とします．I と V の間に比例関係があるとき，I と V の間に**線形性**があるといい，このような素子を**線形素子**といいます．このような線形素子としては，抵抗，インダクタンス素子（コイル），キャパシタンス素子（コンデンサ）があげられます．

また I，V の間に比例関係がないとき，I と V の間に**非線形性**があるといい，このような素子を**非線形素子**といいます．非線形素子としては，ダイオードがあげられます．線形素子と非線形素子の例として，抵抗とダイオードの特性を図に示すと，**図1.8**のようになります．

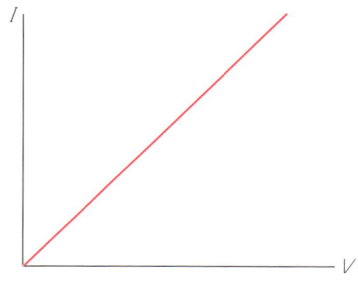
(a) 抵抗：線形素子の特性

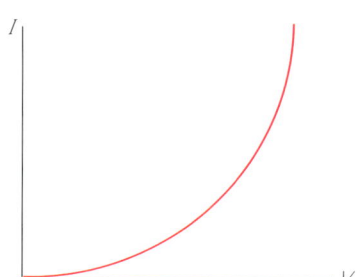
(b) ダイオード：非線形素子の特性

図1.8 線形素子と非線形素子

第1章

1.7 重ねの理

　一般に，抵抗やコンデンサなどの線形素子で構成されている回路では，次に述べる重ねの理が成り立ちます．すなわち，

「多数の電圧源を含む線形回路網の中の電流分布は，各電圧源が単独にその位置に働くときの電流分布の総和に等しい」

これを重ねの理といいます．一つの簡単な例を示しましょう．

　図**1.9**(a)で流れる電流Iは，図**1.9**(b)で流れる電流I_1と図**1.9**(c)で流れる電流I_2との和になります．具体的に計算してみましょう．図**1.9**(a)において，オームの法則を適用すると，

$$I = \frac{E_1 + E_2}{R} = \frac{E_1}{R} + \frac{E_2}{R} \tag{1.50}$$

となります．また，図**1.9**(b)は，

$$I_1 = \frac{E_1}{R} \tag{1.51}$$

となり，図**1.9**(c)では，

$$I_2 = \frac{E_2}{R} \tag{1.52}$$

となるので，式(1.51)，式(1.52)を式(1.50)に代入して，

$$I = I_1 + I_2 \tag{1.53}$$

が得られ，重ねの理が成立することがわかります．

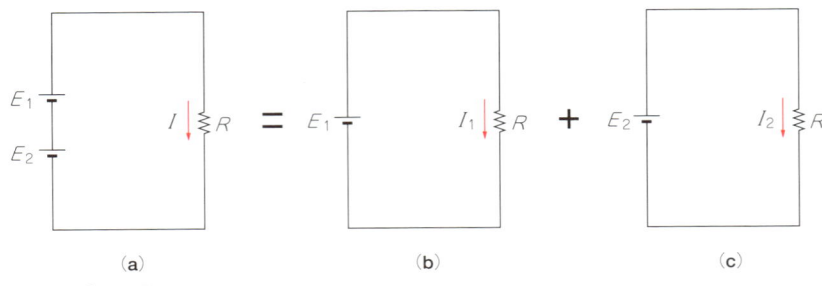

図**1.9**　重ねの理

1.8 重ねの理の応用例

　図**1.10**(a)において，抵抗R_3に流れる電流I_3を求めてみます．電流I_3は，E_1が単独に存在するときの電流I_{13}とE_2が単独に存在するときの電流I_{23}を加え合わせたものになります．

　図**1.10**(b)の電流I_{13}を求めると，

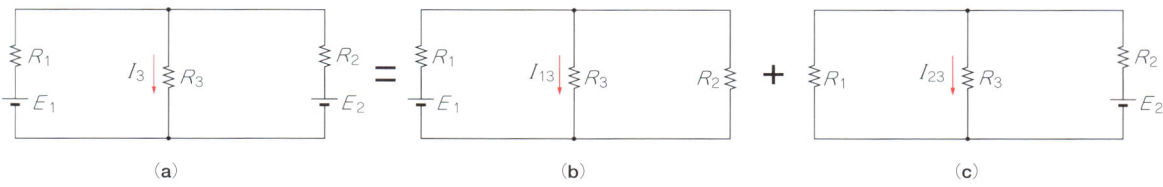

図1.10 重ねの理の応用

$$I_{13} = \cfrac{E_1}{R_1 + \cfrac{R_2 R_3}{R_2 + R_3}} \times \cfrac{R_2}{R_2 + R_3} = \cfrac{R_2}{R_1(R_2 + R_3) + R_2 R_3} E_1$$

$$= \frac{R_2}{R_1 R_2 + R_2 R_3 + R_3 R_1} E_1 \quad\cdots\cdots\cdots\cdots\cdots\cdots\cdots\cdots\cdots\cdots\cdots\cdots\cdots\cdots\cdots\cdots\cdots\cdots (1.54)$$

となります．また，図1.10(c)の電流I_{23}を求めると，

$$I_{23} = \cfrac{E_2}{R_2 + \cfrac{R_1 R_3}{R_1 + R_3}} \times \cfrac{R_1}{R_1 + R_3} = \cfrac{R_1}{R_2(R_1 + R_3) + R_1 R_3} E_2$$

$$= \frac{R_1}{R_1 R_2 + R_2 R_3 + R_3 R_1} E_2 \quad\cdots\cdots\cdots\cdots\cdots\cdots\cdots\cdots\cdots\cdots\cdots\cdots\cdots\cdots\cdots\cdots\cdots\cdots (1.55)$$

式(1.54)，式(1.55)から，

$$\begin{aligned}I_3 &= I_{13} + I_{23} = \frac{R_2}{R_1 R_2 + R_2 R_3 + R_3 R_1} E_1 + \frac{R_1}{R_1 R_2 + R_2 R_3 + R_3 R_1} E_2 \\ &= \frac{R_2 E_1 + R_1 E_2}{R_1 R_2 + R_2 R_3 + R_3 R_1} \quad\cdots\cdots\cdots\cdots\cdots\cdots\cdots\cdots\cdots\cdots\cdots\cdots\cdots\cdots\cdots\cdots (1.56)\end{aligned}$$

となります．

1.9 テブナンの定理

図1.11に示すように，内部に電圧電源E_1, E_2, $\cdots$, E_nを含む回路網Aがあり，それに二つの端子a，bがあるとします．a–b間の電圧をE，a–bから見た回路網Aの抵抗をR_0とすれば，端子a–bに任意の抵抗Rを接続したとき，Rを流れる電流Iは，

$$I = \frac{E}{R_0 + R} \quad\cdots\cdots\cdots\cdots\cdots\cdots\cdots\cdots\cdots\cdots\cdots\cdots\cdots\cdots\cdots\cdots\cdots\cdots\cdots\cdots\cdots\cdots\cdots\cdots\cdots\cdots\cdots\cdots\cdots\cdots (1.57)$$

で与えられます．これをテブナンの定理といいます．

この定理は，重ねの理を用いると簡単に理解できます．図1.12に示すように，抵抗Rと直列にEと$-E$をつないで，端子a–bの両端に接続します．そうするとEと$-E$が打ち消し合うので，抵抗Rだけをa–bに接続したものと同等になります．

ここで重ねの理を用いると，そのときの電流は，電源EとE_1, E_2, $\cdots$, E_nが存在したときの電流I_1

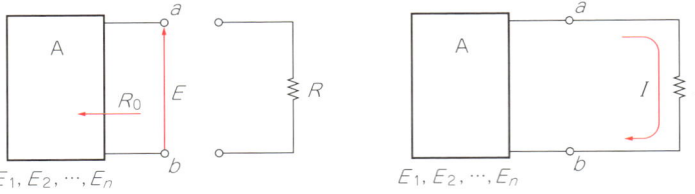

図1.11 テブナンの定理(1)

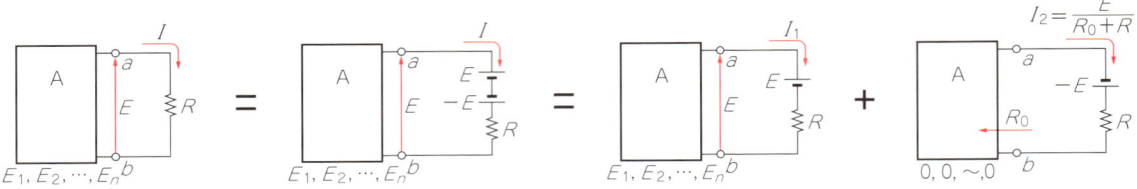

図1.12 テブナンの定理(2)

と，電源$-E$とE_1，E_2，$\cdots$，E_nを取り去ったときに流れる電流I_2との和です．

まず，I_1はa-b間の電圧Eと外部電源Eが釣り合うので，Rがあるないにかかわらず$I_1 = 0$です．また，a-b端子から見た回路網Aの内部抵抗はR_0ですからI_2は，

$$I_2 = \frac{E}{R_0 + R} \tag{1.58}$$

となります．I_1とI_2を合成してIは，

$$I = I_1 + I_2 = \frac{E}{R_0 + R} \tag{1.59}$$

となります．

1.10 テブナンの定理の応用

図1.13(a)に示すホイートストン・ブリッジにおいて，抵抗R_5に流れる電流I_5を求めます．キルヒホッフの法則を用いて計算することもできますが，かなり複雑になります．そこで，ここではテブナンの定理を用います．テブナンの定理を応用すると簡単に求めることができます．

まず，図1.13(b)のように抵抗R_5をはずし，a-b間から見た内部インピーダンス(内部抵抗)とa-b間の開放電圧を求めます．そこで，内部インピーダンスZ_0は，

$$Z_0 = \frac{R_1 R_3}{R_1 + R_3} + \frac{R_2 R_4}{R_2 + R_4} \tag{1.60}$$

です．また，a-b間の開放電圧E_{ab}は，

$$E_{ab} = \frac{R_3}{R_1 + R_3} E - \frac{R_4}{R_2 + R_4} E = \left(\frac{R_3}{R_1 + R_3} - \frac{R_4}{R_2 + R_4} \right) E \tag{1.61}$$

です．ここで，a-b間にR_5を接続してテブナンの定理を応用します．R_5に流れる電流I_5は，

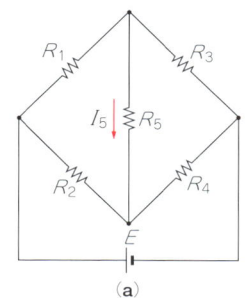 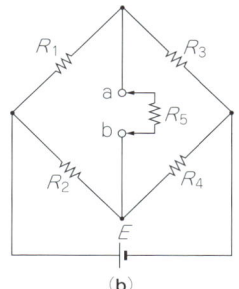

図1.13 テブナンの定理の応用

$$I_5 = \frac{E_{ab}}{Z_0 + R_5} = \frac{\left(\dfrac{R_3}{R_1 + R_3} - \dfrac{R_4}{R_2 + R_4}\right) E}{\dfrac{R_1 R_3}{R_1 + R_3} + \dfrac{R_2 R_4}{R_2 + R_4} + R_5}$$

$$= \frac{\{R_3(R_2 + R_4) - R_4(R_1 + R_3)\} E}{R_1 R_3 (R_2 + R_4) + R_2 R_4 (R_1 + R_3) \cdots\cdots + R_5(R_1 + R_3)(R_2 + R_4)}$$

$$= \frac{(R_2 R_3 - R_1 R_4) E}{R_1 R_2 R_3 + R_1 R_3 R_4 + R_1 R_2 R_4 + R_2 R_3 R_4 + \cdots\cdots + R_1 R_2 R_5 + R_2 R_3 R_5 + R_1 R_4 R_5 + R_3 R_4 R_5} \quad \cdots\cdots (1.62)$$

となります.

1.11 電圧源と電流源

● 電圧源

電圧源は，図1.14のように表記します．電圧源は，負荷の大きさに関係なく出力電圧は一定です．したがって，内部抵抗は0です．

● 電流源

電流源は，図1.15のように表記します．電流源は，負荷の大きさに関係なく出力電流が一定です．したがって，内部抵抗は∞です．

● 電圧源と電流源の等価変換（実際の電圧源と電流源）

図1.16(a)，(b)が実際の電圧源と電流源です．図(a)と図(b)が等価であるためには，
(1) 出力開放において開放電圧が等しい
$$V_a = I_b \rho_b \quad \cdots\cdots\cdots\cdots\cdots\cdots\cdots\cdots\cdots\cdots\cdots\cdots\cdots\cdots\cdots\cdots\cdots\cdots\cdots\cdots\cdots\cdots\cdots\cdots (1.63)$$
(2) 出力短絡において短絡電流が等しい
$$\frac{V_a}{\rho_a} = I_b \quad \cdots\cdots\cdots\cdots\cdots\cdots\cdots\cdots\cdots\cdots\cdots\cdots\cdots\cdots\cdots\cdots\cdots\cdots\cdots\cdots\cdots\cdots\cdots\cdots (1.64)$$

第1章

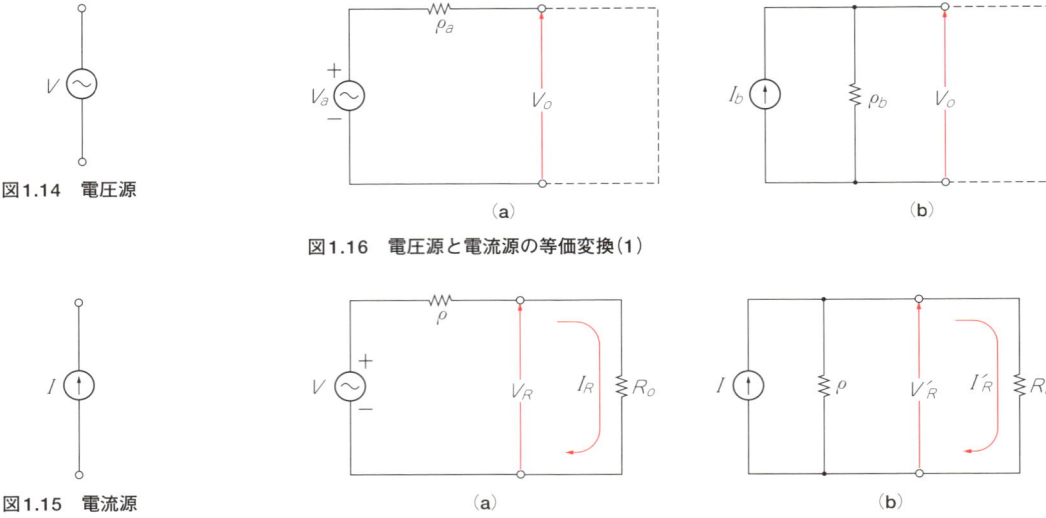

図1.14　電圧源

図1.16　電圧源と電流源の等価変換(1)

図1.15　電流源

図1.17　電圧源と電流源の等価変換(2)

必要があります．式(1.63)，式(1.64)より，

$$\rho = \rho_a = \rho_b \tag{1.65}$$

$$V_a = \rho I_b \Leftrightarrow I_b = \frac{V_a}{\rho} \tag{1.66}$$

が成り立ちます．

式(1.65)，式(1.66)が成立する電圧源と電流源に図1.17のように負荷R_Oを接続したとき，その端子電圧，電流が等しいかどうかを調べます．

$$V_R = \frac{R_O}{\rho + R_O} V = \frac{\rho R_O}{\rho + R_O} I \tag{1.67}$$

$$I_R = \frac{V}{\rho + R_O} = \frac{\rho}{\rho + R_O} I \tag{1.68}$$

$$V_R' = \frac{\rho R_O}{\rho + R_O} I \tag{1.69}$$

$$I_R' = \frac{\rho}{\rho + R_O} I \tag{1.70}$$

ここで，式(1.67)，式(1.69)を比較して式(1.67)＝式(1.69)，式(1.68)，式(1.70)を比較して式(1.68)＝式(1.70)となり，この電圧源と電流源はまったく等価であることがわかります．

1.12　帆足-ミルマンの定理

図1.18に示すように，電圧源がいくつも並列に接続された回路は，電流源$\sum_{i=1}^{n} G_i V_i$とコンダクタンス

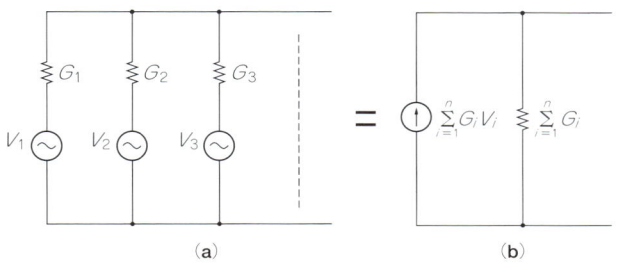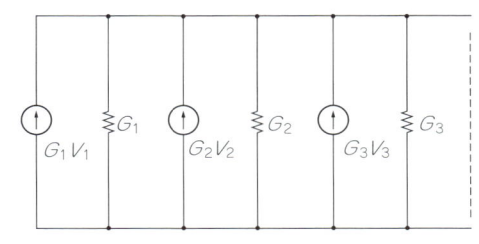

図1.18 帆足-ミルマンの定理(1)

図1.19 帆足-ミルマンの定理(2)

$\sum_{i=1}^{n} G_i$ の並列回路と等価です．これを帆足-ミルマンの定理といいます．

まず，**図1.18**(a)において電圧源を電流源に置き換えてみると，**図1.19**のようになります．この図より，電流源は電流源で，コンダクタンスはコンダクタンスでまとめると，

電流源 　　　→ $\sum_{i=1}^{n} G_i V_i$

コンダクタンス→ $\sum_{i=1}^{n} G_i$

となり，**図1.18**(b)が得られます．

1.13 直流における電力

一般に，抵抗体に電流を流すと熱を発生します．これは，抵抗体内の電界が電子に対して仕事をし，そのエネルギーが熱となって周囲に発散されるからだと考えられます．

電気抵抗 R [Ω] の抵抗体に V [V] の電圧がかかり，電流 I [A] が流れているとします．たとえば，1 C の電荷が V [V] の電圧間を移動すると V [J]（ジュール）の仕事をします．

I [A] 流れるということは，1秒間に I [C] の電荷が移動するのと同じことになります．したがって，電界は VI [J] の仕事をすることになります．この電界の行った仕事が熱エネルギーになるわけです．この仕事を電力といい，P で表します．電力 P は，

$$P = IV \tag{1.71}$$

で表され，単位は [W]（ワット）です．オームの法則より，

$$I = \frac{V}{R}$$

または，

$$V = IR$$

なので，

$$P = VI = \frac{V^2}{R} = I^2 R \tag{1.72}$$

となります．これをジュールの法則といいます．

1.14 電力を最大に取り出す条件

図1.20に示すような内部抵抗rをもった電圧源Eがあって，この電圧源に抵抗Rを接続するとすれば，最大電力を取り出すためには抵抗Rをどのような値にしたらよいでしょうか．

まず，回路に流れる電流Iは，

$$I = \frac{E}{R + r} \quad \cdots\cdots\cdots\cdots\cdots\cdots\cdots\cdots\cdots\cdots\cdots\cdots\cdots\cdots\cdots\cdots\cdots\cdots\cdots\cdots\cdots\cdots\cdots (1.73)$$

です．また，抵抗Rの両端の電圧Vは，分圧の法則によって，

●●● クラーメルの公式 ●●●

電気回路の電流や電圧を求めるときに，連立方程式を解く場面に遭遇することがあります．この際，式が複雑になると式展開の途中でミスも多くなり，せっかく時間をかけて解いたのに解がまちがっていたということも少なくありません．そこで，連立方程式を機械的に解く便利な方法があるので紹介します．

ここで，次の方程式のx_1, x_2, x_3を解く例について見てみます．

$$\begin{cases} a_{11}x_1 + a_{12}x_2 + a_{13}x_3 = b_1 \\ a_{21}x_1 + a_{22}x_2 + a_{23}x_3 = b_2 \\ a_{31}x_1 + a_{32}x_2 + a_{33}x_3 = b_3 \end{cases} \quad \cdots\cdots\cdots\cdots\cdots\cdots (1)$$

これを行列で書き直すと，

$$\begin{bmatrix} a_{11} & a_{12} & a_{13} \\ a_{21} & a_{22} & a_{23} \\ a_{31} & a_{32} & a_{33} \end{bmatrix} \begin{bmatrix} x_1 \\ x_2 \\ x_3 \end{bmatrix} = \begin{bmatrix} b_1 \\ b_2 \\ b_3 \end{bmatrix} \quad \cdots\cdots\cdots\cdots\cdots\cdots (2)$$

となります．ここで，

$$\begin{bmatrix} a_{11} & a_{12} & a_{13} \\ a_{21} & a_{22} & a_{23} \\ a_{31} & a_{32} & a_{33} \end{bmatrix} = A$$

$$\begin{bmatrix} x_1 \\ x_2 \\ x_3 \end{bmatrix} = x$$

$$\begin{bmatrix} b_1 \\ b_2 \\ b_3 \end{bmatrix} = b$$

とします．ここで，行列Aの第j列を行列bに置き換えた行列をB_j，Aの行列式を$|A| = \Delta$とすると，x_jは次の式で求められます．

1.14 電力を最大に取り出す条件

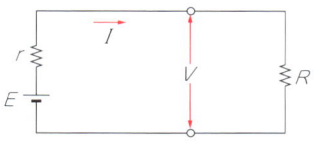

図1.20 電力を最大に取り出す条件

$$V = \frac{R}{R+r}E \quad \cdots\cdots (1.74)$$

となります．

したがって，負荷抵抗Rで消費される電力Pは，

コラム 1.A

$$x_j = \frac{|B_j|}{\Delta} \quad \cdots\cdots (3)$$

ただし，$\Delta \neq 0$でなければなりません．

ここで，x_1を求めてみましょう．$x_1 = |B_1|/\Delta$なので，Δと$|B_1|$を求めます．Aの行列式は，次のようにして求められます．

$$\Delta = \begin{vmatrix} a_{11} & a_{12} & a_{13} \\ a_{21} & a_{22} & a_{23} \\ a_{31} & a_{32} & a_{33} \end{vmatrix}$$

$$= a_{11}a_{22}a_{33} + a_{12}a_{23}a_{31} + a_{13}a_{21}a_{32} - a_{31}a_{22}a_{13} - a_{32}a_{23}a_{11} - a_{33}a_{21}a_{12} \quad \cdots\cdots (4)$$

$|B_1|$は，Aの第1列をbに置き換えた行列の行列式なので，

$$|B_1| = \begin{vmatrix} b_1 & a_{12} & a_{13} \\ b_2 & a_{22} & a_{23} \\ b_3 & a_{32} & a_{33} \end{vmatrix}$$

$$= b_1 a_{22} a_{33} + a_{12} a_{23} b_3 + a_{13} b_2 a_{32} - b_3 a_{22} a_{13} - a_{32} a_{23} b_1 - a_{33} b_2 a_{12} \quad \cdots\cdots (5)$$

となります．したがって，x_1は次のように求められます．

$$x_1 = \frac{|B_1|}{\Delta}$$
$$= \frac{b_1 a_{22} a_{33} + a_{12} a_{23} b_3 + a_{13} b_2 a_{32} - b_3 a_{22} a_{13} - a_{32} a_{23} b_1 - a_{33} b_2 a_{12}}{a_{11} a_{22} a_{33} + a_{12} a_{23} a_{31} + a_{13} a_{21} a_{32} - a_{31} a_{22} a_{13} - a_{32} a_{23} a_{11} - a_{33} a_{21} a_{12}} \quad \cdots\cdots (6)$$

x_2やx_3も同様に求めることができます．特に，x_2やx_3のΔは，x_1で求めたΔをそのまま使えばよいので，新たに計算するのは$|B_2|$，$|B_3|$だけでよいことになり，計算の手間を省くことができます．

ここでは，3次の連立方程式について述べましたが，他の次数の連立方程式でもこの方法で解くことができます．

$$P = VI = \frac{R}{R+r} E \cdot \frac{E}{R+r} = \frac{RE^2}{(R+r)^2} \quad \cdots\cdots (1.75)$$

となります．

図1.20で，Rで消費される電力を定性的に考えてみます．抵抗Rを大きくするとRの両端の電圧Vは大きくなりますが，回路に流れる電流Iは小さくなります．そうかといって，抵抗Rを小さくしすぎると電流Iは大きくなりますが，抵抗Rの両端の電圧は小さくなります．したがって，Rで消費される電力は抵抗Rがある値になったときピークに達することがわかります．

そこで，式(1.75)を微分して0とおき，定量的に消費電力Pが最大になるときの抵抗Rの値を求めてみましょう．まず，PをRで偏微分すると，

$$\frac{\partial P}{\partial R} = \frac{E^2 \cdot (R+r)^2 - RE^2 \cdot 2(R+r)}{(R+r)^4} = \frac{E^2(R+r) - 2RE^2}{(R+r)^3}$$

$$= \frac{r - R}{(R+r)^3} E^2 \quad \cdots\cdots (1.76)$$

となります．そこで，

$$\frac{\partial P}{\partial R} = 0 \quad \cdots\cdots (1.77)$$

とおくと，$R = r$のときに消費電力Pは最大になることがわかります．ここで，最大消費電力$P_{(\max)}$は，式(1.75)において$R = r$とすると，

$$P_{(\max)} = \frac{rE^2}{(2r)^2} = \frac{E^2}{4r} \quad \cdots\cdots (1.78)$$

となります．最大消費電力$P_{(\max)}$は，回路全体の消費電力の1/2です．このようすをグラフにして表すと，**図1.21**のようになります．

以上の結果から，最大電力を取り出すためには内部抵抗と同じ抵抗値の負荷を接続すればよいことがわかります．これを「インピーダンスのマッチングをとる」，あるいは「インピーダンスの整合をする」といいます．このようなインピーダンスのマッチングは，微弱な電力を最大限に有効に使うための結合回路でよく行われます．

たとえば，マイクロホンから微弱な電力を有効に取り出すとき，600Ωのロー・インピーダンス・マイクロホンであれば，負荷側のアンプの入力インピーダンスも600Ωに近いように設計するわけです．

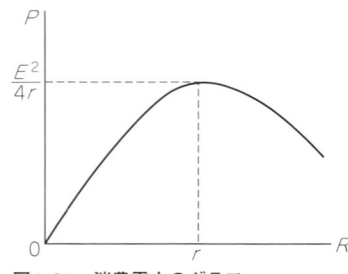

図1.21 消費電力のグラフ

もし，インピーダンスが極端に違っている場合は，インピーダンスのマッチング用トランスを中間に入れて，インピーダンスのマッチングを取ります．

ここで注意しなければならないことは，以上の理論は内部インピーダンスが決まっている（固定されている）場合の話だということです．

内部インピーダンスを設計上で低くできる場合は，式(1.75)からわかるように内部インピーダンス r をできるだけ小さくしたほうが，負荷 R で取り出すことのできる電力は大きくなります．

したがって，電力に余裕のある場合，たとえばマイク・アンプとメイン・アンプの結合などでは，マイク・アンプの出力インピーダンスを低くし，その代わりにメイン・アンプの入力インピーダンスを大きくして，ミスマッチング（マッチングをとらない）させて設計するようです．

2. 交流回路の基礎

2.1 正弦波電圧・電流

ここでは，電圧・電流が時間とともに変化する交流を扱います．交流としては，家庭に来ている100 V の電源とか，発振回路などで扱う電圧・電流がそうです．交流の波形の基本は正弦波で，正弦波の電圧 v は数学的に次のような数式で表されます．

$$v = V_m \sin(\omega t - \theta) \quad \cdots\cdots\cdots (2.1)$$

ただし，V_m：振幅 [V]
 ω：角周波数（角速度）[rad/s]
 t：時間 [s]
 θ：位相 [rad]

電圧 v を縦軸に，時間 t を横軸にして，時間とともに電圧がいかに変化するかをグラフにすると**図1.22**のようになります．この図で，任意の時間 t における電圧 v の値を瞬時値といい，V_m を振幅ある最大値といいます．また，1波形が完了するまでの時間 T を周期といいます．1秒間に1波形を繰り返

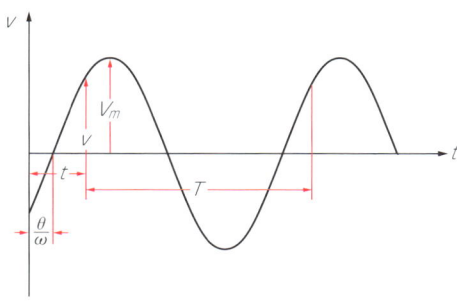

図1.22　正弦波電圧

す回数を**周波数**といい，周波数 f と周期 T の間には，

$$f = \frac{1}{T} \quad \cdots\cdots\cdots\cdots\cdots\cdots\cdots\cdots\cdots\cdots\cdots\cdots\cdots\cdots\cdots\cdots\cdots\cdots\cdots\cdots\cdots\cdots\cdots\cdots\cdots\cdots\cdots\cdots\cdots (2.2)$$

という関係があります．さらに，周波数 f と角速度（角周波数）ω の間には，

$$\omega = 2\pi f \quad \cdots\cdots\cdots\cdots\cdots\cdots\cdots\cdots\cdots\cdots\cdots\cdots\cdots\cdots\cdots\cdots\cdots\cdots\cdots\cdots\cdots\cdots\cdots\cdots\cdots\cdots (2.3)$$

という関係があります．

2.2 実効値

　交流の電圧・電流を表す方法として，**実効値**で表す方法があります．家庭で使用する電気は，よく100 Vで20 Aなどといいますが，これらの数値はすべて実効値です．それでは実効値とはどのような値でしょうか．実効値とは，「瞬時値の2乗の平均値の平方根」です．たとえば，電圧の瞬時値を，

$$v = V_m \sin(\omega t - \theta)$$

とします．位相 $\theta = 0$ において実効値 $|V|$ は，

$$|V| = \sqrt{\frac{1}{T}\int_0^T v^2 dt} = \sqrt{\frac{1}{T}\int_0^T V_m^2 \sin^2(\omega t)dt}$$

$$= V_m\sqrt{\frac{1}{T}\int_0^T \sin^2(\omega t)dt} \quad \cdots\cdots\cdots\cdots\cdots\cdots\cdots\cdots\cdots\cdots\cdots\cdots\cdots (2.4)$$

となります．ここで，根号の中の積分だけ計算してみましょう．

$$\int_0^T \sin^2(\omega t)dt = \int_0^T \frac{1-\cos(2\omega t)}{2}dt = \left[\frac{1}{2}t - \frac{1}{4\omega}\sin(2\omega t)\right]_0^T$$

$$= \frac{1}{2}T - \frac{1}{4\omega}\sin(2\omega T) = \frac{1}{2}T - \frac{1}{4\omega}\sin(4\pi) = \frac{T}{2} \quad \cdots (2.5)$$

式(2.5)を式(2.4)に代入して，

$$|V| = V_m\sqrt{\frac{1}{T}\cdot\frac{T}{2}} = \frac{V_m}{\sqrt{2}} \quad \cdots\cdots\cdots\cdots\cdots\cdots\cdots\cdots\cdots\cdots\cdots\cdots\cdots\cdots\cdots\cdots (2.6)$$

となります．すなわち，実効値は最大値の $\sqrt{2}$ 分の1です．

　同様にして電流についても，

$$|I| = \frac{I_m}{\sqrt{2}} \quad \cdots\cdots\cdots\cdots\cdots\cdots\cdots\cdots\cdots\cdots\cdots\cdots\cdots\cdots\cdots\cdots\cdots\cdots\cdots\cdots\cdots\cdots\cdots\cdots\cdots\cdots (2.7)$$

と表せます．たとえば，交流100 Vの電圧の最大値 V_m は，

$$V_m = \sqrt{2}\,|V| = \sqrt{2}\times 100 = 1.41\times 100 = 141 \text{ V}$$

となります．

　このようにして電圧・電流を実効値で表すとなぜ便利なのかというと，抵抗負荷の電力を計算する場合，単純に，

　　電力 =（電圧の実効値）×（電流の実効値）

と計算できるからです(詳細は後ほど説明する).

2.3 抵抗回路

図1.23のように,交流電圧源eに抵抗Rが接続され,電流iが流れている回路を考えます.正弦波交流電圧eが,

$$e = E_m \sin(\omega t - \theta) \quad \cdots\cdots (2.8)$$

とすると,回路に流れる電流iはオームの法則より,

$$i = \frac{e}{R} = \frac{E_m}{R}\sin(\omega t - \theta) \quad \cdots\cdots (2.9)$$

となります.式(2.8)と式(2.9)を比較するとわかるように,抵抗回路では電圧と電流は同相です.また,消費電力Pの瞬時値はジュールの法則より,

$$\begin{aligned}P &= e \cdot i = E_m \sin(\omega t - \theta) \cdot I_m \sin(\omega t - \theta) = E_m I_m \sin^2(\omega t - \theta) \\ &= E_m I_m \left\{ \frac{1 - \cos 2(\omega t - \theta)}{2} \right\} = \frac{E_m I_m}{2} \{1 - \cos 2(\omega t - \theta)\} \quad \cdots\cdots (2.10)\end{aligned}$$

となります.

平均電力P_aは,半周期にわたって瞬時電力Pを平均して,

$$\begin{aligned}P_a &= \frac{2}{T} \int_0^{T/2} P\,dt = \frac{2}{T} \int_0^{T/2} \frac{E_m I_m}{2} \{1 - \cos 2(\omega t - \theta)\}\,dt \\ &= \frac{E_m I_m}{T} \int_0^{T/2} \{1 - \cos 2(\omega t - \theta)\}\,dt = \frac{E_m I_m}{T} \left[t - \frac{\sin(\omega t - 2\theta)}{2\omega} \right]_0^{T/2} \\ &= \frac{E_m I_m}{T} \left\{ \frac{T}{2} - \frac{\sin(\omega T - 2\theta)}{2\omega} + \frac{\sin(-2\theta)}{2\omega} \right\} \\ &= \frac{E_m I_m}{T} \left\{ \frac{T}{2} - \frac{\sin(2\pi - 2\theta)}{2\omega} + \frac{\sin(-2\theta)}{2\omega} \right\} = \frac{1}{2} E_m I_m \quad \cdots\cdots (2.11)\end{aligned}$$

となります.ところで,電圧・電流の実効値$|V|$,$|I|$は,

$$|V| = \frac{E_m}{\sqrt{2}} \quad \cdots\cdots (2.12)$$

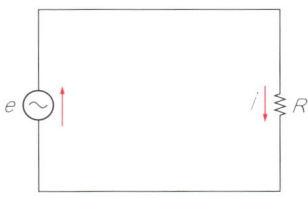

図1.23 抵抗回路

$$|I| = \frac{I_m}{\sqrt{2}} \quad \cdots\cdots\cdots (2.13)$$

ですから式(2.11)は,

$$P_a = |V| \cdot |I| \quad \cdots\cdots\cdots (2.14)$$

となり,単純に電圧・電流の実効値をかけ合わせればよいことがわかります.

2.4 誘導回路

図1.24は,交流電源eにインダクタンスLが接続され,電流iが流れている回路です.ここで,正弦波電圧eが,

$$e = E_m \sin(\omega t - \theta) \quad \cdots\cdots\cdots (2.15)$$

とします.正弦波電圧eは時間的に変化するので,インダクタンスLに流れる電流iも時間的に変化します.したがって,インダクタンスLに逆起電力v_Lが生じます.そして,正弦波電圧eと$-v_L$が釣り合って電流iが流れます.

この逆起電力v_Lは,

$$v_L = -L\frac{di}{dt} \quad \cdots\cdots\cdots (2.16)$$

です.

たとえば,**図1.24**のように電流iが流れていて,iが減少しつつあるとします.そうすると,式(2.16)は正の値をとります.もう一度,図を見てみましょう.iが減少すると,逆起電力はiをさらに流そうとするので,図の電圧の方向に発生します.

このとき,逆起電力は正の値をとるべきなので,式(2.16)で表される逆起電力v_Lが図の矢印の方向を向いていてよいのです.

図において微分方程式を立てると,

$$E_m \sin(\omega t - \theta) = -\left(-L\frac{di}{dt}\right)$$

$$L\frac{di}{dt} = E_m \sin(\omega t - \theta) \quad \cdots\cdots\cdots (2.17)$$

となります.この微分方程式を解くと,

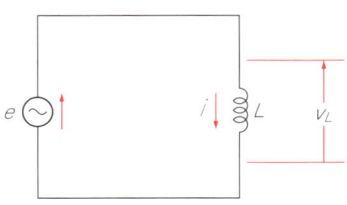

図1.24 誘導回路

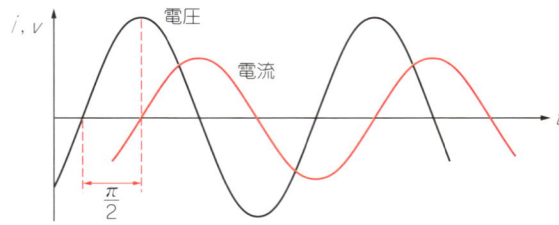

図1.25 誘導回路の電圧・電流

$$\frac{di}{dt} = -\frac{E_m}{L}\sin(\omega t - \theta)$$

$$i = -\frac{E_m}{\omega L}\cos(\omega t - \theta) + K \quad \cdots\cdots (2.18)$$

K：比例定数

となります．ところがiは直流分を含まないので，比例定数Kは0となり，

$$i = -\frac{E_m}{\omega L}\cos(\omega t - \theta) = -\frac{E_m}{\omega L}\sin\left(\frac{\pi}{2} - \omega t + \theta\right) = \frac{E_m}{\omega L}\sin\left(\omega t - \theta - \frac{\pi}{2}\right) \quad \cdots\cdots (2.19)$$

となります．電流の最大値I_mは，

$$I_m = \frac{E_m}{\omega L} \quad \cdots\cdots (2.20)$$

となり，実効値$|I|$は，

$$|I| = \frac{I_m}{\sqrt{2}} = \frac{E_m}{\sqrt{2}\,\omega L} = \frac{|E|}{\omega L} \quad \cdots\cdots (2.21)$$

となります．ここで，ωLを**誘導リアクタンス**と呼びます．また，式(2.15)と式(2.19)を比較すると，電流の位相は電圧に比べて$\pi/2$だけ遅れていることがわかります．このようすを**図1.25**に示します．

電力の瞬時値Pは，

$$P = e \cdot i = E_m \sin(\omega t - \theta) \cdot I_m \sin\left(\omega t - \theta - \frac{\pi}{2}\right) = E_m I_m \sin(\omega t - \theta) \cdot \sin\left(\omega t - \theta - \frac{\pi}{2}\right)$$

$$= -\frac{E_m I_m}{2}\left[\cos\left\{2(\omega t - \theta) - \frac{\pi}{2}\right\} - \cos\left(\frac{\pi}{2}\right)\right] = -\frac{E_m I_m}{2}\cos\left\{2(\omega t - \theta) - \frac{\pi}{2}\right\}$$

$$= -\frac{E_m I_m}{2}\sin 2(\omega t - \theta) \quad \cdots\cdots (2.22)$$

となります．電力の平均値P_aは，

$$P_a = -\frac{2}{T}\int_0^{T/2} \frac{E_m I_m}{2}\sin 2(\omega t - \theta)\,dt = -\frac{E_m I_m}{T}\left[-\frac{\cos 2(\omega t - \theta)}{2\omega}\right]_0^{T/2}$$

$$= -\frac{E_m I_m}{T}\left\{-\frac{\cos 2(\omega T/2 - \theta)}{2\omega} + \frac{\cos(-2\theta)}{2\omega}\right\} = \frac{E_m I_m}{T}\left\{\frac{\cos(2\pi - 2\theta)}{2\omega} - \frac{\cos(-2\theta)}{2\omega}\right\}$$

$$= 0 \quad \cdots\cdots (2.23)$$

となって，電力は消費されません．

2.5 容量回路

図1.26は，交流電源eにキャパシタンス(コンデンサ)Cが接続され，電流iが流れている回路を表します．ここで，正弦波電圧eが，

$$e = E_m \sin(\omega t - \theta) \quad \cdots\cdots (2.24)$$

とします．電圧 e によってコンデンサ C が充電され，ある時間，図のように $q[\mathrm{C}]$ が蓄えられたとすると，コンデンサの両端の電圧 v_C は，

$$v_C = \frac{q}{C} \quad\quad\quad (2.25)$$

です．微分方程式を立てると，

$$\frac{q}{C} = E_m \sin(\omega t - \theta) \quad\quad\quad (2.26)$$

となります．ここで，電流 i と電荷 q の関係は，

$$i = \frac{dq}{dt} \quad\quad\quad (2.27)$$

です．式 (2.26) より，

$$q = C E_m \sin(\omega t - \theta) \quad\quad\quad (2.28)$$

です．これを式 (2.27) に代入して，

$$i = \frac{dq}{dt} = \omega C E_m \cos(\omega t - \theta) = \omega C E_m \sin\left(\omega t - \theta + \frac{\pi}{2}\right) \quad\quad\quad (2.29)$$

となります．電流の最大値 I_m は，

$$I_m = \omega C E_m = \frac{E_m}{1/(\omega C)} \quad\quad\quad (2.30)$$

となり，実効値 $|I|$ は，

$$|I| = \frac{I_m}{\sqrt{2}} = \frac{E_m}{\sqrt{2} \cdot \frac{1}{\omega C}} = \frac{|E|}{1/(\omega C)} \quad\quad\quad (2.31)$$

です．ここで，$1/(\omega C)$ を**容量リアクタンス**と呼びます．また，式 (2.24) と式 (2.29) を比較すると，電流の位相は電圧より $\pi/2$ だけ進んでいることがわかります．このようすを図に示すと，**図1.27** のようになります．

電力の瞬時値 P は，

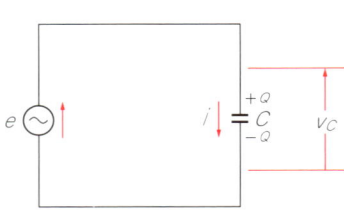

図1.26　容量回路

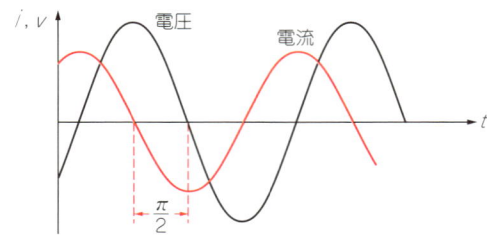

図1.27　容量回路の電圧・電流

$$P = e \cdot i = E_m \sin(\omega t - \theta) \cdot I_m \sin\left(\omega t - \theta + \frac{\pi}{2}\right) = E_m I_m \sin(\omega t - \theta)\sin\left(\omega t - \theta + \frac{\pi}{2}\right)$$

$$= E_m I_m \sin(\omega t - \theta)\cos(\omega t - \theta) = \frac{E_m I_m}{2}\sin 2(\omega t - \theta) \quad \cdots\cdots (2.32)$$

となります．

また，平均電力 P_a は，

$$P_a = \frac{2}{T}\int_0^{T/2} \frac{E_m I_m}{2}\sin 2(\omega t - \theta)\, dt = \frac{E_m I_m}{T}\left[-\frac{\cos 2(\omega t - \theta)}{2\omega}\right]_0^{T/2} = 0 \quad \cdots\cdots (2.33)$$

となり，電力は消費されません．

2.6　RLC 直列回路

図 1.28 は，交流電源 e に抵抗 R，インダクタンス L，コンデンサ C が接続されて電流 i が流れている回路を表しています．微分方程式を立てると，

$$Ri + L\frac{di}{dt} + \frac{Q}{C} = e \quad \cdots\cdots (2.34)$$

となります．ただし，

$$i = \frac{dQ}{dt} \quad \cdots\cdots (2.35)$$

なので積分すると，

$$Q = \int i\, dt \quad \cdots\cdots (2.36)$$

となり，これを式 (2.34) に代入して，

$$Ri + L\frac{di}{dt} + \frac{1}{C}\int i\, dt = e \quad \cdots\cdots (2.37)$$

が得られます．一般的には，電圧 e の関数が決まっていて，i についての微分方程式を解くことになりますが，簡単に解けないので i の関数形を決めて e を求めます．

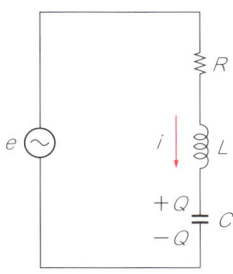

図 1.28　RLC 直列回路

ここで，i の関数形を，

$$i = I_m \sin(\omega t - \theta) \quad \text{...} (2.38)$$

として式(2.37)に代入します．式(2.38)を t について微分して，

$$\frac{di}{dt} = \omega I_m \cos(\omega t - \theta) \quad \text{..} (2.39)$$

となります．次に，式(2.38)を t について積分します．

$$\int i\, dt = \int I_m \sin(\omega t - \theta)\, dt = -\frac{I_m}{\omega} \cos(\omega t - \theta) \quad \text{...........} (2.40)$$

以上の式(2.38)，式(2.39)，式(2.40)を式(2.37)に代入して，

$$\begin{aligned}
e &= R I_m \sin(\omega t - \theta) + \omega L I_m \cos(\omega t - \theta) - \frac{I_m}{\omega C} \cos(\omega t - \theta) \\
&= I_m \left\{ R \sin(\omega t - \theta) + \left(\omega L - \frac{1}{\omega C}\right) \cos(\omega t - \theta) \right\} \\
&= I_m |Z| \left\{ \frac{R}{|Z|} \sin(\omega t - \theta) + \frac{\omega L - \frac{1}{\omega C}}{|Z|} \cos(\omega t - \theta) \right\} \quad \text{............} (2.41)
\end{aligned}$$

ただし，

$$|Z| = \sqrt{R^2 + \left(\omega L - \frac{1}{\omega C}\right)^2} \quad \text{.....................................} (2.42)$$

です．ここで，

$$\tan \phi = \frac{\omega L - \frac{1}{\omega C}}{R} \quad \text{...} (2.43)$$

とおくと，

$$\sin \phi = \frac{\omega L - \frac{1}{\omega C}}{|Z|} \quad \text{...} (2.44)$$

$$\cos \phi = \frac{R}{|Z|} \quad \text{...} (2.45)$$

なので，式(2.41)は，

$$e = I_m |Z| \{\sin(\omega t - \theta)\cos\phi + \cos(\omega t - \theta)\sin\phi\} = I_m |Z| \sin(\omega t - \theta + \phi) \quad \text{...........} (2.46)$$

となります．式(2.38)と式(2.46)を比較すると，電圧の最大値は I_m を $|Z| = \sqrt{R^2 + \{\omega L - 1/(\omega C)\}^2}$ 倍したものとなり，電圧の位相は電流より ϕ だけ進んでいます．したがって，電圧 e を仮に，

$$e = E_m \sin(\omega t - \theta) \quad \text{..} (2.47)$$

とおくと電流 i は，

$$i = \frac{E_m}{|Z|} \sin(\omega t - \theta - \phi) \quad \cdots\cdots (2.48)$$

となり，電流の位相は電圧に比べ ϕ だけ遅れるという結果が得られます．

ここで，$\sqrt{R^2 + \{\omega L - 1/(\omega C)\}^2}$ を $|Z|$ とおきましたが，この $|Z|$ はインピーダンスと呼ばれています．電流の最大値は，

$$I_m = \frac{E_m}{|Z|} \quad \cdots\cdots (2.49)$$

なので，電流の実効値 $|I|$ は，

$$|I| = \frac{I_m}{\sqrt{2}} = \frac{E_m}{\sqrt{2}\,|Z|} = \frac{|E|}{|Z|} \quad \cdots\cdots (2.50)$$

となります．$|Z|$ を交流に対する抵抗と考えれば，交流においても直流と同じようなオームの法則が成り立ちます．

2.7 交流における電力

直流の電力は $P = IV$ で表されましたが，交流の場合はどうなるのでしょうか．抵抗回路，誘導回路，容量回路のところで平均電力を求めましたが，電圧がかかり電流が流れているにもかかわらず，平均電力が 0 となる場合がありました．

実は，交流の平均電力は電圧と電流の大きさ以外に位相の要素がかかわってきます．ここで，交流の平均電力について計算してみましょう．

まず，電圧 e と電流 i が以下のように表されるものとします．

$$e = E_m \sin(\omega t - \theta) \quad \cdots\cdots (2.51)$$
$$i = I_m \sin(\omega t - \theta - \phi) \quad \cdots\cdots (2.52)$$

すなわち，電流の位相が電圧よりも ϕ だけ遅れている状態を想定します．瞬時電力 P は，

$$P = e \cdot i = E_m \sin(\omega t - \theta) I_m \sin(\omega t - \theta - \phi)$$
$$= -\frac{E_m I_m}{2}[\cos\{2(\omega t - \theta) - \phi\} - \cos\phi] = |E||I|[\cos\phi - \cos\{2(\omega t - \theta) - \phi\}] \quad \cdots (2.53)$$

となります．

平均電力 P_a は，

$$P_a = \frac{2}{T}\int_0^{T/2} |E||I|[\cos\phi - \cos\{2(\omega t - \theta) - \phi\}]dt$$
$$= \frac{2|E||I|}{T}\int_0^{T/2}[\cos\phi - \cos\{2(\omega t - \theta) - \phi\}]dt$$
$$= \frac{2|E||I|}{T} \cdot \frac{T}{2}\cos\phi - \frac{2|E||I|}{T}\left[\frac{\sin\{2(\omega t - \theta) - \phi\}}{2\omega}\right]_0^{T/2} = |E||I|\cos\phi \quad \cdots\cdots (2.54)$$

ただし，$\omega = 2\pi/T$ です．

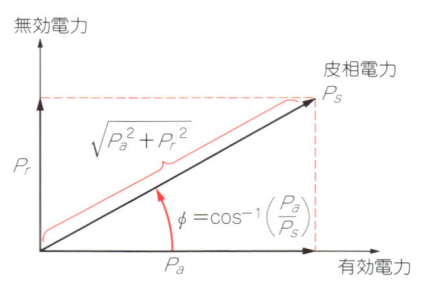

図1.29 皮相電力，有効電力，無効電力の関係

電流と電圧の大きさの積 $|E|\cdot|I|$ だけでなく，電流と電圧の位相差 ϕ が関係することが式(2.53)からわかります．式(2.53)のこの $\cos\phi$ のことを**力率**といい，P_a のことを**有効電力**（**消費電力**，**平均電力**もしくは単に**電力**と呼ぶ場合もある）と呼びます．単位は，[W]（ワット）です．

これに対して，$|E|\cdot|I|$ に $\sin\phi$ をかけた電力のことを**無効電力**といいます．単位は[var]（バール）です．また，電圧と電流の実効値を乗算しただけの $|E|\cdot|I|$ は**皮相電力**と呼ばれています．単位は，[VA]（ボルト・アンペア）です．

有効電力 $P_a = |E|\cdot|I|\cos\phi$，無効電力 $P_r = |E|\cdot|I|\sin\phi$，皮相電力 $P_s = |E|\cdot|I|$ の関係は以下のとおりです．

$$P_s = \sqrt{P_a^2 + P_r^2} \tag{2.55}$$

$$\cos\phi = \frac{P_a}{P_s} \tag{2.56}$$

図1.29のようなベクトルで表すと，この三つの電力の関係がわかりやすくなります．ここで，前に求めた RLC 回路の平均電力を考えてみましょう．電流は，電圧に対して ϕ だけ遅れており，また $\cos\phi$ は式(2.45)で表されます．そして，この回路の平均電力 P_a は，

$$P_a = |E||I|\frac{R}{|Z|} = \frac{|E|}{|Z|}|I|R = |I|^2 R \tag{2.57}$$

となることから，回路に流れている電流のうち，電力を消費しているのは抵抗だけであることがわかります．インダクタンスやコンデンサでは電力が消費されません．

2.8 交流回路の複素計算法(1)

ここまでは，電流や電圧を求めるのにいちいち微分方程式を立てて交流回路の計算をしてきました．しかし，複雑な回路になると簡単に計算できなくなります．そこで，複素数の性質を用いて計算すると楽に解くことができます．

なぜ，複素数で表現できるのかという点に関しては，他の書籍を参照してもらうことにして，ここでは交流回路の複素計算法について説明します．

2.8 交流回路の複素計算法

● インピーダンスの複素表示

交流におけるインピーダンスが直流の場合と異なる点は，以下のとおりです．

(1) 直流でのインダクタンスの抵抗は0だが，交流では電流の流れにくさが周波数に比例する．また，インダクタンスに流れる電流は電圧に対して$\pi/2$位相が遅れる．

(2) 直流でのコンデンサの抵抗は∞だが，交流では電流の流れにくさが周波数に反比例する．また，コンデンサに流れる電流は電圧に対して$\pi/2$位相が進む．

このように，交流回路では電流の大きさだけでなく，位相の関係も考えなければなりません．電流・電圧の大きさの関係だけでなく，位相の関係も同時に扱う方法として複素インピーダンスを使うと便利です．

抵抗，コンデンサ，インダクタンスの複素インピーダンスは，次のように表されます．

$$\text{抵抗}\ R\ \cdots\ \dot{Z}_R = R$$
$$\text{インダクタンス}\ L\ \cdots\ \dot{Z}_L = j\omega L$$
$$\text{コンデンサ}\ C\ \cdots\ \dot{Z}_C = \frac{1}{j\omega C} = -j\frac{1}{\omega C}$$

$\omega\,(=2\pi f)$は角周波数，$\dot{Z}_R$，$\dot{Z}_C$，$\dot{Z}_L$は，それぞれの素子の複素インピーダンスを示しています．jは複素数の虚数部であることを示しています．また，複素数を扱う変数には，文字の頭にドット（・）をつけて表示します．

以下に，複素数の性質，および瞬時値との関係について簡単にまとめます．

(1) 複素数の性質，計算

$$j \times j = -1$$
$$\frac{1}{j} = \frac{j}{j \times j} = -j$$
$$|a + jb| = \sqrt{a^2 + b^2}$$
$$(a + jb) + (c + jd) = (a + c) + j(b + d)$$
$$(a + jb)(c + jd) = (ac - bd) + j(ad + bc)$$
$$\frac{1}{a + jb} = \frac{a - jb}{a^2 + b^2}$$

(2) 複素表示，位相，瞬時値の関係

ここでは，X, a, bは実数だとします．複素数と位相の関係を以下にまとめます．図1.30〜図1.32とあわせてみるとわかりやすいと思います．

$\dot{E} = jX\dot{I}$ ⟷ $\dot{E}$が$\dot{I}$よりも$\pi/2$進んでいる（図1.30）

⟷ $\begin{cases} e = E_m \sin(\omega t - \theta + \pi/2) \\ i = I_m \sin(\omega t - \theta) \end{cases}$

$\dot{E} = -jX\dot{I}$ ⟷ $\dot{E}$が$\dot{I}$よりも$\pi/2$遅れている（図1.31）

⟷ $\begin{cases} e = E_m \sin(\omega t - \theta - \pi/2) \\ i = I_m \sin(\omega t - \theta) \end{cases}$

$\dot{E} = (\alpha + j\beta)\dot{I}$ ⟷ $\dot{E}$が$\dot{I}$よりも $\phi = \tan^{-1}(\beta/\alpha)$ 進んでいる（図**1.32**）

$$\longleftrightarrow \begin{cases} e = E_m \sin(\omega t - \theta + \phi) \\ i = I_m \sin(\omega t - \theta) \end{cases}$$

$\dot{I} = I_r + jI_i$ のとき，以下の関係式が成り立ちます．

　　実効値 … $|I| = |I_r + jI_i| = \sqrt{I_r^2 + I_i^2} = I_m/\sqrt{2}$

　　位相 … $\phi = \tan^{-1}\left(\dfrac{I_i}{I_r}\right)$

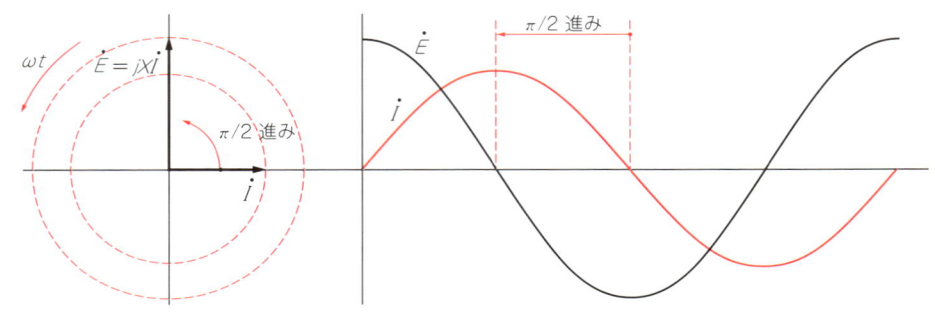

図**1.30**　IとEの位相の関係（1）

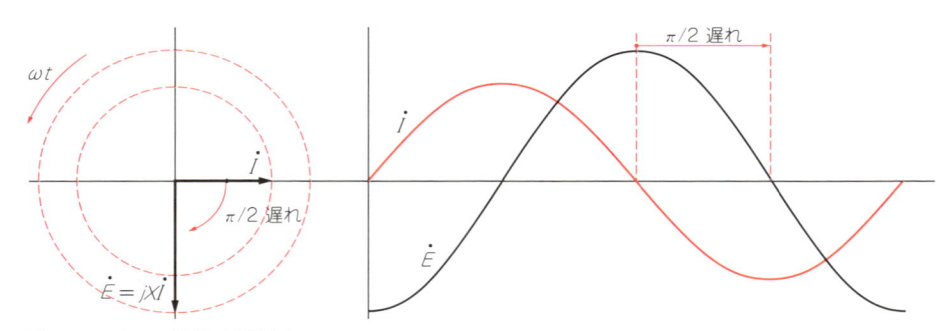

図**1.31**　IとEの位相の関係（2）

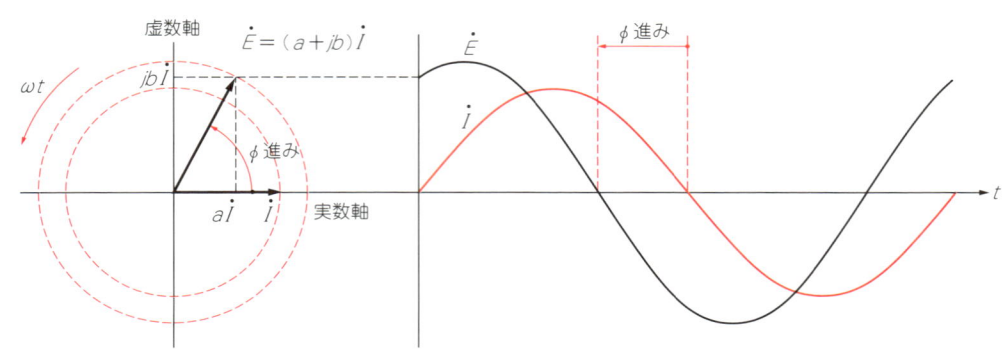

図**1.32**　IとEの位相の関係（3）

実数成分 ・・・ $I_r = |I|\cos\phi$
虚数成分 ・・・ $I_i = |I|\sin\phi$
瞬時値 ・・・ $i = I_m \sin(\omega t + \phi) = \sqrt{2}\,|I|\sin(\omega t + \phi)$

上記の関係は，図1.33のようにベクトルを使って理解することができます．このように，複素数を用いれば振幅と位相の関係を同時に扱うことができます．

● 複素インピーダンスを使った計算

複素数におけるオームの法則は，以下のように記述できます．

$$\dot{V} = \dot{I}\dot{Z} \quad\quad\quad\quad\quad\quad\quad\quad\quad\quad\quad\quad\quad\quad\quad\quad\quad\quad\quad\quad\quad\quad\quad\quad\quad\quad\quad\quad\quad\quad\quad\quad\quad (2.58)$$

$$\dot{I} = \frac{\dot{V}}{\dot{Z}} \quad\quad\quad\quad\quad\quad\quad\quad\quad\quad\quad\quad\quad\quad\quad\quad\quad\quad\quad\quad\quad\quad\quad\quad\quad\quad\quad\quad\quad\quad\quad\quad\quad\quad (2.59)$$

このように，複素数になった場合でも直流回路と同様な形で扱うことができます．したがって，これまでに直流回路の基礎で挙げたさまざまな法則(キルヒホッフの法則，重ねの理，テブナンの定理など)は複素数を使った形で利用することができます．

では，ここで簡単な例をみてみましょう．

(1) 誘導回路

たとえば，インダクタンス $\dot{Z} = j\omega L$ の場合，

$$\dot{I} = \frac{\dot{V}}{j\omega L} = -j\frac{1}{\omega L}\dot{V} \quad\quad\quad\quad\quad\quad\quad\quad\quad\quad\quad\quad\quad\quad\quad\quad\quad\quad\quad\quad\quad\quad (2.60)$$

$$|I| = \left|-j\frac{\dot{V}}{\omega L}\right| = \left|\frac{\dot{V}}{\omega L}\right| = \frac{|V|}{\omega L} \quad\quad\quad\quad\quad\quad\quad\quad\quad\quad\quad\quad\quad\quad\quad (2.61)$$

となります．この式から，式(2.21)の関係と $-j$ が付いているので，「電流の位相は電圧に比べて $\pi/2$ だけ遅れる」という二つの関係が複素数を使って同時に得られることがわかります．

(2) 容量回路

コンデンサ $\dot{Z} = 1/(j\omega C)$ の場合，

$$\dot{I} = \frac{\dot{V}}{1/(j\omega C)} = j\frac{\dot{V}}{1/(\omega C)} \quad\quad\quad\quad\quad\quad\quad\quad\quad\quad\quad\quad\quad\quad\quad\quad\quad\quad (2.62)$$

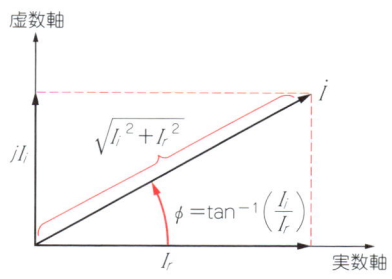

図1.33 複素表示とベクトルの関係

第1章

$$|I| = \left| j\frac{\dot{V}}{1/(\omega C)} \right| = \left| \frac{\dot{V}}{1/(\omega C)} \right| = \frac{|V|}{1/(\omega C)} \quad \cdots\cdots (2.63)$$

となります．この式から，式(2.30)の関係とjが付いているので，「電流の位相は電圧に比べて$\pi/2$だけ進む」という二つの関係が，複素数を使って同時に得られることがわかります．

(3) RLC 直列回路

まず，RLC直列回路の複素インピーダンスを求めます．

$$\dot{Z} = R + j\omega L - j\frac{1}{\omega C}$$

$$= R + j\left(\omega L - \frac{1}{\omega C}\right) \quad \cdots\cdots (2.64)$$

交流電圧$\dot{E}$を印加したときの電流$\dot{I}$は，

$$\dot{I} = \frac{\dot{E}}{\dot{Z}} = \frac{\dot{E}}{R + j\left(\omega L - \frac{1}{\omega C}\right)} = \frac{R - j\left(\omega L - \frac{1}{\omega C}\right)}{R^2 + \left(\omega L - \frac{1}{\omega C}\right)^2} \dot{E} \quad \cdots\cdots (2.65)$$

ここで，$|Z| = \sqrt{R^2 + \{\omega L - 1/(\omega C)\}^2}$ とおくと，

$$\dot{I} = \left\{R - j\left(\omega L - \frac{1}{\omega C}\right)\right\} \frac{E}{|Z|^2} \quad \cdots\cdots (2.66)$$

となります．ここで，電流の実効値$|I|$を求めると，

$$|I| = \left| R - j\left(\omega L - \frac{1}{\omega C}\right)\right| \frac{|E|}{|Z|^2} = \sqrt{R^2 + \{\omega L - 1/(\omega C)\}^2} \frac{|E|}{|Z|^2}$$

$$= |Z| \frac{|E|}{|Z|^2} = \frac{|E|}{|Z|} \quad \cdots\cdots (2.67)$$

となり，式(2.50)と一致しました．また，位相差ϕは$\phi = \tan^{-1}$(虚数部/実数部)で求められるので，

$$\phi = \tan^{-1}\left(\frac{-\left(\omega L - \frac{1}{\omega C}\right)}{R}\right) = -\tan^{-1}\left(\frac{\omega L - \frac{1}{\omega C}}{R}\right) \quad \cdots\cdots (2.68)$$

となります．電流と電圧の位相の関係を考えると，電流は電圧より$-\tan^{-1}[\{\omega L - 1/(\omega C)\}/R]$だけ進む，すなわち電流の位相は電圧より$\tan^{-1}[\{\omega L - 1/(\omega C)\}/R]$だけ遅れるという結果が得られ，2.6項で求めたのと同じ結果が得られました．

2.9　インピーダンスの直列接続法と並列接続法

インピーダンスの直列接続と並列接続は，直流回路の抵抗と同じような形で扱うことができます．

(1) 直列接続法

図1.34のように，直列にインピーダンス$\dot{Z}_1, \dot{Z}_2, \cdots, \dot{Z}_n, \cdots$が接続された場合の合成インピーダン

図1.34　直列接続法　　図1.35　並列接続法

ス $\dot{Z}$ は，

$$\dot{Z} = \dot{Z}_1 + \dot{Z}_2 + \cdots + \dot{Z}_n + \cdots \tag{2.69}$$

です．

(2) 並列接続法

図1.35のように，並列にインピーダンス $\dot{Z}_1$, $\dot{Z}_2$, $\cdots$, $\dot{Z}_n$, $\cdots$ が接続された場合の合成インピーダンス $\dot{Z}$ は，

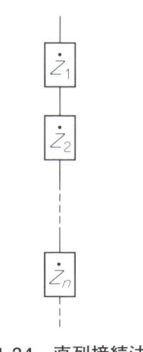

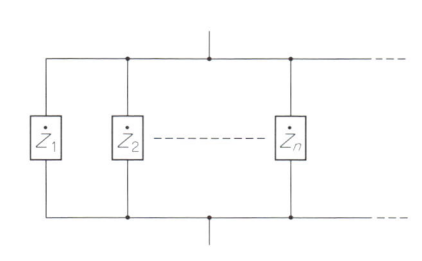

$$\frac{1}{\dot{Z}} = \frac{1}{\dot{Z}_1} + \frac{1}{\dot{Z}_2} + \cdots + \frac{1}{\dot{Z}_n} + \cdots \tag{2.70}$$

です．

3. 回路の過渡応答

3.1　CR 直列回路

　CR 直列回路は，微分・積分，発振回路，フィルタなど，回路の時間的なふるまいを制御するための部分によく用いられています．これらの回路の動作を理解するためには，基本的な CR 直列回路の動作を理解する必要があります．ここでは，CR 直列回路の回路動作について説明します．

　図1.36の回路において，入力に $v_i(t)$ なる電圧を加えたとき，抵抗にかかる電圧 $v_R(t)$，コンデンサにかかる電圧 $v_C(t)$，回路に流れる電流 $i(t)$ を求めてみましょう．

　ここで，入力電圧 $v_i(t)$ は，

$$v_i(t) = \begin{cases} 0 & (t<0) \\ V & (t \geq 0) \end{cases} \tag{3.1}$$

とします．

　図1.36において微分方程式を立てると，

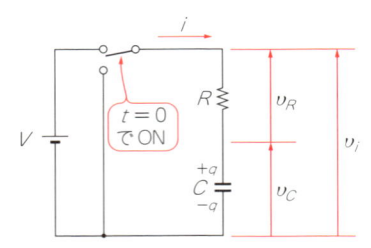

図1.36 CR直列回路

$$v_i = \frac{q}{C} + Ri \quad \cdots\cdots(3.2)$$

$$i = \frac{dq}{dt} \quad \cdots\cdots(3.3)$$

$$v_R = Ri \quad \cdots\cdots(3.4)$$

$$v_C = v_i - v_R \quad \cdots\cdots(3.5)$$

となります．式(3.3)を式(3.2)に代入して，

$$v_i = \frac{q}{C} + R\frac{dq}{dt} \quad \cdots\cdots(3.6)$$

となります．

　この微分方程式の解（qのふるまい）を求めるために，定常解q_sと過渡解q_tに分離して考えます．そして，これらの二つの解を重ね合わせた$q = q_s + q_t$が一般解となります．

　過渡解q_tは，式(3.6)のv_iを0とおいて求めることができます．したがって，

$$0 = \frac{q}{C} + R\frac{dq}{dt} \quad \cdots\cdots(3.7)$$

となります．この方程式を解くと，

$$-R\frac{dq_t}{dt} = \frac{q_t}{C}$$

$$\frac{dq_t}{dt} = -\frac{1}{CR}q_t$$

$$\frac{1}{q_t}dq_t = -\frac{1}{CR}dt$$

両辺を積分すると，

$$\int \frac{1}{q_t}dq_t = -\frac{1}{CR}\int dt$$

$$\log_e q_t = -\frac{t}{CR} + K_t$$

$$q_t = \exp\left(-\frac{t}{CR} + K_t\right)$$

$$q_t = K\exp\left(-\frac{1}{CR}t\right)$$

ただし，$K = \exp(K_t)$ ……………………………………………………………………(3.8)

となります．ここで，K という定数が出てきましたが，これは回路の初期状態（この場合，$t=0$ における q の値）に依存する係数で，後ほど決定します．

定常解で得られる解 q_s は，v_i が与えられてから十分に時間が経過したときの q を表しています．ここで，$t \to \infty$ のとき，$v_i = V$ の直流ですので，コンデンサに電流が流れず，回路全体の電流 i は 0 になります．したがって，式(3.2)から，

$$V = \frac{q_s}{C}$$

$q_s = VC$ …………………………………………………………………………………………(3.9)

と求めることができます．

式(3.8)と式(3.9)から一般解を求めると，

$$q = q_t + q_s = K\exp\left(-\frac{1}{CR}t\right) + VC \quad\cdots\cdots\cdots\cdots\cdots\cdots(3.10)$$

となります．

さて，次は初期状態を考慮して，K の値を求めます．$t<0$ の時点で，$q=0$ だったとします．$t=0$ の時点における初期状態の関係を式(3.10)に代入すると，

$$0 = K\exp\left(-\frac{1}{CR}0\right) + VC$$

$$0 = K + VC$$

$K = -VC$ ……………………………………………………………………………………(3.11)

となります．したがって，K を式(3.10)に代入すると，

$$q = -VC\exp\left(-\frac{1}{CR}t\right) + VC = VC\left\{1 - \exp\left(-\frac{1}{CR}t\right)\right\} \quad\cdots\cdots(3.12)$$

が得られます．

式(3.3)の関係から，回路に流れる電流は，

$$i = \frac{d}{dt}VC\left\{1 - \exp\left(-\frac{1}{CR}t\right)\right\} = VC\left(-\frac{1}{CR}\right)\left\{-\exp\left(-\frac{1}{CR}t\right)\right\}$$

$$= \frac{V}{R}\exp\left(-\frac{1}{CR}t\right) \quad\cdots\cdots\cdots\cdots\cdots\cdots\cdots\cdots\cdots\cdots\cdots\cdots(3.13)$$

ただし，$t \geq 0$

となります．

したがって，v_R，v_C は，

$$v_R = iR = \frac{V}{R}\exp\left(-\frac{1}{CR}t\right) \times R = V\exp\left(-\frac{1}{CR}t\right) \quad \cdots\cdots (3.14)$$

$$v_C = V - v_R = V - V\exp\left(-\frac{1}{CR}t\right) = V\left\{1 - \exp\left(-\frac{1}{CR}t\right)\right\} \quad \cdots\cdots (3.15)$$

と求めることができます．

ここで，式(3.13)，式(3.14)，式(3.15)をみると，時間tに関する項が$\exp(-t/CR)$となっていることに気づきます．とくに，この式のCRは**時定数**と呼ばれています．時定数にはτという記号が用いられることが多く，$\tau = CR$です．

CR直列回路を応用した回路では，時定数$\tau = CR$のパラメータを調整することにより，時間や周波数の特性を調整します．

では，時定数にどのような性質があるのか，v_Rの波形を例にみてみましょう．$t = \tau = CR$のとき，

$$v_R(\tau) = V\exp\left(-\frac{CR}{CR}\right) = Ve^{-1} \simeq 0.37V \quad \cdots\cdots (3.16)$$

したがって，$t = 0$に比べて約37%まで減衰するのにかかる時間が時定数であることがわかります．また，v_Rをグラフで表すと，**図1.37**のようになります．ここで，$t = 0$の時点でv_Rのグラフの接線を引いてみます．$t = 0$のときのグラフの傾きは，

$$\left.\frac{dv_R}{dt}\right|_{t=0} = -\frac{1}{CR}Ve^{-\frac{1}{CR}t}\bigg|_{t=0} = -\frac{V}{CR} \quad \cdots\cdots (3.17)$$

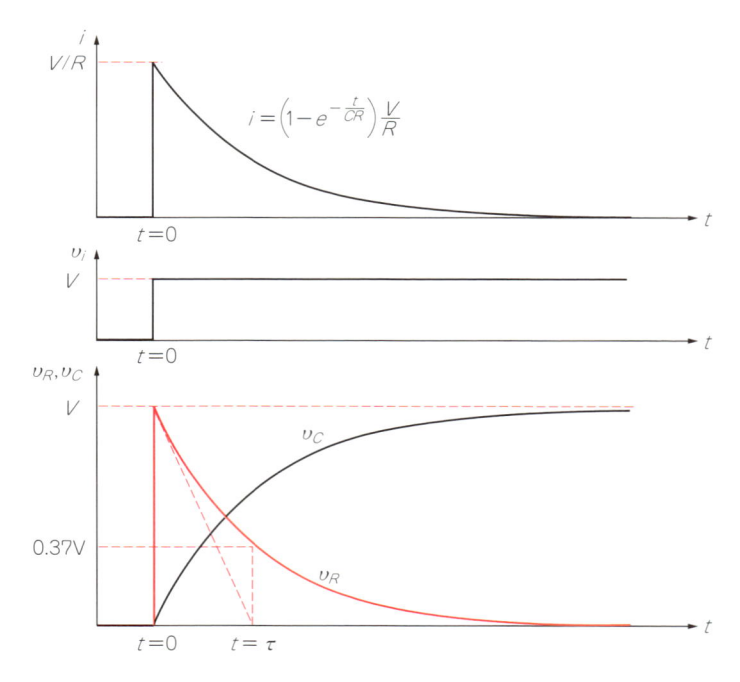

図1.37 CR直列回路の電圧波形

また，図**1.37**より，グラフの切片がVなので，接線の方程式は，

$$v = -\frac{V}{CR}t + V \quad\quad\quad\quad\quad\quad\quad (3.18)$$

となります．ここで，$v = 0$となるときの時間は，

$$0 = -\frac{V}{CR}t + V$$

$$-V = -\frac{V}{CR}t$$

$$t = CR \quad\quad\quad\quad\quad\quad\quad (3.19)$$

となります．すなわち，時定数は$t = 0$の点から接線を引いたとき，$v = 0$となる点における時間と等しいことがわかります．

3.2 初期値最終値法

コンデンサが一つの回路（もしくは，等価的に一つのコンデンサに変換できる回路）にステップ状の電流・電圧が与えられるような上記の問題の場合，もう少し簡単に解くことができます．

(1) 時定数を求める

電圧源を短絡し，電流源を開放したとき，コンデンサCの両端から見たときの合成抵抗Rを求めます．このときの時定数は，$\tau = CR$となります．

(2) 回路の初期値を求める

$t = 0$における，電圧，電流（もしくは電荷）を求めます．ここでは，最終値の電圧をV_Sとします．

(3) 回路の最終値を求める

$t \to \infty$における，電圧，電流（もしくは電荷）を求めます．ここでは，初期電圧をV_Eとします．

上記の方法で，τ，V_E，V_Sが求まると，その点での電圧は次式のように求まります．

$$v(t) = (V_S - V_E)e^{-\frac{t}{\tau}} + V_E \quad\quad\quad\quad\quad\quad\quad (3.20)$$

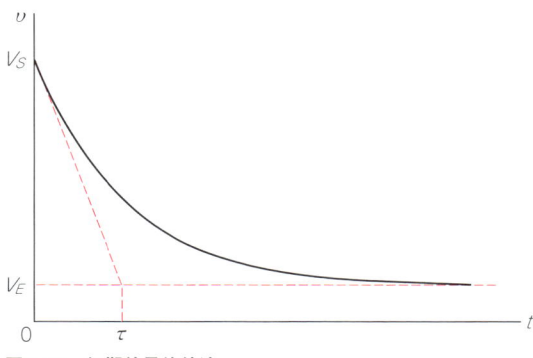

図**1.38** 初期値最終値法

このときの波形を図1.38に示します.

それでは，初期値最終値法を用いて図1.36のCR直列回路のv_R, v_C, iを求めてみましょう．まず，電圧源を短絡し，コンデンサCの両端から見たときの抵抗はRなので，時定数は$\tau = CR$と直ちに求まります．

v_R, v_C, iの初期値V_{RS}, V_{CS}, I_Sは$q = 0$であることを考えると，$V_{CS} = 0$が直ちに求まります．したがって，Rにかかる電圧はVとなることから，次のように求められます．

$$\begin{cases} V_{RS} = V \\ V_{CS} = 0 \\ I_S = \dfrac{V}{R} \end{cases} \quad\quad\quad (3.21)$$

v_R, v_C, iの最終値V_{RE}, V_{CE}, I_Eは$i = 0$であることを考えると，次のように求められます．

$$\begin{cases} V_{RE} = 0 \\ V_{CE} = V \\ I_E = 0 \end{cases} \quad\quad\quad (3.22)$$

式(3.21)，式(3.22)から，初期値最終値法で各電流・電圧を求めると，

$$v_R = (V_{RS} - V_{RE})\exp\left(-\frac{t}{T}\right) + V_{RE} = (V - 0)\exp\left(-\frac{t}{T}\right) + 0$$

$$= V\exp\left(-\frac{t}{T}\right) \quad\quad\quad (3.23)$$

$$v_C = (V_{CS} - V_{CE})\exp\left(-\frac{t}{T}\right) + V_{CE} = (0 - V)\exp\left(-\frac{t}{T}\right) + V$$

$$= V\left\{1 - \exp\left(-\frac{t}{T}\right)\right\} \quad\quad\quad (3.24)$$

$$i = (I_S - I_E)\exp\left(-\frac{t}{T}\right) + I_E = \left(\frac{V}{R} - 0\right)\exp\left(-\frac{t}{T}\right) + 0$$

$$= \frac{V}{R}\exp\left(-\frac{t}{T}\right) \quad\quad\quad (3.25)$$

このように，式(3.14)，式(3.15)，式(3.13)と同じ結果を得ることができました．

参考文献
(1) 塩田泰仁監修，塩沢修著；基礎からの電気・電子回路入門講座，pp.128〜134，総合電子出版社．

第 2 章 電子回路用語と部品の基礎知識

　本章では，インピーダンス，S/N比，dB（デシベル）といった電子回路の基礎用語，そして抵抗やコンデンサなどの部品の基礎知識，さらにノイズ対策などについて学習します．

　回路設計がうまくできたとしても，部品の選定が性能を決めることが多いので，部品の知識は重要です．また，ノイズ対策は，筆者の場合，シールド線をアースしただけでピタリとノイズを除去できた経験があります．どんな種類のノイズがあり，それに対してどのようなノイズ対策をすればよいか，応用を考えながら読んでください．

1. 電気の基礎

1.1 インピーダンス

　単に抵抗のことを**インピーダンス**ともいいますが，正確にはコンデンサやコイルを含めた交流に対する抵抗のことをインピーダンスといいます．

　一般的な交流回路は，図2.1のように表せます．Lはコイルのインダクタンス，Cはコンデンサの容

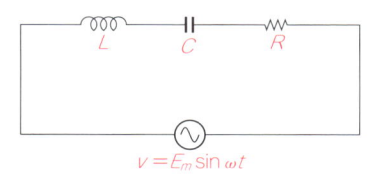

図2.1　交流回路

量，Rは抵抗，vは交流電圧です．ここで，インダクタンスとはコイルの磁石になりやすさを表し，コンデンサの容量とはコンデンサの電気を蓄える能力を表します．

インピーダンスを計算するには，この回路において微分方程式をつくり，電流iを求めて，オームの法則によって電圧vを割ればよいのです．計算した結果を表すと，インピーダンスZは，

$$Z = \sqrt{R^2 + \left(\omega L - \frac{1}{\omega C}\right)^2} \ [\Omega] \quad \cdots\cdots (1.1)$$

となります．ただし，ωは**角周波数**といい，交流の周波数をfとすると，

$$\omega = 2\pi f \ [\text{rad/sec}] \quad \cdots\cdots (1.2)$$

と表されます．

周波数は，交流が1秒間に何回振動するかを示します．一般に，商用交流の周波数は，関東は50 Hz，関西は60 Hzです．**図2.2**で周期をTとすると周波数fは，

$$f = \frac{1}{T} \ [\text{Hz}] \quad \cdots\cdots (1.3)$$

で表されます．この式は，オシロスコープで波形を観測して周波数を割り出すときに便利な式です．

式(1.1)でわかることは，コイルに関係するωLは周波数に比例するので，コイルは低周波を通しやすく，高周波は通しにくいということです．一方，コンデンサに関係する$1/(\omega C)$は周波数に反比例するので，低周波は通しにくく，高周波は通しやすいのです．

それから，$\omega L - 1/(\omega C) = 0$のときの周波数，

$$f_0 = \frac{1}{2\pi\sqrt{LC}} \ [\text{Hz}] \quad \cdots\cdots (1.4)$$

のとき，インピーダンスはもっとも小さくなって純抵抗Rだけになり，最大電流I_O，

$$I_O = \frac{V}{R} \quad \cdots\cdots (1.5)$$

が回路に流れます．

つまり，**図2.1**において交流電圧の電圧値を変えないで，周波数を低いほうから高いほうに変化させていくと，ある周波数$f_0 = 1/(2\pi\sqrt{LC})$になったとき，急に大きな電流が回路に流れます．この現象を**共振現象**といい，f_0を**共振周波数**といいます（**図2.3**）．

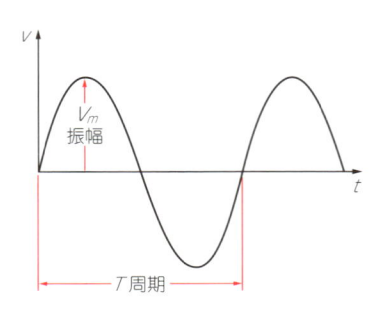

図2.2　交流の波形

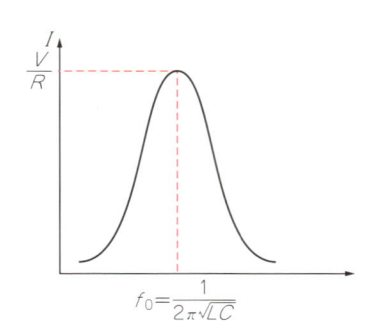

図2.3　共振現象

1.2 インピーダンスのマッチング

よく，マイクロホンをアンプやミキサに接続するとき，インピーダンスのマッチングが問題になります．たとえば，50 kΩのハイ・インピーダンス・マイクロホンを600 Ωのロー・インピーダンスのマイク・ジャックに接続してもミス・マッチングとなり，小さな音しか出てきません．したがって，50 kΩのインピーダンスのマイクロホンは，入力インピーダンスが50 kΩのマイク・ジャックに接続しなければなりません．

また，オシロスコープでビデオ信号を観測するとき，75 Ωの終端抵抗をつけて観測します．これは，同軸ケーブルの特性インピーダンスが75 Ωですから，これに接続するビデオ機器も内部インピーダンスが75 Ωに設計してあり，この使用状態と同じ状態でビデオ波形を観測したいためです．終端抵抗をつけないで波形を観測すると，電圧値に狂いが生じてきます．

このインピーダンスのマッチングの原理的な意味について考えてみましょう．たとえば，内部インピーダンスr［Ω］のマイクロホンを，入力インピーダンスR［Ω］のアンプに接続した場合を考えてみましょう．この等価回路は，図2.4のようになります．

インピーダンスのマッチングとは，マイクロホンからの電力を最大でアンプに取り込む条件です．電力とは，（電圧）×（電流）です．そこで，アンプの入力インピーダンスRを大きくすると，電圧Vはマイクロホンの起電力eに近づきますが，電流Iが0に近づいて，電力も小さくなってしまいます．また逆に，入力インピーダンスRを小さくすると，電流Iはe/rに近づきますが，電圧Vが0に近づいて，電力は小さくなってしまいます．つまり，入力インピーダンスRがある値のとき，アンプに取り出せる電力は最大になります．このようすをグラフに描くと図2.5のようになります．

この図からわかるように，入力インピーダンスがちょうどマイクロホンの内部インピーダンスrに等しいとき，アンプに取り込む電力Pは最大になることがわかります．これがインピーダンスのマッチングの原理的な意味です．

マッチングの条件の求め方を次に示します．アンプが取り込む電力Pは，

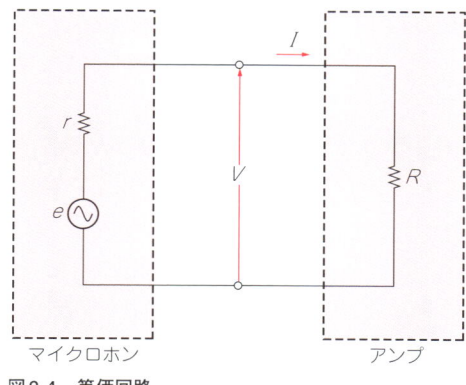

図2.4　等価回路

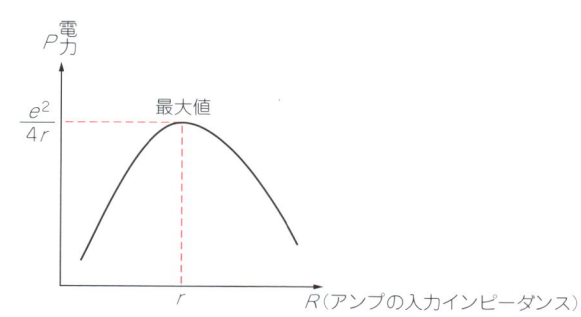

図2.5　インピーダンスのマッチング

$$P = IV \ [\text{W}] \tag{1.6}$$

です．電流 I はオームの法則より，

$$I = \frac{e}{R+r} \ [\text{A}] \tag{1.7}$$

です．電圧 V はマイクロホンの起電力 e を抵抗 r と R で分圧した値ですから，

$$V = \frac{R}{R+r} e \ [\text{V}] \tag{1.8}$$

式(1.6)に式(1.7)，式(1.8)を代入して，

$$P = IV = \frac{e}{R+r} \cdot \frac{R}{R+r} e = \frac{R}{(R+r)^2} e^2 \tag{1.9}$$

が得られます．この電力 P が最大になるときのアンプの入力インピーダンス R を求めるために，電力 P を R で微分して，

$$\frac{dP}{dR} = \frac{(R+r)^2 - R \cdot 2(R+r)}{(R+r)^4} e^2 = \frac{r-R}{(R+r)^3} e^2 \tag{1.10}$$

となります．$dP/dR = 0$ のとき最大になりますから，そのときの R の値は r です．また，そのときの最大電力 $P_{(\max)}$ は，式(1.9)において $R = r$ とおくと，

$$P_{(\max)} = \frac{e^2}{4r} \ [\text{W}] \tag{1.11}$$

となります．以上より，マッチング条件は $R = r$ で，そのときの最大電力は式(1.11)で表せることがわかります．

1.3 デシベル(dB)

　デシベル(dB)は，VUメータやアッテネータの目盛りの単位としてよく使われます．たとえば，VUメータの表示は，ある基準の音量に比べて，現在どのくらいの音量か，人間の聴覚の感覚ですぐわかるように目盛ってあります．実験によると，人間の耳の感覚は対数的になっているといわれています．

　つまり，ある基準音があって，その音量の100倍の音を人間の耳で聞くと，そのまま100倍の音量としては聞こえないのです．人間の耳ではもっと小さく聞こえます．この音量の倍数を対数的に表してみましょう(表2.1)．

　倍数1，10，100，1000，…の対数をとると，0，1，2，3，…となります．これでは数値が小さすぎるので，対数を10倍して0，10，20，30，…とします．この単位をデシベルといい，dBで表します．正式に数式で表すと，デシベルで表した数値 A は，

$$A = 10 \log_{10} \frac{P_2}{P_1} \tag{1.12}$$

ただし，P_1：基準の数値
　　　　P_2：比較しようとする数値

表2.1 対数の換算表

倍数	乗数表示	対数	dB 10×対数
1	10^0	0	0
10	10^1	1	10
100	10^2	2	20
1000	10^3	3	30
10000	10^4	4	40
100000	10^5	5	50

表2.2 デシベル(電圧, 電流の場合)

デシベル	−20 dB	−12 dB	−10 dB	−6 dB	−3 dB	0 dB	3 dB	4 dB	6 dB	12 dB
倍数値	$\frac{1}{10}$	$\frac{1}{4}$	0.32	$\frac{1}{2}$	$\frac{1}{\sqrt{2}}$	1	$\sqrt{2}$	1.58	2	4

です.このように,比較しようとする値が音量だとか電力の場合は10倍しますが,電圧や電流の場合は20倍します.つまり,

$$A = 20 \log_{10} \frac{V_2}{V_1} \tag{1.13}$$

と表します.

ここで,よく使うdBの値と倍数値を表にしてみましょう(**表2.2**).また,オーディオ関係では,dBm(デシベル・ミリ)という単位があります.これは,インピーダンス600 Ωで,1 mWの電力を消費したときの電圧を基準にしたときのデシベルの単位です.

そのときの基準電圧は,次のようにして求められます.電力 P は,

$$P = V \cdot I = V \cdot \frac{V}{R} = \frac{V^2}{R} \tag{1.14}$$

なので,これより電圧 V は,

$$V = \sqrt{PR} \tag{1.15}$$

です.これに,$P = 1\,\mathrm{mW} = 1 \times 10^{-3}\,\mathrm{W}$,$R = 600\,\Omega$ を代入すると,基準電圧 V は,

$$V = \sqrt{1 \times 10^{-3} \times 600} = 0.775\,\mathrm{V} \tag{1.16}$$

です.この数値を用いてデシベル・ミリを表してみると,

$$A = 20 \log_{10} \frac{V}{0.775} \;[\mathrm{dBm}] \tag{1.17}$$

です.

マイクロホンを例にとって考えてみましょう.たとえば,−75 dBmの感度のマイクロホンがあったとします.このマイクロホンは75 dBのゲインをもつアンプで,増幅して0 dBになるということです.

また,デシベルを用いてアンプなどのゲインを表すと便利です.たとえば,ゲインが20 dBと30 dBのアンプがあったとします(**図2.6**).このアンプを接続すると総合ゲイン A は対数の性質によって,単に加算すればよく,

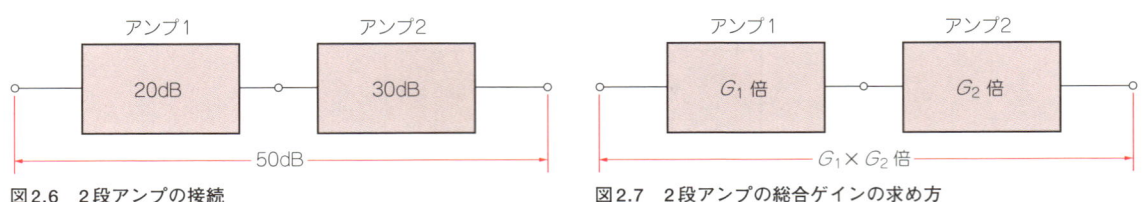

第2章

図2.6 2段アンプの接続

図2.7 2段アンプの総合ゲインの求め方

$$A = 20 \text{ dB} + 30 \text{ dB} = 50 \text{ dB} \tag{1.18}$$

となります．確認してみましょう．

たとえば，増幅率がG_1倍とG_2倍のアンプがあったとします（図2.7）．このアンプを接続すると，総合増幅率Gは$G_1 \times G_2$倍になります．この総合増幅率Gをデシベルで表すと，式(1.13)の公式にしたがって，

$$A = 20 \log_{10} G = 20 \log_{10}(G_1 \times G_2) \tag{1.19}$$

となります．ここで対数の公式，

$$\log_a(A \times B) = \log_a(A) + \log_a(B) \tag{1.20}$$

を使うと，

$$A = 20 \log_{10} G_1 + 20 \log_{10} G_2 = A_1 \text{ [dB]} + A_2 \text{ [dB]} \tag{1.21}$$

となって，式(1.18)で加算できることがわかります．

1.4 S/N比

このアンプのS/N比は130 dBだとか115 dBだとか，よくカタログに書いてあります．このS/N比とはどういう意味でしょうか．S/N比のSとはsignalの頭文字で信号を意味し，Nとはnoiseの頭文字で雑音を意味します．つまり，S/N比とは信号対雑音の比で，この値が大きいほど雑音が少ない機材ということになります．

具体的にアンプの例をあげて考えると，次のようになります．たとえば，アンプの入力にオシレータ（発振器）を接続して正弦波の信号を入れ（図2.8），出力波形が図2.9のようになったとします．

この波形の中にはギザギザの細い雑音成分が乗っています．つまり，この雑音成分が，アンプの中を信号が通過しているうちに生まれてきたわけです．この雑音成分を含んだ出力波形を信号成分と雑

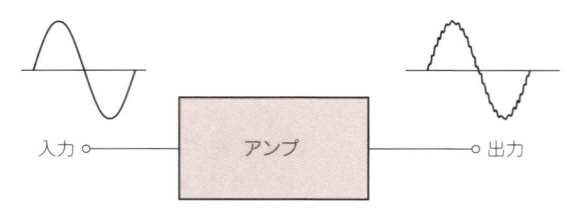

図2.8 アンプ回路に正弦波を入力

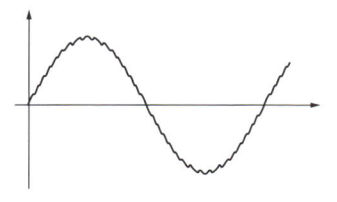

図2.9 雑音成分を含んだ波形

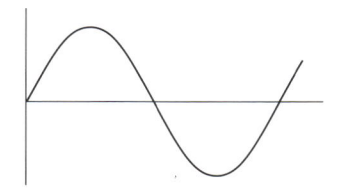

図2.10 信号成分実効値 V_S [V]

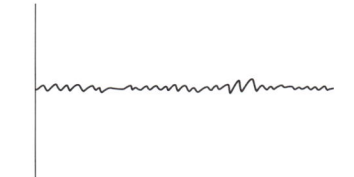

図2.11 雑音成分実効値 V_N [V]

音成分に分離すると，図2.10と図2.11になります．

この信号成分の実効値を V_S [V] とし，雑音成分の実効値を V_N [V] とすると，V_S と V_N の比をデシベルで表し，これをS/N比と呼んでいます．式で表すと，

$$S/N = 20 \log_{10} \frac{V_S}{V_N} \tag{1.22}$$

となります．

1.5 雑音指数（NF）

雑音指数とは，S/N比の考え方を発展させたもので，**ノイズ・フィギュア**（NF）ともいいます．雑音指数は，ある機材自身の実質的な雑音（ノイズ）を表したいときに用います（図2.12）．

たとえば，アンプ1とアンプ2を接続させて，アンプ1の入力に図のような正弦波信号を送ると，雑音成分を含んだ信号波形が出力に現れます．さらに，アンプ2を通過すると，アンプ2自身の雑音がプラスされるので，もっと雑音成分を含んだ出力波形がアンプ2の出力に現れます．そこで，アンプ2が実質的にどのくらいの雑音を発生するかを表すために，アンプ2の入力信号とノイズの割合 $(S/N)_I = V_{SI}/V_{NI}$ と出力信号とノイズの割合 $(S/N)_O = V_{SO}/V_{NO}$ を比較します．つまり，雑音指数 NF は，

$$NF = \frac{(S/N)_I}{(S/N)_O} \tag{1.23}$$

となります．もし，NF が1ならば，このアンプは内部にまったく雑音をもたないことになります．雑音が発生してくると，この値は1より大きくなります．式(1.23)をデシベルで表すと，

$$NF = 20 \log_{10} \frac{(S/N)_I}{(S/N)_O} \tag{1.24}$$

となります．

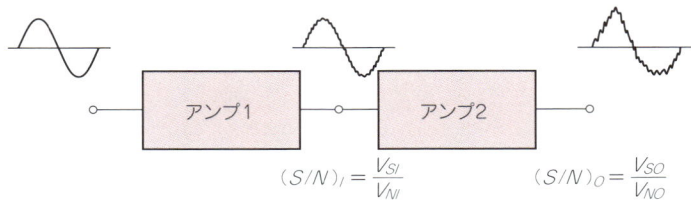

図2.12 雑音指数

第2章

2. 雑音対策

よく高圧線の下で音を録音したり，録音デッキをテレビの近くに置いたり，十分雑音対策が施されていない調光器が近くにあったりすると，雑音が入って困ることがあります．この雑音の種類には，だいたい次に示す五つの種類があり，これらが発生したときは雑音対策をとらなければなりません．
(1) 静電誘導による雑音
(2) 磁気誘導による雑音
(3) 電磁波による雑音
(4) コモン・モードの雑音
(5) 調光器による雑音

雑音対策としては，シールド線を使ったり，線をツイストしたり，あるいは遮蔽したりします．そこで，これらの雑音対策について解説します．

2.1 静電シールドと磁気シールド

静電シールドは，静電誘導による雑音に対して効果があります．静電誘導とは，図2.13のように，プラスに帯電している棒を金属に近づけると，マイナスの電気が誘導される現象です．たとえば，高圧線の下で録音しようとすると，マイク・ケーブルに静電誘導が起こり，ノイズが入ります．

このような場合は，シールド線を用います．シールドの状態を図2.14に示します．この場合，シールドの片方をアースしないと効果はありません．アースとしては大地が理想的ですが，普通は広い金属板か，機材のシャーシを用います．たとえば，図2.14のように雑音源があって，これがプラスに帯電したとすると，シールドにはマイナスが誘導されます．しかし，このときシールドがアースされているので，プラスの電気がアースのほうへ逃げます．電気力線はプラスからマイナスに終わる性質があるので，信号線には電気は誘導されません．ただし，シールド線を使う場合，シールドの網目が粗いとシールド効果が半減するので注意する必要があります．

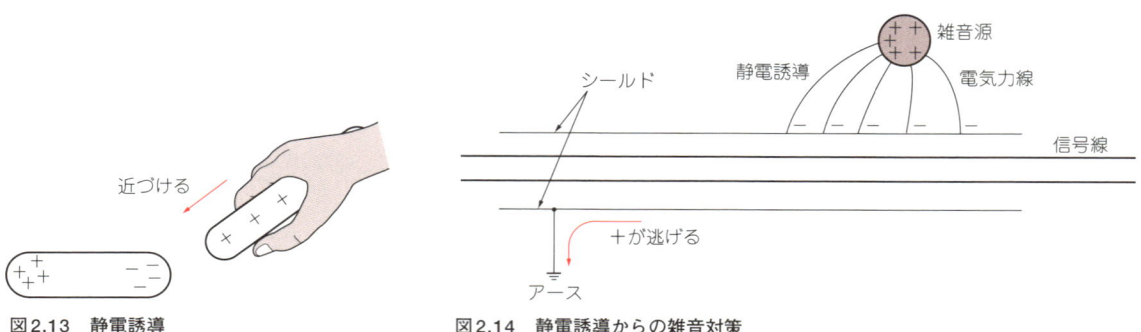

図2.13 静電誘導

図2.14 静電誘導からの雑音対策

図2.15 磁気誘導からの雑音対策

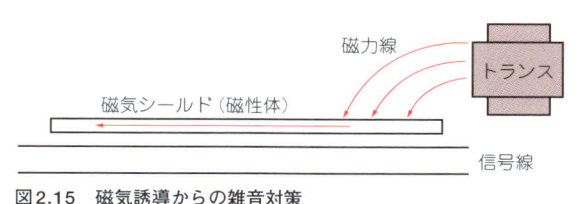

　また，シールド線には一芯シールドと二芯シールドがありますが，二芯シールドは内部でツイスト（ねじり）してあり，磁気誘導による雑音を防いだり，トランスを入れてコモン・モードの雑音を防いだりすることができるので，一芯シールドより雑音防止効果は高いといえるでしょう．
　磁気シールドは，磁気的なノイズに対して効果があります．たとえば，ケーブルの近くにトランスなどの強い磁力線を発生する源があると，電磁誘導によってケーブルにノイズが入ります（図2.15）．
　このような場合は，磁性体でできたシールドを用います．磁性体は磁力線を吸い込む性質があるので，シールドの内部は磁力線の影響を受けません．なお，鉄やニッケルなどのように，磁界によって磁石になりやすい金属のことを磁性体といいます．

2.2　ツイスト配線とトランスを用いた雑音対策

　ツイスト配線は，図2.16のように信号線をねじって配線したもので，磁力線の変化に対する誘導を防ぐ効果があります．たとえば，図のようにツイスト配線したところに変化する磁力線が通過したとすると，ループの部分に起電力が誘導されます．ところが，配線をねじってあるので，となりどうしの起電力が打ち消し合ってノイズを防ぐことができます．
　ケーブルにコモン・モードのノイズ（同相のノイズ）が乗っている場合は，図2.17に示すようにトランスを入力側と出力側に入れると，コモン・モードのノイズがトランスによって打ち消されるので効果があります．

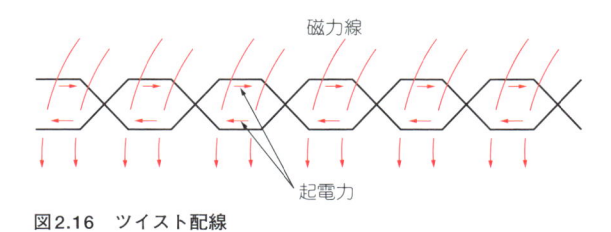

図2.16　ツイスト配線

図2.17　トランスを用いた雑音対策

3. 部品に関する知識

3.1 抵抗

● 抵抗の使い方

抵抗は電流を制限したり，電圧を分圧したりするために用います．抵抗のワット数には，1/8W型，1/4W型，1/2W型などがあり，抵抗がその値以上の電力を消費すると発熱して焼損します．

たとえば，抵抗 R の両端の電圧を V [V] とすると（図2.18），

$$P = V \cdot I = V \cdot \frac{V}{R} = \frac{V^2}{R} \tag{3.1}$$

に相当する電力が消費され熱になります．これから電圧 V を求めると，

$$V = \sqrt{R \cdot P} \ [V] \tag{3.2}$$

となります．抵抗の最大消費電力を $P_{(\max)}$ とすると，最大電圧 $V_{(\max)}$ は，

$$V_{(\max)} = \sqrt{R \cdot P_{(\max)}} \ [V] \tag{3.3}$$

となり，これ以上電圧を印加できません．

たとえば，抵抗 $R = 1\,\mathrm{k\Omega}$ で1/2W型の抵抗は，

$$V_{(\max)} = \sqrt{(1 \times 10^3) \times (1/2)} = 22.4\,\mathrm{V} \tag{3.4}$$

まで電圧を印加できます．

● 抵抗の種類

(1) 炭素皮膜抵抗

カーボン抵抗とも呼ばれ，安価でもっとも一般的に用いられている抵抗です．磁器の上に炭素皮膜が蒸着され，溝切りによって抵抗値を調整し，保護皮膜を施してあります．

(2) 金属皮膜抵抗

高価ですが，温度特性，ノイズ特性とも非常に優れている抵抗です．構造はニッケル・クロム皮膜系とタンタル皮膜系があります．

(3) 酸化金属皮膜抵抗

磁器の下地の表面に，塩化第二錫を形成した熱的化学的に安定な抵抗です．このため，高温での安

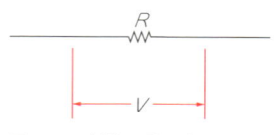

図2.18 抵抗の使い方

定度が高く，小さな割に定格電力が大きいのが特徴です．

(4) ソリッド抵抗

抵抗体に炭素粉末，結合剤として合成樹脂，充填剤として硅石粉を混合し，金型に入れて熱成形したものです．無誘導で高周波特性が優れています．

(5) セメント抵抗

磁器製の器の中に巻線抵抗を封入してセメントで固めたものです．不燃性で定格電力が大きいのも特徴です．

(6) ホーロー抵抗

パイプ状磁器に抵抗線を巻き付け，表面をホーロー仕上げしたものです．高温まで安定に動作します．

3.2 コンデンサ

● コンデンサの構造および働き

コンデンサは，誘電体（絶縁物）を2枚の金属板ではさんだ構造をしており，電気を蓄える働きをします．コンデンサに蓄えられる電気 Q [C] は，加えた電圧 V [V] に比例します．

そのときの比例係数 C をコンデンサの容量といい，電気を蓄える能力を表します．単位はF(ファラッド)です．数式で表すと，

$$Q = C \cdot V \text{ [C]} \quad \cdots\cdots\cdots\cdots (3.5)$$

となります．また，容量 C は電極間のすきま d [m] が狭いほど，電極板の面積 S [m²] が広いほど，さらに比誘電率 ε_S が大きいほど大きくなります．数式で表すと，

$$C = \frac{\varepsilon_0 \varepsilon_S S}{d} \quad \cdots\cdots\cdots\cdots (3.6)$$

ただし，ε_0：真空中の誘電率

となります（図2.19）．比誘電率 ε_S は，電極間の誘電体（絶縁物）によって決まった定数で，真空中あるいは空気中の誘電率を1とします．

● コンデンサの性質

コンデンサは直流を阻止しますが，交流は通します．コンデンサのリアクタンス X_C は，

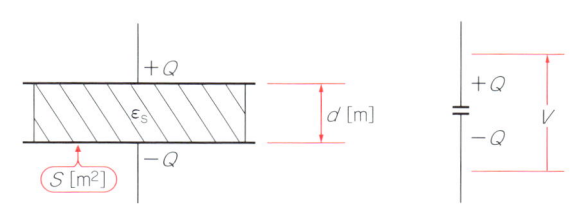

図2.19 コンデンサの構造と記号

第2章

$$X_C = \frac{1}{\omega C} = \frac{1}{2\pi f C} \ [\Omega] \quad \cdots\cdots\cdots\cdots\cdots\cdots\cdots\cdots\cdots\cdots\cdots\cdots\cdots\cdots\cdots\cdots\cdots\cdots\cdots\cdots\cdots\cdots\cdots\cdots\cdots\cdots\cdots\cdots\cdots\cdots\cdots\cdots (3.7)$$

で表され，高周波ほど通しやすいことがわかります．

● 直列接続と並列接続

コンデンサを並列に接続(**図2.20**)したときの合成容量 C は，電極の面積がプラスされたのと等価ですから，

$$C = C_1 + C_2 \ [\mathrm{F}] \quad \cdots\cdots\cdots\cdots\cdots\cdots\cdots\cdots\cdots\cdots\cdots\cdots\cdots\cdots\cdots\cdots\cdots\cdots\cdots\cdots\cdots\cdots\cdots\cdots\cdots\cdots\cdots\cdots\cdots\cdots\cdots\cdots\cdots\cdots\cdots\cdots (3.8)$$

となります．

また，直列に接続(**図2.21**)したときの合成容量 C は，

●●●● 抵抗値の読み方 ●●●●

炭素皮膜抵抗や金属皮膜抵抗は，抵抗値や誤差などを数値で表示せず，**図2.A**のように色帯（カラー・コード）で表しているものがあります．帯が4本のものは，左側の2本が数字を表し，3番目が乗数，4番目が許容差を表しています．また，帯が5本のものは，左側の3本が数字を表し，4番目が乗数，5番目は許容差を表しています．

たとえば，黄・紫・橙・金であれば，

    4   7   × 10^3 $[\Omega]$，許容差 ± 5 %
    黄   紫   橙   金

であることがわかります．帯が4本の抵抗は，許容差の部分が金か銀である場合が多いので，向きに関して迷うことはありません．しかし，たとえば5色で赤・青・茶・茶・茶と表されている場合，抵抗の向きによって値を読み違えてしまう恐れがあります(この場合，精度が ± 1 %か ± 2 %か迷ってしまう)．

たいていの場合，許容差を表す部分は他の帯より太くなっていますので，これを手がかりに抵抗値を読みます．一番最後の茶色が太かったとすると，

    2   6   1   × 10^1 $[\Omega]$，許容差 ± 1 %
    赤   青   茶   茶   茶

となります．**表2.A**にカラー・コードの読み方を示します．

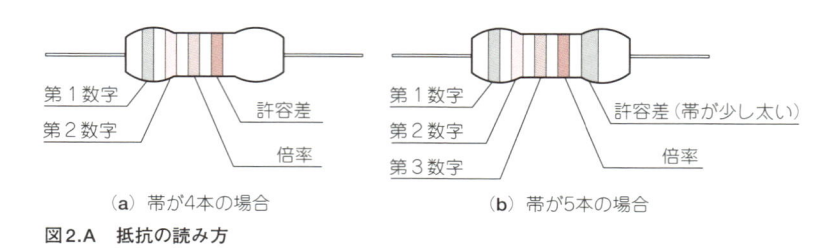

(a) 帯が4本の場合　　(b) 帯が5本の場合
図2.A　抵抗の読み方

3.2 コンデンサ

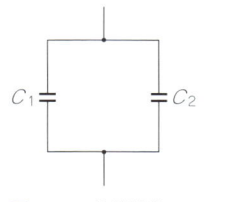

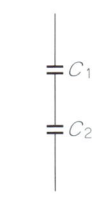

図2.20　並列接続

図2.21　直列接続

$$\frac{1}{C} = \frac{1}{C_1} + \frac{1}{C_2} \quad \cdots\cdots\cdots\cdots\cdots\cdots\cdots\cdots\cdots\cdots\cdots\cdots\cdots\cdots\cdots\cdots\cdots\cdots\cdots\cdots\cdots\cdots\cdots\cdots\cdots\cdots\cdots \quad (3.9)$$

となります．計算式は，ちょうど抵抗の場合と逆になります．

コラム2.B

　また，チップ抵抗の場合にはカラー・コードではなく，3桁もしくは4桁の英数字で表します．Lは小数点，Rは$m\Omega$の単位で，たとえば，

　　473　　→　47×10^3 ［Ω］
　　1R2　　→　1.2 ［Ω］
　　2L0　　→　2.0 ［$m\Omega$］
　　1871　 →　187×10^1 ［Ω］
　　1R07　→　1.07 ［Ω］
　　2L15　→　2.15 ［$m\Omega$］

となります．

表2.A　抵抗のカラー・コードの読み方

色	第1〜第3数字	乗数	許容差
黒	0	$\times 1$	
茶	1	$\times 10^1$	$\pm 1\%$
赤	2	$\times 10^2$	$\pm 2\%$
橙	3	$\times 10^3$	
黄	4	$\times 10^4$	
緑	5	$\times 10^5$	$\pm 0.5\%$
青	6	$\times 10^6$	$\pm 0.25\%$
紫	7	$\times 10^7$	$\pm 0.1\%$
灰	8	$\times 10^8$	
白	9	$\times 10^9$	
金		$\times 10^{-1}$	$\pm 5\%$
銀		$\times 10^{-2}$	$\pm 10\%$
無着色			$\pm 20\%$

● コンデンサの容量の単位

1Fの1/1000000(= 10^{-6})の単位を μF（マイクロ・ファラッド）といい，さらに1 μFの1/1000000(= 10^{-6})の単位をpF（ピコ・ファラッド）といいます．

$1 \mu F = 1 \times 10^{-6} F$

$1 pF = 1 \times 10^{-6} \mu F = 1 \times 10^{-12} F$

● コンデンサの種類

(1) 電解コンデンサ

これは，アルミ箔の表面に電気化学的に酸化アルミニウムの絶縁皮膜を形成したコンデンサです．比較的大容量のコンデンサをつくることができます．また，リード線には＋－の極性があって，リード線の長い方がプラスです．

(2) タンタル電解コンデンサ

タンタル粉末を焼結して作ったコンデンサで，リーク電流が少なく雑音特性が優れています．音質を重視するオーディオ回路によく使われます．これも＋－の極性があります．

(3) セラミック・コンデンサ

絶縁体として，チタン酸バリウムなどの誘電率の大きいものを使い，小型の割には容量を大きくできることが特徴です．高周波回路によく使われます．欠点は，温度係数が大きいことです．

(4) フィルム・コンデンサ

絶縁体として，ポリプロピレンやポリエチレンなどのプラスチック・フィルムを用いたコンデンサです．

(5) 積層セラミック・コンデンサ

比較的新しく開発されたコンデンサですが，現在は面実装用のチップ・タイプが主流になっているため，急速に使用量が増えています．小型で，温度特性の優れたコンデンサです．

3.3 トランス

トランスは，図2.22に示すように鉄芯に1次巻線と2次巻線を巻きつけた構造をしています．1次側に交流電圧 V_1 を加えると，鉄芯内に変化する磁力線ができます．鉄芯は，図2.22のような構造をしているので，2次側に電磁誘導によって巻線比に比例する2次電圧 V_2 が発生します（図2.23）．

1次巻線の巻数を N_1，2次巻線の巻数を N_2 とすると，1次電圧 V_1 と2次電圧 V_2 の間には次のような関係が成立します．

$$\frac{V_2}{V_1} = \frac{N_2}{N_1} \quad \cdots\cdots(3.10)$$

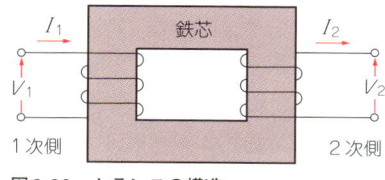

図2.22 トランスの構造

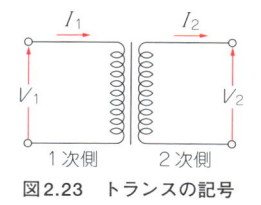

図2.23 トランスの記号

3.4 ダイオード

● 半導体

　シリコンやゲルマニウムのように，金属と絶縁物の中間の性質をもつ元素を半導体といいます．半導体にはp型半導体とn型半導体があります．p型半導体はシリコンなどの4価の元素にインジウムなどの3価の元素を不純物としてごくわずかな量を混ぜて結晶させたもので，**図2.24**のような結晶構造をもっています．

　シリコンは四つの価電子をもつので，シリコンの原子どうしは四つずつ価電子を提供しあって共有して結合します．これを共有結合といいます．ところが，インジウムの原子は三つしか価電子をもたないので，結合するとき1個電子が足りなくなって穴ができます．この穴を正孔あるいはホールといいます．

　正孔は，となりの電子が次々とこの穴を満たしていくことによって，電子の移動と逆方向に移動します．p型半導体では正孔が電気伝導に寄与します．

　また，n型半導体は，シリコンなどの4価の元素にヒ素などの5価の元素を不純物としてごくわずか混ぜて結晶させたもので，**図2.25**のような結晶構造をもっています．

　n型半導体では，不純物として混ぜたヒ素が5個の価電子をもつので，シリコンの原子と結合するときに1個電子が余ることになります．n型半導体では，この過剰電子が電気伝導に寄与します．これらの正孔や過剰電子のことをキャリアといいます．

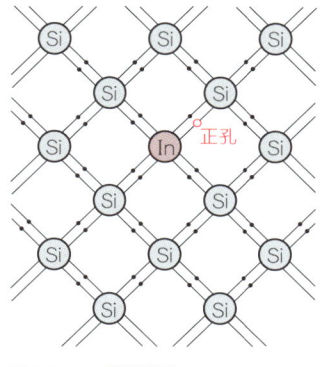

図2.24 p型半導体

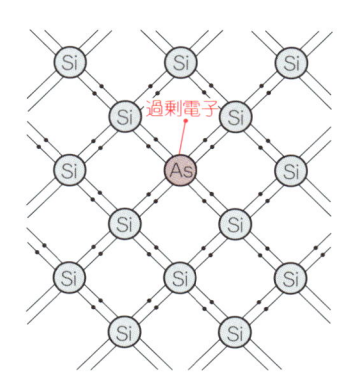

図2.25 n型半導体

第2章

● ダイオードの構造と働き

　ダイオードは，図2.26のようにp型半導体とn型半導体を接合した構造をもっています．この2種類の半導体を接合させると接合部付近で，正孔はn型領域に，過剰電子はp型領域に拡散していきます．ところが，このキャリアの移動によって，接合部付近のp型領域がマイナスに，n型領域がプラスに帯電して電位障壁ができるので，キャリアを引きもどそうとする力が働きます．この拡散する力と電位の壁による引きもどそうとする力が釣り合ったところで，キャリアの移動はストップします（図2.27）．このときの接合部付近の電位を拡散電位といいます（図2.28）．

　次に，図2.29のようにpをマイナスにnをプラスにして電位を加えると，図2.30のように電位障壁がますます大きくなって，キャリアの移動はできなくなり，電流はストップします．

　今度は，図2.31のようにpをプラスにnをマイナスにして電圧を加えると，電位障壁が緩和されるので，キャリアは接合部を乗り越えて拡散して移動し，電流が流れます．

　このように，ダイオードはpからnに電流が流れますが，nからpには流れない性質があるので，整流器や検波器として使われます（図2.32）．

　図2.33のような回路で正弦波交流を負荷に供給すると，図2.34の正弦波交流電圧はマイナス電圧がダイオードによってカットされるので，図2.35のような脈流が流れます．これをダイオードの整流作用といいます．実用上は，負荷に並列にコンデンサをつけて脈流を図2.36のように平滑化させます（詳細は，第4章参照）．

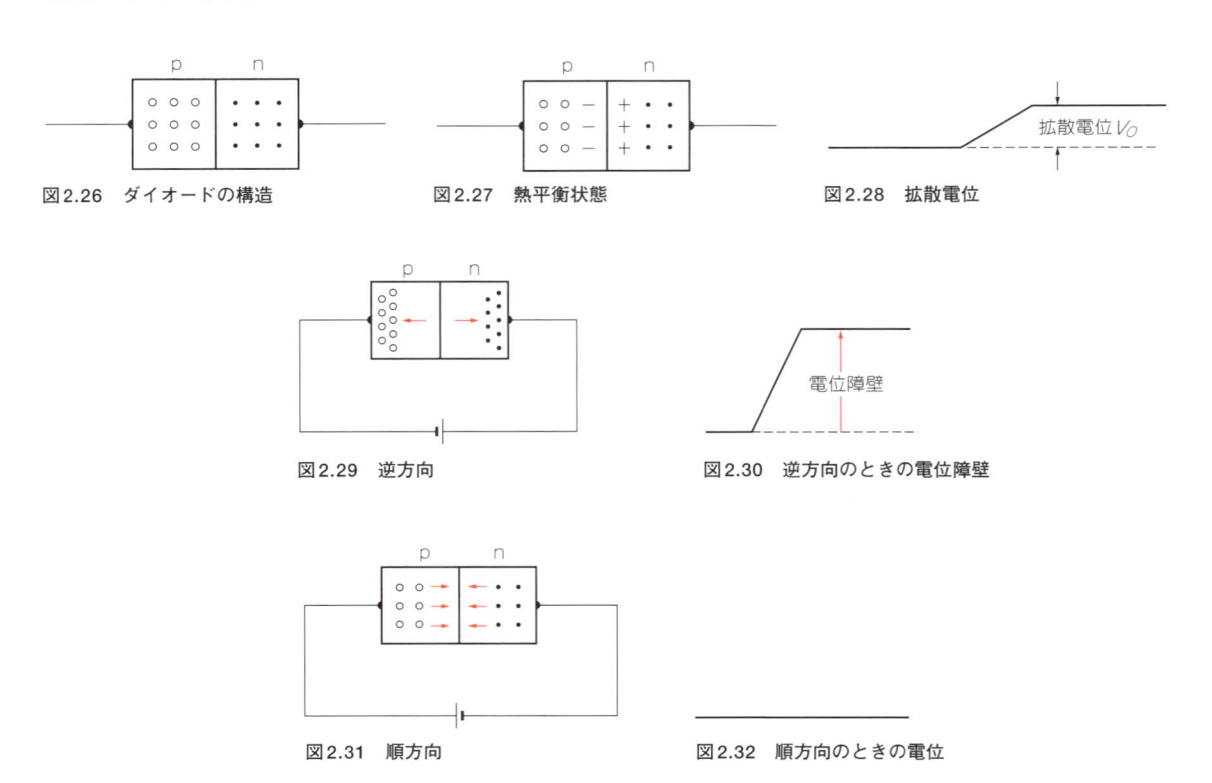

図2.26　ダイオードの構造

図2.27　熱平衡状態

図2.28　拡散電位 V_0

図2.29　逆方向

図2.30　逆方向のときの電位障壁

図2.31　順方向

図2.32　順方向のときの電位

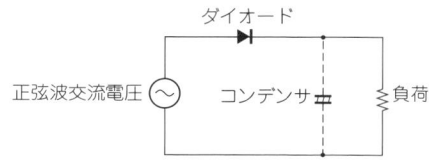

図2.33 ダイオードの整流作用

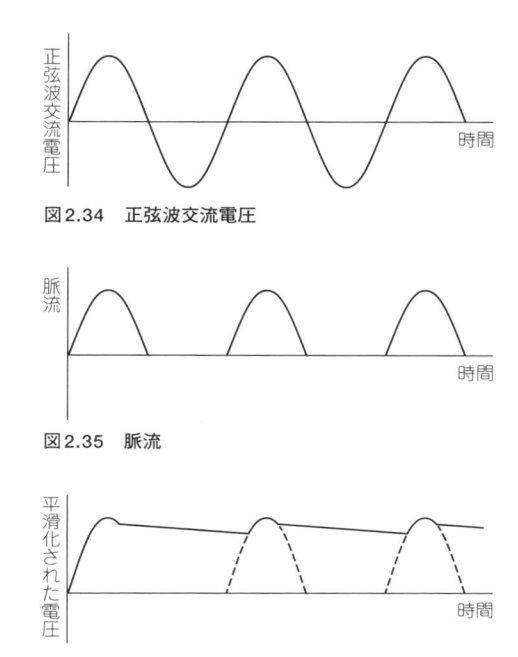

図2.34 正弦波交流電圧

図2.35 脈流

図2.36 平滑化された電圧

3.5 トランジスタ

● トランジスタの構造と働き

　トランジスタは，n型半導体とp型半導体を三層に接合した構造をもっています．その接合のしかたによって，NPN型とPNP型があります．図2.37のトランジスタはPNP型のトランジスタで，薄いn型半導体を両側からp型半導体ではさんだ構造をしています．それぞれの領域には名前がつけられており，左側からエミッタ，ベース，コレクタといいます．図2.37ではE，B，Cと書いてあります．

　エミッタ－ベース間は直流電圧 E_{EB} と小振幅信号電圧 e_{eb} が直列に接続されており，コレクタ－ベース間には直流電圧 E_{CB} と抵抗 R が直列に接続されています．

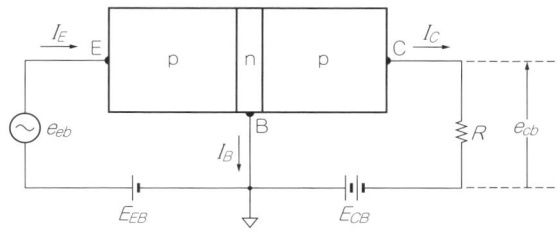

図2.37 トランジスタの働き

ここで，トランジスタの増幅作用の原理を説明すると，エミッタ-ベース間電圧は順方向なので，エミッタから注入された正孔がベース領域へ拡散していきます．ところが，ベースは非常に薄くできているので，ほとんどの正孔はベース領域を通過してコレクタ領域に拡散していき，コレクタ電流 I_C となります．コレクタ電流 I_C とエミッタ電流 I_E の関係は，

$$I_C = \alpha I_E \tag{3.11}$$

です．α はほぼ1に近く，0.98～1の値となっています．一方，コレクタ-ベース間は逆方向に電圧が加えられているので，内部抵抗が非常に大きくなっています．

したがって，抵抗 R の値を大きくしてもコレクタ電流 I_C はほとんど影響を受けません．このような理由から，抵抗 R を大きくしてその両端から大きな電圧 $e_{cb} = I_C R$ を取り出すことができるのです．これがトランジスタの増幅作用の原理です．

● エミッタ接地の増幅作用

上記で説明した回路接続法をベース接地といい，図2.38の回路の接続法をエミッタ接地といいます．この回路でコレクタ電流 I_C とエミッタ電流 I_E の間にはすでに説明したとおり，

$$I_C = \alpha I_E \tag{3.12}$$

の関係があります．また，コレクタ電流 I_C とベース電流 I_B，エミッタ電流 I_E の間には，

$$I_E = I_B + I_C \tag{3.13}$$

の関係があります．式(3.12)より，

$$I_E = \frac{I_C}{\alpha} \tag{3.14}$$

ですから，これを式(3.13)に代入すると，

$$\frac{I_C}{\alpha} = I_B + I_C$$

$$I_C = \frac{\alpha}{1-\alpha} I_B \tag{3.15}$$

となります．ここで，

$$\beta = \frac{\alpha}{1-\alpha} \tag{3.16}$$

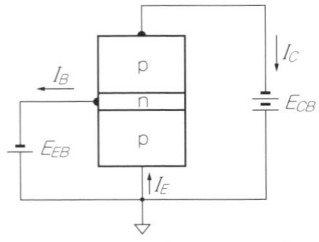

図2.38 エミッタ接地のトランジスタ

とおいて，エミッタ接地の電流増幅率 β を具体的に計算してみましょう．α は 0.98～1 の値ですから，たとえば $\alpha = 0.98$ を式(3.16)に代入してみましょう．

$$\beta = \frac{0.98}{1 - 0.98} = 49 \quad\quad\quad\quad\quad\quad\quad\quad\quad\quad\quad\quad\quad\quad\quad\quad\quad\quad\quad\quad (3.17)$$

すなわち，49倍の増幅率をもちます．

たとえば，I_B に重畳して信号電流を流すと，コレクタ電流 I_C に重畳して49倍の信号電流が取り出せることになります．

3.6　FET（電界効果トランジスタ）

トランジスタは電流制御素子ですが，FETは真空管と同じように電圧制御素子です．FETには接合型FETとMOS型FETがありますが，ここでは接合型FETの構造と原理を説明しましょう．

接合型FETの構造は図2.39のようになっていて，nチャネルFETではn型半導体の両側からp型半導体を埋め込み，両側のp型半導体はリード線でつながっています．

電極は，それぞれドレイン，ソース，ゲートと名前がつけられています．図ではD，S，Gで示されています．

使い方は，ドレイン-ソース間に電圧 V_{DS} を加えて中央のn型半導体にドレイン電流 I_D を流し，このドレイン電流 I_D を逆方向のゲート-ソース間電圧 V_{GS} でコントロールします．たとえば，V_{GS} を大きくすると，図2.40のように，空乏層（キャリアが存在しない絶縁層）が広がり，ドレイン電流の通り道が狭くなってドレイン電流 I_D が小さくなります．

逆に，V_{GS} が小さくなると空乏層が薄くなって，ドレイン電流 I_D の通り道が広がり，ドレイン電流 I_D がたくさん流れます．また，ゲート-ソース間電圧 V_{GS} はPN接合に対して逆方向に加えてあるので，入力インピーダンスが非常に大きくなります．これはFETの特徴の一つです．

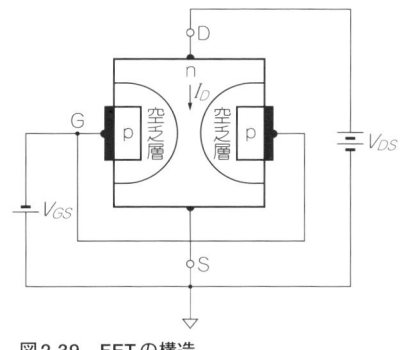

図2.39　FETの構造

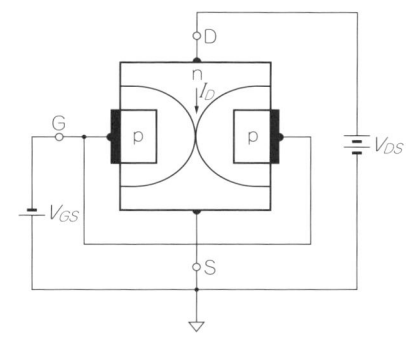

図2.40　FETの働き

3.7 集積回路(IC)

ICとは，抵抗やコンデンサ，トランジスタなどを，小さなシリコンの基板上に集積したもので，機能上から分類すると次のようになります．

$$IC \begin{cases} ディジタルIC \begin{cases} TTL(バイポーラIC) \\ CMOS(ユニポーラIC) \end{cases} \\ アナログ(リニア)IC \begin{cases} 直流増幅回路 \\ OPアンプ \\ 低周波増幅回路 \\ 定電圧回路など \end{cases} \end{cases}$$

ICは，このようにディジタルICとアナログICに分類できます．ディジタルICは，論理回路に使うICで，TTLとCMOSに分けられます．TTLはバイポーラICとも呼ばれ，普通のトランジスタを使ったICです．TTLは，消費電流は大きいのですが比較的高い周波数まで使えます．電源電圧は，厳密で5Vです．

CMOSはユニポーラとも呼ばれ，FETを組み合わせて作ったICです．これは高い周波数までは使えませんが，消費電流は非常に少なくなっています．電源電圧は3～16Vと広範囲にわたっています．

また，アナログICはリニアICとも呼ばれ，アナログ信号を増幅したりするためのICです．リニアICには上にあげたOPアンプ以外にも，さまざまな増幅回路，定電圧回路などがあります．

4. テスタの使い方

4.1 テスタの原理

テスタは，直流電圧，直流電流，交流電圧，抵抗を測定するのに便利な測定器です．それぞれについて詳しく述べます．

● **電流計**

テスタは，電流計が基本になっています．電流計は，永久磁石による磁界の中にコイルが巻いてあり，コイルに電流を流すと電流は磁界から力を受け，トルク(回転力)を生じます．このトルクによって指針が動き，バネの引き戻そうとする力と釣り合うところで静止します．

このときの指示によって，電流値を表すことができます．図2.41に示すように，理想的な電流計の内部抵抗は0Ωですが，実際にはコイルは抵抗をもっているため，小さな値の内部抵抗r_a〔Ω〕が存在します．電流計で，図2.42の回路に流れる電流を測定しようとするときは，図2.43のように電流計を回路に対して直列に入れます．このとき，電流計を入れることによって，回路に流れる電流が影響を受けないことが重要で，電流計の内部抵抗r_aは回路の抵抗Rに比べて十分小さくなければなりません

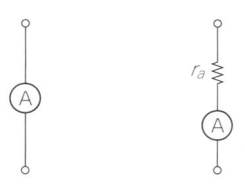

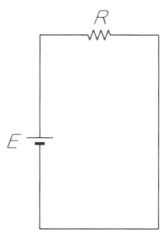

図2.41 電流計の等価回路
(a) 理想の電流計　内部抵抗は0 [Ω]
(b) 実際の電流計　内部抵抗はr_a [Ω]

図2.42 測定回路

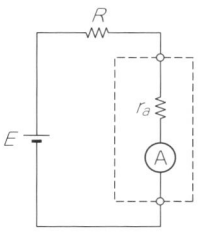

図2.43 電流の測定

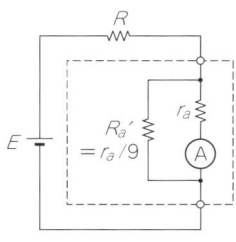

図2.44 電流計による測定範囲の拡大

($r_a \ll R$).

電流の測定範囲を広げるためには，図2.44のように電流計に対して並列に抵抗R_a'を入れて分流します．たとえば，測定範囲を10倍に広げたい場合は，電流計の内部抵抗r_aの1/9倍の抵抗$R_a' = r_a/9$を並列に入れます．

● 電圧計

図2.45に示すように，理想的な電圧計の内部抵抗は∞ [Ω]ですが，実際には電流計を用いて実現しているため，内部抵抗r_v [Ω]が存在します．電圧計は，電流計に直列に抵抗R_vを入れて作ります（図2.46）．したがって，電圧計の内部抵抗の値は$R_v + r_a$で表されることになります．

ここで，たとえば内部抵抗r_a，I [A]の電流計をV [V]の電圧計として使いたい場合，V [V]の電圧を印加したときI [A]流れるようにすればよいのですから，

$$I = \frac{V}{R_v + r_a} \quad \cdots\cdots (3.18)$$

が成り立たなければなりません．これより抵抗R_vは，

$$R_v = \frac{V}{I} - r_a \quad \cdots\cdots (3.19)$$

とすればよいのです．

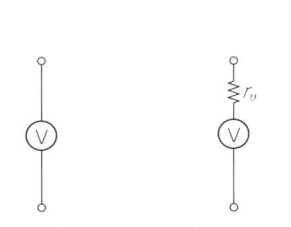

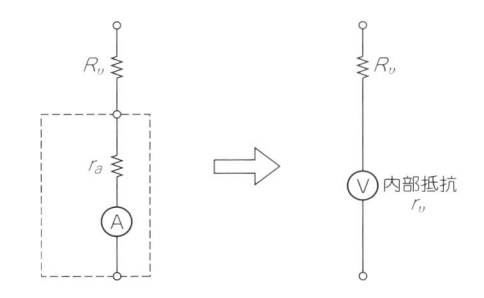

図2.45 電圧計の等価回路
(a) 理想の電圧計　内部抵抗は∞ [Ω]
(b) 実際の電圧計　内部抵抗はr_v [Ω]

図2.46 電流計を電圧計として使用する場合の回路
電流計にR_vを直列接続し電圧計として使用

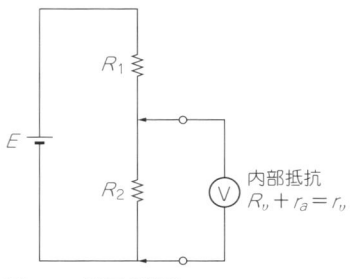

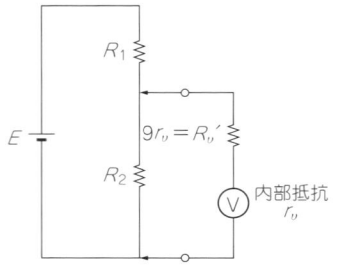

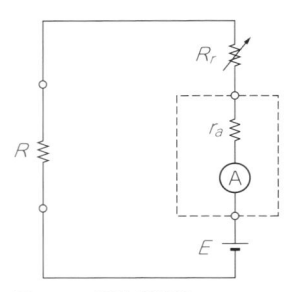

図2.47　電圧の測定　　　図2.48　電圧の測定範囲の拡大　　　図2.49　抵抗の測定

　電圧計で回路の電圧を測定しようとするときは，図2.47のように電圧計を回路に対して並列に入れます．このとき，電圧計を入れることによって回路が影響されないように注意しなければなりません．そのためには，電圧計の内部抵抗r_vが回路の抵抗R_2より十分大きくなければなりません（$r_v \gg R_2$）．内部抵抗が小さいと電圧計の指示に誤差を生じます．

　また，電圧計の測定範囲を広げたいときは，電圧計に対してさらに直列に抵抗R_v'を入れます（図2.48）．たとえば，10倍に拡大したい場合は，電圧計の内部抵抗r_vの9倍の抵抗$9r_v$を直列に入れます．

● オーム計

　抵抗を測定するオーム計は，電流計とともに内部に電池をもち，測定しようとする抵抗に電流を流し，そのときの電流値で抵抗値を調べます（図2.49）．電流計の内部抵抗をr_a，電池の電圧をE，調整用の可変抵抗器R_r，測定しようとする抵抗をRとすると，回路に流れる電流Iは，

$$I = \frac{E}{R + r_a + R_r} \quad \cdots\cdots\cdots\cdots\cdots (3.20)$$

です．これより抵抗Rは，

$$R = \frac{E}{I} - (r_a + R_r) \quad \cdots\cdots\cdots\cdots\cdots (3.21)$$

です．このRとIを対応させて目盛りを書き込めば，オーム計ができます．オーム計と目盛りは式(3.20)でわかるように電流計とは逆で，もっとも大きく振れたときに0Ω，まったく振れないときに∞Ωとなるように目盛りを割り振ります．

　また，式(3.20)からもわかるように，指示値は電池の電圧Eに依存するため，使っているうちに電池が消耗すると電圧が下がり，指示値が狂ってきます．したがって，抵抗値を正しく測定するためには，あらかじめR_rを調整し，指示値が正しくなるように調整する必要があります．

4.2　テスタの使い方

● 電流の測定

　電流の測定は，テスタを電流レンジにし，あらかじめ電流の大きさがわかれば，×1，×10，×100

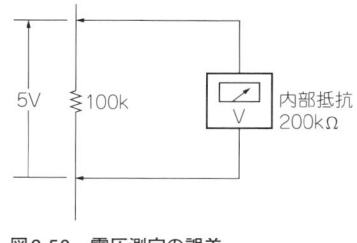

図2.50 電圧測定の誤差

のレンジを選択します．電流の大きさが未知の場合は，大きいレンジから順番に測定していきます．また，電流を測定する場合は，テスタを回路に直列に入れます．

● 電圧の測定

電圧の測定は，測定しようとする電圧の大きさがだいたいわかれば，×1，×10，×100のレンジを選択します．電圧の大きさが未知の場合，大きいレンジから順番に測定していきます．また，電圧を測定する場合は，テスタを回路に並列に入れます．

電圧の測定では，テスタの内部抵抗に注意しなければなりません．テスタには$20\,\mathrm{k}\Omega/\mathrm{V}$とか$8\,\mathrm{k}\Omega/\mathrm{V}$というように，内部抵抗を知る目安が表示してあります．

$20\,\mathrm{k}\Omega/\mathrm{V}$のテスタの$10\,\mathrm{V}$レンジは，

$20\,\mathrm{k}\Omega/\mathrm{V} \times 10\,\mathrm{V} = 200\,\mathrm{k}\Omega$

の内部抵抗をもっています．一つの例として，このレンジで$100\,\mathrm{k}\Omega$は内部抵抗$200\,\mathrm{k}\Omega$に近く，テスタの内部抵抗を無視できなくなります．そして実際は，**図2.50**のように$5\,\mathrm{V}$あったとしても，この内部抵抗のためにこれより低い値を示すことになります．このように高抵抗値の両端の電圧測定では誤差が生じるので，テスタの内部抵抗に十分注意しなければなりません．

● 抵抗の測定

抵抗を測定する場合は，測定前に$0\,\Omega$の調整をします．$0\,\Omega$調整とは，テスタ棒を短絡させて$0\,\Omega$アジャスタでテスタの指示値が$0\,\Omega$になるように調整することです．この調整をしてから抵抗値を測定します．指示値が小さすぎたり，大きすぎたりしたらレンジを変えて測定します．

第3章 ディスクリート半導体の基礎知識

　第2章では，抵抗，コンデンサなどの受動部品について学びましたが，本章ではダイオード，トランジスタ，FET，SCR，トライアックなどの能動部品について学びます．ここでは，物性的にもかなり深く立ち入って説明しました．

　ただ，トランジスタについては，そのメカニズムが非常に難しいので，電流増幅（電流制御といったほうが正しいかもしれない）素子として簡単に考えて学んだほうがよいかもしれません．トランジスタの内部では，電界によってキャリア（電子，正孔）が動くのではなく，拡散によって移動することに注目してください．

1. ダイオード

1.1　p型半導体とn型半導体

　シリコンやゲルマニウムは，最外殻の電子，つまり価電子を4個もつ4価の元素です．これらの元素が結晶をつくると，1個の原子は四つ価電子を提供し，まわりの四つの原子と結合します．これを共有結合といいます．つまり，互いの原子が提供し合った四つの価電子を共有し合い，安定な構造をつくるわけです．

　そこで，たとえば4価のシリコンに少量の5価の元素，たとえばヒ素を混ぜて結晶させると，ヒ素の5個の価電子のうち4個が周囲のシリコンの原子と共有結合します．この結晶状態を図3.1に示します．

　この図からわかるように，ヒ素は電子が1個余った状態になります．この過剰電子は簡単に自由電子となって，電気伝導に寄与します．このような半導体は，主として過剰電子が電気伝導の荷い手とな

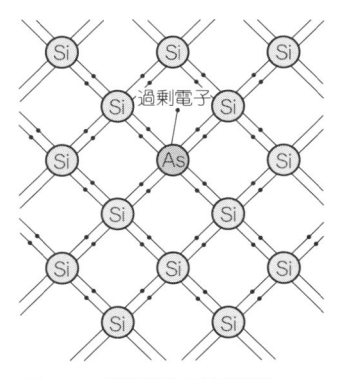

図3.1　n型半導体の結晶状態

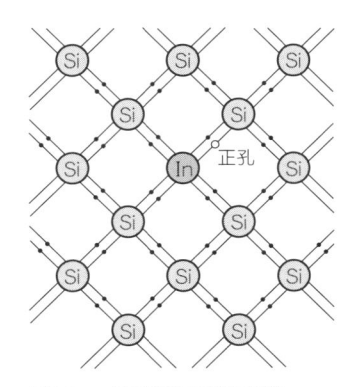

図3.2　p型半導体の結晶状態

ることから，n(negative)型半導体といいます．また，過剰電子を生成する不純物をドナーといいます．

　一方，シリコンに3価の元素，たとえばインジウムを少し混ぜて結晶させると，インジウムの3価の価電子はすべて共有結合しますが，シリコンは四つ価電子があるので，インジウムの価電子が1個不足します．この不足したところには，$+e$の電荷があると考えて正孔(またはホール)といいます．つまり，この正孔を他の価電子が次々と満たしていきます．ちょうど，電子と同じ電荷をもち，反対の符号をもつ電荷が価電子の移動方向と反対方向に移動するのと同じことになります．

　このような半導体では，電子の抜け穴，つまり正孔が電気伝導の荷い手となるので，p(positive)型半導体といいます．p型半導体の結晶状態を図3.2に示します．また，p型半導体を作る不純物をアクセプタと呼びます．

1.2　PN接合とダイオード

　ダイオードは，p型半導体とn型半導体を接合させた構造をもちます．PN接合に電圧を加えると，pからnへ電流が流れますが，nからpへは電流は流れないという整流作用をします．この性質を利用して交流から直流を取り出したり，高周波信号から音声信号を取り出したりする働きをします．

● PN接合とエネルギー準位

　図3.3は，p型半導体とn型半導体を接合させたPN接合の熱平衡状態(電圧を印加しないでそのまま放置した状態)におけるエネルギー準位図です．接合部より左側がp型半導体，右側がn型半導体です．a-bより上が伝導帯であり，c-dより下が価電子帯です．また，a-bとc-dの間が禁制帯です．

　p型半導体内部(図3.2)では，InはSiの価電子をもらってIn$^-$になろうとするので，エネルギー的には正孔のエネルギー準位は価電子帯のエネルギー準位より少し高い位置にあります．このエネルギー準位をアクセプタ準位といいます．

　そして，エネルギー準位図からわかるように，常温でもその熱エネルギーによって価電子帯中の電子はアクセプタ準位に上がり，価電子帯中にたくさんの正孔ができます．

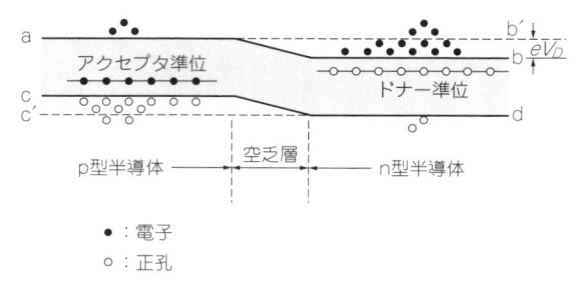

図3.3 PN接合のエネルギー準位図

　n型半導体内部(**図3.1**)では，過剰電子はAs$^+$の原子核に引かれるので，伝導帯中のエネルギー準位より少し低い準位にあります．この準位をドナー準位といいます．また常温でも，その熱エネルギーによって，ドナー準位の電子は励起されるので，伝導帯中にたくさんの自由電子ができます．

　前述したように，キャリア(電荷を運ぶもの)はp型半導体では正孔であり，n型半導体では過剰電子です．そして，インクが水の中に拡散していくように，キャリアの濃度差によって，p型半導体の正孔はn型半導体の中に，n型半導体の過剰電子はp型半導体の中に拡散していきます．

　この拡散がどんどん際限なく行われるかというと，そうではありません．キャリアは電荷をもっているので，キャリアが移動したのち，p型半導体の接合部付近はマイナスに，n型半導体の接合部付近はプラスに帯電します．この接合部付近はキャリアが存在しないので空乏層といいます．この帯電によって，ポテンシャルの勾配ができるので，拡散していこうとするキャリアを逆に引きもどし，その力がつり合って平衡に達します．そのときの接合部のポテンシャル・エネルギーの差はeV_Dで，V_Dを拡散電位といいます．

● PN接合の整流作用

　図3.4はp型半導体をプラスに，n型半導体をマイナスにして電圧Vを印加したときのエネルギー準位図です．このように順方向に印加すると，キャリアの移動の障壁となっていた拡散電位V_Dが緩和されて，キャリアはその濃度差によって拡散現象が起こり電流が流れます．

　図3.5はn型半導体をプラスに，p型半導体をマイナスにして電圧Vを印加したときのエネルギー準

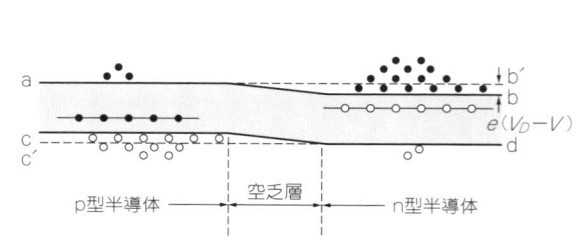

図3.4 順方向に電圧Vをかけたとき

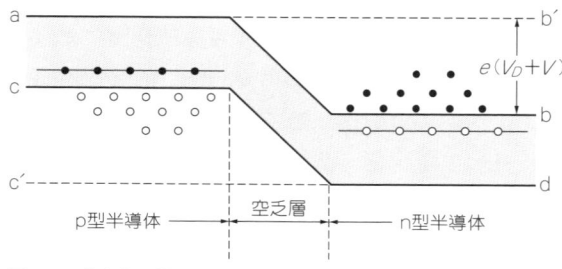

図3.5 逆方向に電圧Vをかけたとき

位図です．このように逆方向に印加すると空乏層における電位障壁がますます大きくなり，キャリアの移動は阻止されます．したがって，電流は流れません．

● PN接合の整流特性

図3.4で，電圧Vを印加したときのキャリアの移動による電流の流れは，電子ではa-b'より上の電子の濃度差により，また正孔ではc'-dより下の正孔の濃度差によって起こります．

まず，n型半導体のbより上の全電子濃度をN_1，b'より上の電子濃度をn_1とすると，

$$n_1 = N_1 \exp\left(-\frac{q(V_D - V)}{kT}\right) \quad \cdots (1.1)$$

ただし，q：電子の電荷 1.60×10^{-19} [C]
$\quad\quad\quad k$：ボルツマン定数 1.38×10^{-23} [J/K]
$\quad\quad\quad T$：絶対温度 [K]

という関係があります．

p型半導体中のaより上の電子濃度をN_1'とすると，電子の濃度差は，

$$n_1 - N_1' \quad \cdots (1.2)$$

であり，拡散電流I_eは濃度差に比例するので，

$$I_e = K_1(n_1 - N_1')$$
$$= K_1\left[N_1 \exp\left(-\frac{q(V_D - V)}{kT}\right) - N_1'\right] \quad \cdots (1.3)$$

です．式(1.1)についての詳細は，半導体工学の書籍を参照してください．また，p型半導体のcより下の正孔の全正孔濃度をN_2，c'より下の正孔濃度をn_2とすると，式(1.1)と同様に，

$$n_2 = N_2 \exp\left(-\frac{q(V_D - V)}{kT}\right) \quad \cdots (1.4)$$

です．n型半導体中のdより下の正孔濃度をN_2'とすると，正孔の濃度差は，

$$n_2 - N_2' \quad \cdots (1.5)$$

であり，拡散電流I_hは濃度差に比例するので，

$$I_h = K_2(n_2 - N_2')$$
$$= K_2\left\{N_2 \exp\left(-\frac{q(V_D - V)}{kT}\right) - N_2'\right\} \quad \cdots (1.6)$$

です．したがって，電子と正孔による全電流は，式(1.3)，式(1.6)より，

$$I = I_e + I_h$$
$$= K_1\left\{N_1 \exp\left(-\frac{q(V_D - V)}{kT}\right) - N_1'\right\} + K_2\left\{N_2 \exp\left(-\frac{q(V_D - V)}{kT}\right) - N_2'\right\}$$
$$= (K_1 N_1 + K_2 N_2) \exp\left(-\frac{q(V_D - V)}{kT}\right) - (K_1 N_1' + K_2 N_2') \quad \cdots (1.7)$$

です．ここで，$V = 0$のとき$I = 0$なので，

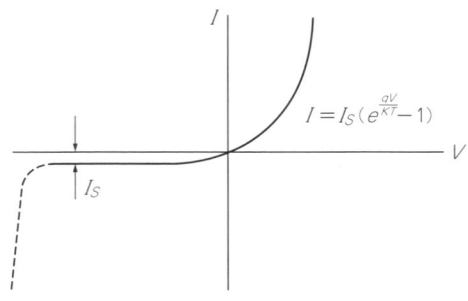

図3.6 ダイオードの整流特性

$$(K_1 N_1 + K_2 N_2) \exp\left(-\frac{qV_D}{kT}\right) - (K_1 N_1' + K_2 N_2') = 0$$

$$(K_1 N_1' + K_2 N_2') = (K_1 N_1 + K_2 N_2) \exp\left(-\frac{qV_D}{kT}\right) \quad \cdots \cdots (1.8)$$

が得られます．これを式(1.7)に代入すると，

$$I = (K_1 N_1 + K_2 N_2) \exp\left(-\frac{q(V_D - V)}{kT}\right) - (K_1 N_1 + K_2 N_2) \exp\left(-\frac{qV_D}{kT}\right)$$

$$= (K_1 N_1 + K_2 N_2) \exp\left(-\frac{qV_D}{kT}\right) \left\{ \exp\left(\frac{qV}{kT}\right) - 1 \right\} \quad \cdots \cdots (1.9)$$

となります．

$$I_S = (K_1 N_1 + K_2 N_2) \exp\left(-\frac{qV_D}{kT}\right) \quad \cdots \cdots (1.10)$$

とおくと式(1.9)は，

$$I = I_S \left\{ \exp\left(\frac{qV}{kT}\right) - 1 \right\} \quad \cdots \cdots (1.11)$$

となります．I_S は逆方向電圧を加えて $V = -\infty$ としたときの電流で，逆方向飽和電流といいます．式(1.11)は，ダイオードの整流特性を表す式です．ダイオードの整流特性を図で示すと，**図3.6**のようになります．

実際のダイオードでは，逆方向特性は図の点線のように，ある電圧になると急激に電流が流れます．この電圧のことを降伏電圧といいます．また，順方向特性では，微小電圧では理論値と実測値が一致しますが，電圧が大きくなると理論値からはずれてきます．

1.3 ダイオードの使い方と注意事項

● ダイオードの用途

(1) 整流用に用いる

図3.7は，全波整流のためのブリッジ回路としてダイオードを使っていますが，交流電圧を脈流に直

図3.7　π型フィルタ

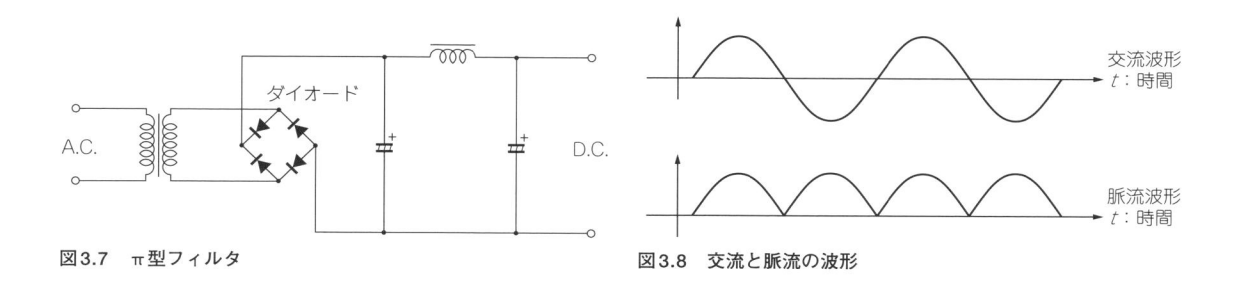

図3.8　交流と脈流の波形

すために使用されます．─▶├─ はダイオードの記号です．交流と脈流の波形を示すと，図3.8のようになります．

(2) 検波用に用いる

ラジオなどの受信機で高周波電流から音声電流を取り出すための検波用に用いられます．

● 定格電圧と定格電流に注意

ダイオードには，逆方向に印加してはならない最大電圧が決められています．この電圧を越えると降伏現象を起こし，急激に電流が流れてダイオードを破損します．したがって，定格電圧以下の電圧で使用するようにします．

たとえば，VO3Cというダイオードの定格電圧は130 Vです．交流を整流する場合でも，交流の実効値より大きい$\sqrt{2} \times$（実効値）が実際にダイオードに加わるので，この点にも注意する必要があります．

また，ダイオードには，順方向に流してはならない最大電流が決められています．これ以上の電流を流すと発熱してやはり破損します．たとえば，VO3Cでは1.3 Aと決められています．

実際の回路では，スイッチを入れた瞬間などにサージ電流が流れることがあるので，ダイオードに並列に容量の小さいコンデンサをつけてサージ電流をバイパスさせ，ダイオードを保護することもあります．

1.4　定電圧ダイオード（ツェナ・ダイオード）

● 定電圧ダイオードの原理

定電圧ダイオードは流れる電流の多少にかかわらず，両端の電圧を一定値に保つ素子です．前に述べたように，ダイオードに逆方向の電圧を印加してある値以上になると，急激に電流が流れ降伏現象が起きます．この降伏現象のため端子電圧を一定に保つので，定電圧ダイオードとして用いられます．

この降伏現象の原因には二つ考えられます．一つはツェナ降伏であり，もう一つはなだれ降伏です．

ツェナ降伏というのは，逆方向電圧がある値以上になると，禁制帯の幅が薄くなりトンネル現象が起きて，キャリアの移動が行われる現象です．このトンネル現象とは，ポテンシャルの障壁が薄くなったとき，キャリアが波動として伝わっていく現象です．また，なだれ降伏とは，高電界になったとき，加速されたキャリアのエネルギーが格子に与えられて，価電子帯中から伝導帯に電子を励起し，

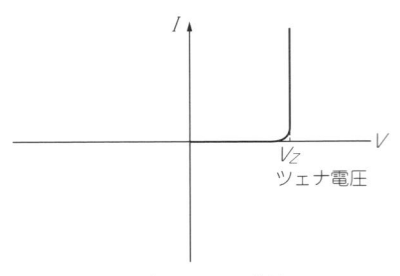

図3.9 定電圧ダイオードの特性

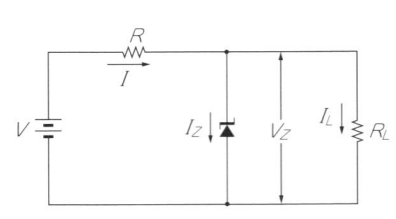

図3.10 定電圧ダイオードの使い方

新たにできた電子と正孔がさらに加速されて同じような現象が雪だるま式に起こっていくという現象です．

一般に，降伏電圧が大きいときはなだれ降伏が，降伏電圧が小さいときはツェナ降伏が起こります．たとえば，シリコンのPN接合では降伏電圧が6V以上ではなだれ機構により，それ以下ではツェナ機構によります．

定電圧ダイオードの特性は，図3.9で表されます．降伏点の電圧のことをツェナ電圧といいV_Zで表します．

● 定電圧ダイオードの使い方

図3.10は，定電圧ダイオードを使って電源電圧Vを一定値V_Zにし，負荷R_Lに供給する回路です．抵抗Rは，電流調整用の抵抗です．この抵抗Rに流れる電流Iは，

$$I = \frac{V - V_Z}{R} \quad \cdots\cdots\cdots (1.12)$$

です．この電流より負荷に流れる電流I_Lを大きくすると，定電圧ダイオードの両端の電圧V_Zよりも電圧が下がって，一定値を保てなくなります．したがって，IはI_Lより十分余裕がとれるようにRの値を調整します．

また，定電圧ダイオードは，定格電力が決まっています．消費電力がこの定格電力より大きくなると発熱して焼損します．

定格電力を$P_{Z(\max)}$とすると，

$$P_{Z(\max)} > I_Z \cdot V_Z \quad \cdots\cdots\cdots (1.13)$$

となるように設計します．

1.5 発光ダイオード(LED)

● 発光ダイオードの原理

発光ダイオードのPN接合に順方向に電圧を加えると，発光ダイオードによって特有の赤，緑，黄などの光を発光します．この発光ダイオードの発光する機構について述べます．

図3.11のように順方向に電圧を加えると，n型領域では多数キャリアである過剰電子がp型領域に移

図3.11　発光ダイオードの原理

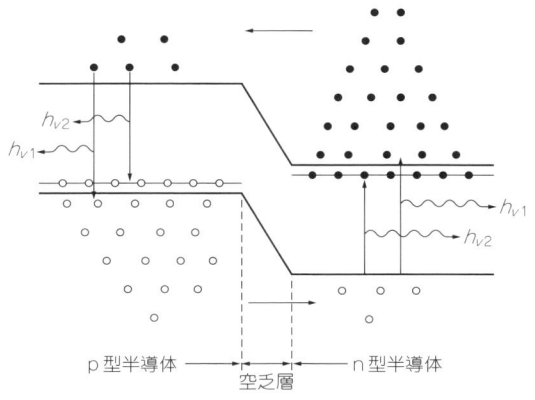

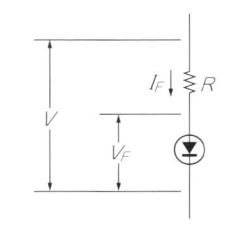

図3.12　発光ダイオードの使い方

動し，少数キャリアの注入が始まります．ところが，p型領域ではこの注入された少数キャリアが価電子帯の正孔と再結合して光を放出します．

この発光する光の波長は，この禁制帯の幅E_gに依存します．SiやGaAsではE_gが小さいため，赤外光しか発光しませんので，実際にはGaP，$Ga_{1-x}Al_xAs$，$GaAs_{1-x}P_x$などが実用化されており，黄〜赤色に発光します（n型領域においても同様の現象が起こる）．

● 発光ダイオードの使い方

発光ダイオードの順方向電圧V_Fより高い電圧で発光ダイオードを使用する場合は，図3.12のように電流制限用の抵抗を直列に挿入して使用します．発光ダイオードの定格電流をI_F，使用電圧をVとすると，

$$V = I_F R + V_F \quad \cdots\cdots (1.14)$$

が成立します．この式から抵抗Rを求めると，

$$R = \frac{V - V_F}{I_F} \quad \cdots\cdots (1.15)$$

となります．

たとえば，順方向電圧を2V，定格電流を20mAで，10Vで使用すると，直列抵抗Rは，

$$R = \frac{10 - 2}{20 \times 10^{-3}} = 400\,\Omega \quad \cdots\cdots (1.16)$$

と求めることができます．

1.6　可変容量ダイオード

PN接合に逆方向に電圧を印加すると，瞬間的に電流が流れ接合部は絶縁されます（図3.13）．この接合部には空乏層ができ，この部分に電荷が分布して接合容量ができます．この空乏層の幅dは印加電圧によって変化するので，印加電圧によって接合容量が変化します．

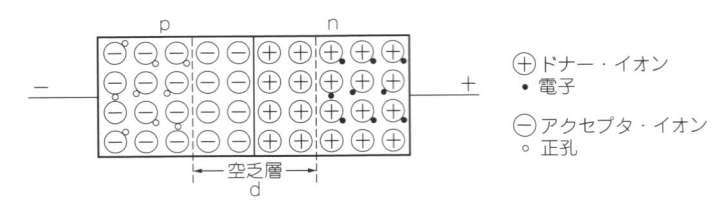

図3.13　可変容量ダイオード

　一般に，印加電圧が大きくなると接合容量が減り，印加電圧が小さくなると接合容量が大きくなります．このようなダイオードの性質を利用したものが可変容量ダイオードです．

　この可変容量ダイオードは，たとえばFM発振器などに用いられます．FM発振器の中では，可変容量ダイオードをコイルと組み合わせてタンク回路を形成し，その同調周波数を変化させてFM変調を行います．

2. トランジスタ

2.1 トランジスタの構造

　図3.14に示すように，p型半導体，n型半導体を三層にした構造をもつのがトランジスタです．トランジスタには，その三層の組み合わせによって，PNPトランジスタとNPNトランジスタがあります．PNPトランジスタは，n型半導体を中間にしてp型半導体でサンドイッチにした構造をもち，NPNトランジスタはp型半導体を中間にしてn型半導体でサンドイッチにした構造をもちます．

　PNP(NPN)トランジスタでは，中間のn型(p型)層をベースと呼び，両側のp型(n型)領域をそれぞれエミッタ，コレクタと呼びます．

　トランジスタの電圧の印加のしかたは，エミッタ接合では順方向に，コレクタ接合では逆方向に加えます．したがって，PNPトランジスタとNPNトランジスタでは，各電極に加える電圧の極性と流れる電流の方向は互いにまったく逆になります．図3.15に，PNPトランジスタの電圧の加え方を示します．

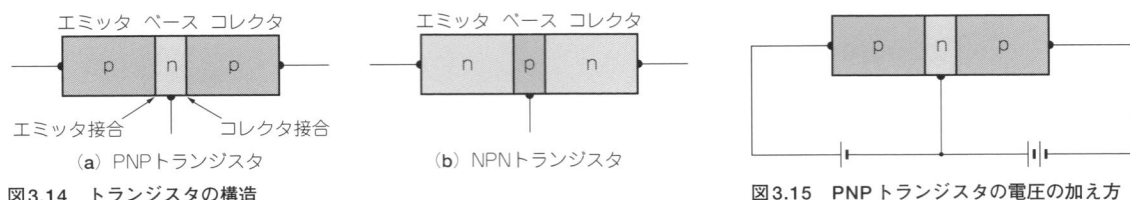

図3.14　トランジスタの構造
(a) PNPトランジスタ
(b) NPNトランジスタ

図3.15　PNPトランジスタの電圧の加え方

2.2 トランジスタの準位図とトランジスタの働き

　PNP型トランジスタのエネルギー準位図は，図3.16のようになります．エミッタ-ベース間は順方向

図3.16 PNPトランジスタのエネルギー準位図

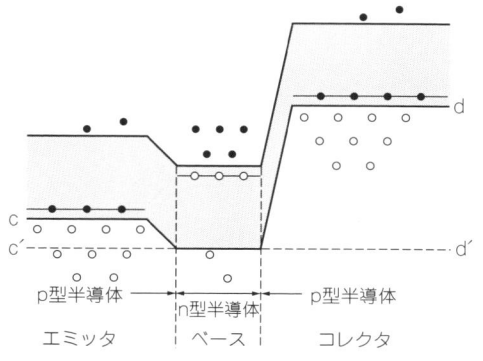

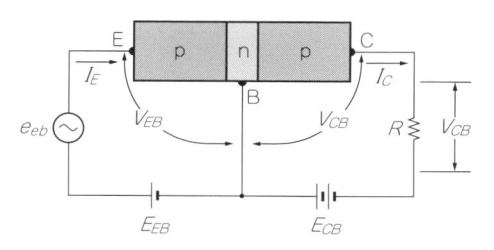

図3.17 ベース接地のトランジスタの増幅作用

に電圧が印加されているので，エミッタ領域の正孔はベース領域へ拡散していきます．

ベース領域に到達した正孔は，一部は電子と再結合してベース電流が流れます．ところが，ベース領域の幅は非常に薄く，また不純物の量を少なくしても電子濃度を小さくしてあるので，ほとんどの正孔はコレクタ領域に拡散していきます．

このエネルギー準位図を見るとコレクタ領域のd′より下の正孔は0です．したがって，ベース-コレクタ間の電圧を上げ下げしても，d′から下のベース領域とコレクタ領域の濃度差に変化はなく，コレクタ電流はコレクタ電圧の影響をあまり受けません．このからくりが，トランジスタが増幅作用をもつ秘密です．

このことをもう少し詳しく**図3.17**で説明しましょう．図のようにエミッタ-ベース間に直流電圧 E_{EB} と小振幅信号電圧 e_{eb} を直列に接続し，コレクタ-ベース間に直流電圧 E_{CB} と抵抗 R を直列に接続します．ここで，R の値を大きくすると R の両端に生じる信号電圧は大きくなりますが，コレクタ-ベース間電圧 V_{CB} は小さくなります．

ところが，コレクタ電流はコレクタ-ベース間電圧 V_{CB} に無関係ですから，いくらでも抵抗 R の値を大きくできます．したがって，抵抗 R の両端に大きな信号電圧 V_{CB} を得ることができます．これが，トランジスタの増幅作用の原理です．

2.3 エミッタ接地の増幅作用

前節で説明した回路の接続をベース接地といい，**図3.18**のような回路の接続をエミッタ接地といいます．ベース接地のトランジスタ増幅回路で，エミッタ電流 I_E とコレクタ電流 I_C はほとんど等しく，その関係は，

$$I_C = \alpha I_E \tag{2.1}$$

で表されます．α はほとんど1に近く，0.98～1の値です．また，エミッタ電流 I_E，コレクタ電流 I_C，ベース電流 I_B の間には次のような関係があります．

$$I_E = I_B + I_C \tag{2.2}$$

式(2.1)より，

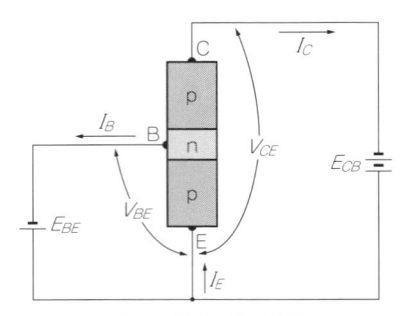

図3.18 エミッタ接地の増幅作用

$$I_E = \frac{I_C}{\alpha} \quad \cdots\cdots\cdots\cdots\cdots\cdots\cdots\cdots\cdots\cdots\cdots\cdots\cdots\cdots\cdots\cdots\cdots\cdots\cdots\cdots\cdots\cdots\cdots\cdots\cdots (2.3)$$

であり，これを式(2.2)に代入すると，

$$\frac{I_C}{\alpha} = I_B + I_C$$

$$I_C = \frac{\alpha}{1-\alpha} I_B \quad \cdots\cdots\cdots\cdots\cdots\cdots\cdots\cdots\cdots\cdots\cdots\cdots\cdots\cdots\cdots\cdots\cdots\cdots\cdots (2.4)$$

αは0.98〜1の値なので式(2.4)の分母はかなり小さくなり，I_Bの前の係数$\alpha/(1-\alpha)$は大きくなります．具体的に数値を代入してみましょう．たとえば，$\alpha = 0.98$とすると，

$$\frac{\alpha}{1-\alpha} = \frac{0.98}{1-0.98} = 49$$

となり，ベース電流I_Bの49倍のコレクタ電流I_Cが流れます．この回路のベース電流I_Bに信号電流を重ね合わせてやると，49倍の電流がコレクタ電流I_Cに重ね合わせてでてきます．これが，エミッタ接地の電流増幅作用です．

3. UJTとPUT

3.1 UJTの特性

ユニジャンクション・トランジスタのことをUJTと略して呼びます．UJTの構造，等価回路，記号などは，**図3.19**に示すとおりです．図(**a**)に構造を示しますが，n型半導体の両端に電極をつけ，n型半導体の中間にp型半導体を接合してあります．n型半導体の両端の電極はベース1(B_1)，ベース2(B_2)と，またp型半導体の電極はエミッタ(E)と名称がつけられています．

ベース1とベース2の間は数kΩ(5〜10 kΩ)の抵抗をもっています．UJTの等価回路は図(**b**)のとおりで，抵抗R_1，R_2の中間にダイオードが接続された回路となっています．

B_1，B_2に電圧V_{BB}を加えると，R_1とR_2の中間の電圧は，

(a) 構造　(b) 等価回路　(c) 記号

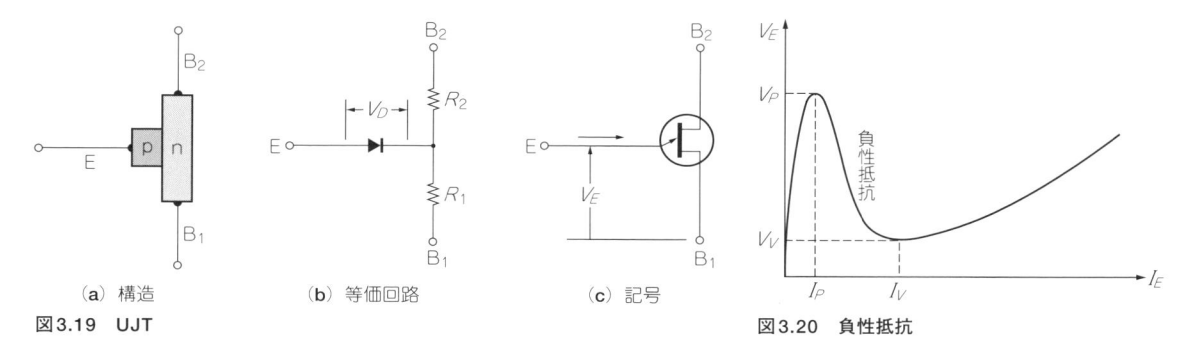

図3.19　UJT

図3.20　負性抵抗

$$\frac{R_1}{R_1 + R_2} V_{BB} \quad \cdots\cdots\cdots(3.1)$$

となります．この状態で，エミッタ電位 V_E を上昇させ，エミッタ接合の拡散電位 V_D プラス接点の電位 $\{R_1/(R_1 + R_2)\} V_{BB}$ を越えると，エミッタ接合が順方向にバイアスされ，少数キャリアの R_1 領域への注入が始まります．

$$\eta = \frac{R_1}{R_1 + R_2} \quad \cdots\cdots\cdots(3.2)$$

をスタンドオフ比といいます．

エミッタ電位 V_E のピーク電圧 V_P は，

$$V_P = \eta V_{BB} + V_D \quad \cdots\cdots\cdots(3.3)$$

となります．

エミッタ電位 V_E が V_P を越えないときは，エミッタ接合は逆バイアスされて少ない漏れ電流しか流れません．V_E が V_P を越えると，順方向バイアスなので，正孔がPN接合より，R_1 の抵抗領域へ注入されます．エミッタ電流が増加すると，いわゆる伝導度変調（R_1 の伝導度が上昇）によってエミッタ電圧が減少し，図3.20のような負性抵抗を示します．

UJTは負性抵抗をもつ発振素子として，SCRやトライアックのゲート・パルスを発生させるために用いられました．また，抵抗 R_T の代わりにトランジスタのコレクタ-エミッタ間抵抗を利用し，ベース電流を変化させて使ったりもしました．また，さらに大容量のSCRやトライアックでは，電流値の大きいパルスを必要とするので，トランジスタをさらに1段つけて増幅させることもありました．

UJTは少ない素子構成で発振回路を作ることができますが，近年では水晶発振子，OPアンプ，タイマIC 555などを用いて安定した発振回路を構成できるため，UJTを使った発振回路は見かけなくなりました．

3.2　UJTの発振について

● UJTの発振条件

図3.21に示したのは，UJTの発振回路です．電源電圧 V を印加すると抵抗 R_T を通して，コンデンサ

図 3.21　UJT の発振回路

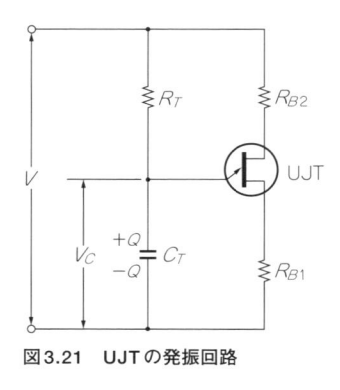

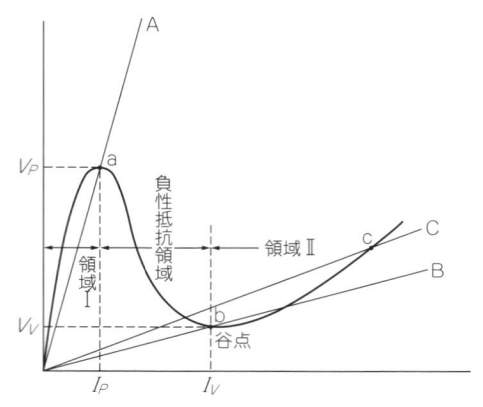

図 3.22　UJT の発振条件

C_T に充電が始まります．時間とともにコンデンサ C_T の両端の電圧 V_T は上昇し，V_P に達すると，コンデンサ C_T に蓄えられた電荷は急放電します．コンデンサ C_T が空になると，ふたたび充電が始まり同じことを何回も繰り返し発振します．

この回路が発振するか否かは，抵抗 R_T の値によって左右されます．この抵抗 R_T に関する発振条件には導通条件と非導通条件の二つがあり，この二つを同時に満足するときに発振します．

(1) 導通条件

UJT は，エミッタ接合が逆バイアスのとき，ごくわずかですが漏れ電流があります．したがって，抵抗 R_T が大きすぎて電源から電流をあまり供給できないと，電流が漏れ電流に吸収されてコンデンサ C_T に電流を供給できず，コンデンサ C_T の両端の電圧 V_C は上昇しません．その結果，エミッタ電圧 V_E は V_P に達することができず導通しません．

そこで，エミッタ電圧 V_E（または V_C）がピークに達したとき，抵抗 R_T に供給する電流はピーク電流 I_P より大きくなくてはなりません．この理由から，

$$\frac{V - V_P}{R_T} > I_P \quad \cdots\cdots\cdots\cdots\cdots\cdots\cdots\cdots\cdots\cdots\cdots\cdots\cdots\cdots\cdots\cdots\cdots\cdots\cdots\cdots\cdots\cdots\cdots\cdots\cdots\cdots\cdots\cdots\cdots\cdots\cdots\cdots\cdots\cdots\cdots\cdots\cdots\cdots\cdots\cdots\cdots\cdots\cdots\cdots\cdots\cdots\cdots\cdots\cdots (3.4)$$

が成立しなければなりません．この条件を導通条件といいます．

(2) 非導通条件

導通すると，たとえば図 3.22 の特性図で点 c にまで達します．ところが，抵抗 R_T があまりにも小さすぎると，導通したままの状態になります．つまり，導通が終わって谷点までもどったとき，抵抗 R_T に供給する電流が谷点電流 I_V より大きいと，領域 II の方向に進み導通状態のままになります．したがって，谷点に来たとき抵抗 R_T に供給する電流は谷点電流 I_V より小さくなくてはなりません．この理由から，

$$\frac{V - V_V}{R_T} < I_V \quad \cdots\cdots\cdots\cdots\cdots\cdots\cdots\cdots\cdots\cdots\cdots\cdots\cdots\cdots\cdots\cdots\cdots\cdots\cdots\cdots\cdots\cdots\cdots\cdots\cdots\cdots\cdots\cdots\cdots\cdots\cdots\cdots\cdots\cdots\cdots\cdots\cdots\cdots\cdots\cdots\cdots\cdots\cdots\cdots\cdots\cdots\cdots\cdots\cdots\cdots\cdots (3.5)$$

が成立しなければなりません．この条件を非導通条件といいます．

3.2 UJTの発振について

以上をまとめると，式(3.4)，式(3.5)より抵抗R_Tの範囲は，

$$\frac{V-V_V}{I_V} < R_T < \frac{V-V_P}{I_P} \quad \cdots (3.6)$$

となります．図3.22で示すと，抵抗R_Tの負荷線の範囲はAとBの間になければなりません．

● 発振周期の解析

次に，UJTの発振周期を計算します．コンデンサC_Tが充電されるときの微分方程式は，

$$R_T I + \frac{Q}{C_T} = V \quad \cdots (3.7)$$

$$I = \frac{dQ}{dt} \quad \cdots (3.8)$$

です．式(3.8)を式(3.7)に代入して，

$$R_T \frac{dQ}{dt} + \frac{Q}{C_T} = V \quad \cdots (3.9)$$

を得ます．この微分方程式を変形していくと，

$$\frac{dQ}{dt} = \frac{1}{C_T R_T}(-Q + C_T V)$$

$$\frac{dQ}{dt} = -\frac{1}{C_T R_T}(Q - C_T V)$$

$$\frac{dQ}{Q - C_T V} = -\frac{1}{C_T R_T} dt$$

となります．両辺を積分して，

$$\int \frac{dQ}{Q - C_T V} = -\int \frac{1}{C_T R_T} dt$$

$$\log_e(Q - C_T V) = -\frac{1}{C_T R_T} t + K_1$$

$$Q - C_T V = K_2 \exp\left(-\frac{1}{C_T R_T} t\right)$$

$$Q = K_2 \exp\left(-\frac{1}{C_T R_T} t\right) + C_T V \quad \cdots (3.10)$$

を得ます．ここで，初期条件$t=0$で$Q=0$を代入すると，

$$0 = K_2 + C_T V$$
$$K_2 = -C_T V \quad \cdots (3.11)$$

を求めることができます．K_2を式(3.10)に代入して，

$$Q = C_T V \left\{ 1 - \exp\left(-\frac{1}{C_T R_T} t\right) \right\} \quad \cdots (3.12)$$

図3.23 コンデンサ C_T と抵抗 R_{B1} の両端の電圧波形

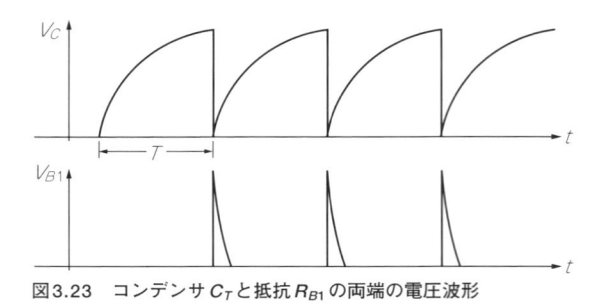

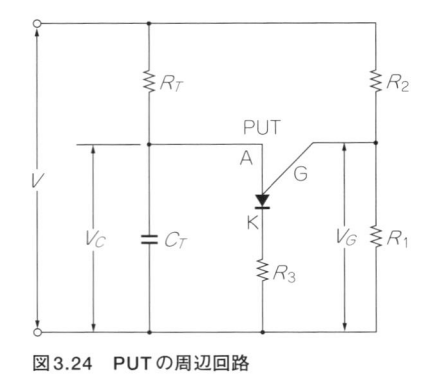

図3.24 PUTの周辺回路

を得ます。コンデンサの両端の電圧 V_C は、

$$V_C = \frac{Q}{C_T}$$
$$= V\left\{1 - \exp\left(-\frac{1}{C_T R_T}t\right)\right\} \quad \cdots\cdots (3.13)$$

です。$V_C = \eta V + V_D \simeq \eta V$ とおいて、発振周期 T を求めます。

$$\eta V = V\left\{1 - \exp\left(-\frac{1}{C_T R_T}t\right)\right\}$$

$$-\frac{1}{C_T R_T}t = \log_e(1 - \eta)$$

$$t = C_T R_T \log_e \frac{1}{1 - \eta} = T \quad \cdots\cdots (3.14)$$

となります。コンデンサ C_T の両端の電圧と抵抗 R_{B1} の両端の電圧の波形は、**図3.23**のようになります。

3.3 PUT

プログラマブル・ユニジャンクション・トランジスタのことをPUTと略して呼びます。プログラマブルという名称のとおり、たとえばスタンドオフ比を自由にプログラムできます。PUTと周辺回路は、**図3.24**のようになります。

この図で、コンデンサ C_T の両端の電圧 V_C が V_G に等しくなったとき、PUTのアノード(A)からカソード(K)に向けて電流が流れます。ここで、V_G は、

$$V_G = \frac{R_1}{R_1 + R_2} V \quad \cdots\cdots (3.15)$$

ですから、抵抗 R_1, R_2 を適当に変えることによって、アノード電圧のピーク電圧を自由に変えることができます。

4. FET

4.1 FETの原理

トランジスタは電流制御素子ですが，FET（Field Effect Transistor：電界効果トランジスタ）は電圧制御素子です．いわば，真空管と同じ原理です．FETにはMOS型FETと接合型FETがありますが，ここでは接合型FETの原理について述べます．接合型FETの構造を示すと，**図3.25**のようになります．

接合型FETは，図のように二つのPN接合からなり，Gをゲート，Sをソース，Dをドレインと呼びます．ドレイン-ソース間に図のように電圧 V_{DS} を加え，ゲート-ソース間を逆バイアスします．そうすると，PN接合付近にキャリアの存在しない空乏層ができ，ドレイン電流 I_D の通り道が狭くなります．したがって，ゲート電圧 V_{GS} によって，ドレイン電流 I_D の通り道を狭くしたり広くしたりして，ドレイン電流をコントロールできるわけです．これがFETの原理です．

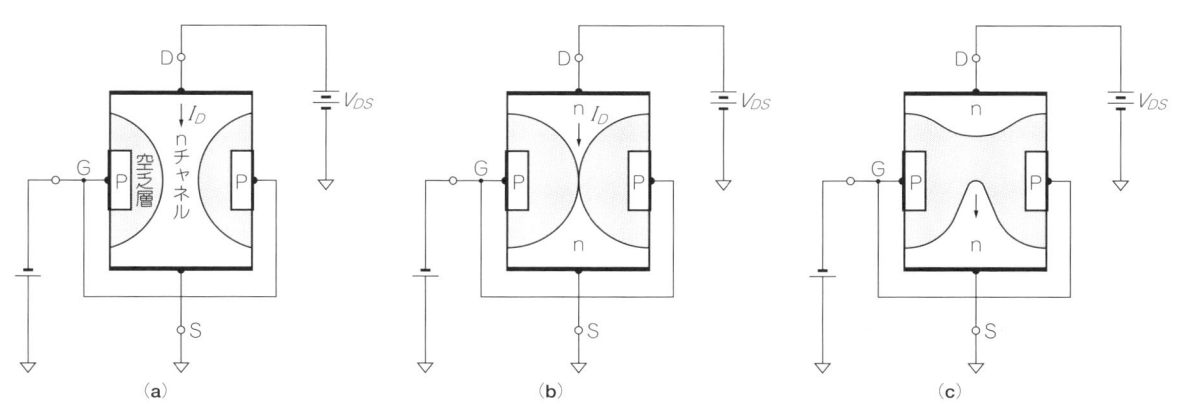

図3.25 FETの原理

4.2 FETの特性

図3.26は，あるFETの特性図です．左側は，ドレイン-ソース間電圧 V_{DS} を一定にしたときの V_{GS}-I_D 特性です．右側は，ゲート-ソース間電圧をパラメータにしたときの V_{DS}-I_D の特性です．

まず，V_{GS}-I_D 特性からみると，V_{GS} が0のときは I_D は約0.9 mA流れます．ところが，逆バイアスを深くしていくと空乏層が広がって I_D の通り道が狭くなって，ドレイン電流 I_D は減少していきます．

そして，ついに－2Vに達すると，ドレイン電流の通り道は完全に閉鎖されて0になります．ここで，V_{GS} の微少変化に対する I_D の微少変化の割合を相互コンダクタンス g_m といい，式で表すと，

$$g_m = \frac{\partial I_D}{\partial V_{GS}} \text{ [S]（ジーメンス）} \tag{3.16}$$

図3.26 FETの特性

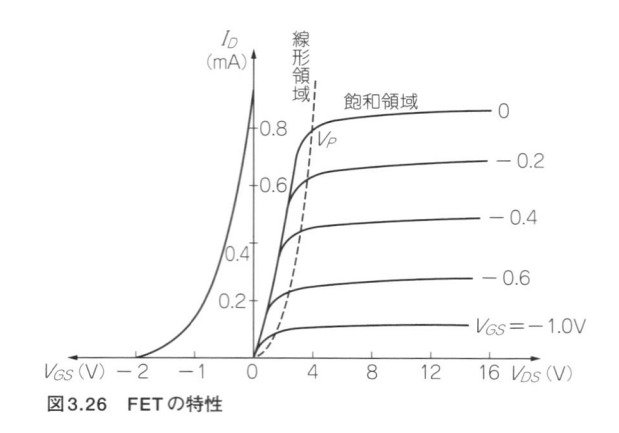

となります．

次に，I_D-V_{DS}特性をみると，V_{GS}を一定にして，ドレイン-ソース間電圧を増加していくと空乏層も広がりますが，ドレイン-ソース間の電界のほうが強いため，ドレイン電流I_Dがどんどん増加していきます．

ところがV_Pに達すると，空乏層が広がることによるドレイン電流I_Dを妨げようとする力とドレイン-ソース間の電界によるドレイン電流I_Dを流そうとする力がつり合います．その後，ドレイン-ソース間電圧V_{DS}を増加させてもドレイン電流I_Dは飽和し，一定値に落ちつきます．ここで，V_Pをピンチオフ電圧といいます．

FETの特徴は，次のような点が挙げられます．

(1) 入力インピーダンスが大きい

ゲート-ソース間は，PN接合に逆方向に電圧を加えているため入力インピーダンスが非常に大きくなります．

(2) トランジスタに比べてノイズ特性は非常によい

FETはノイズが少ないため，アンプの前段などによく用いられます．

5. SCRとトライアック

5.1 SCRの構造

SCR(Silicon Controlled Rectifier)は別名サイリスタとも呼ばれ，シリコン制御素子です．SCRの記号を図3.27(a)に示します．その構造は，図(b)に示すように，p型半導体とn型半導体の4層構造になっています．

PNPN構造のSCRを斜めに切って分解すると，図(c)のようにPNPトランジスタとNPNトランジスタの組み合わせとなり，等価回路は図(d)のようになります．

(a) 記号

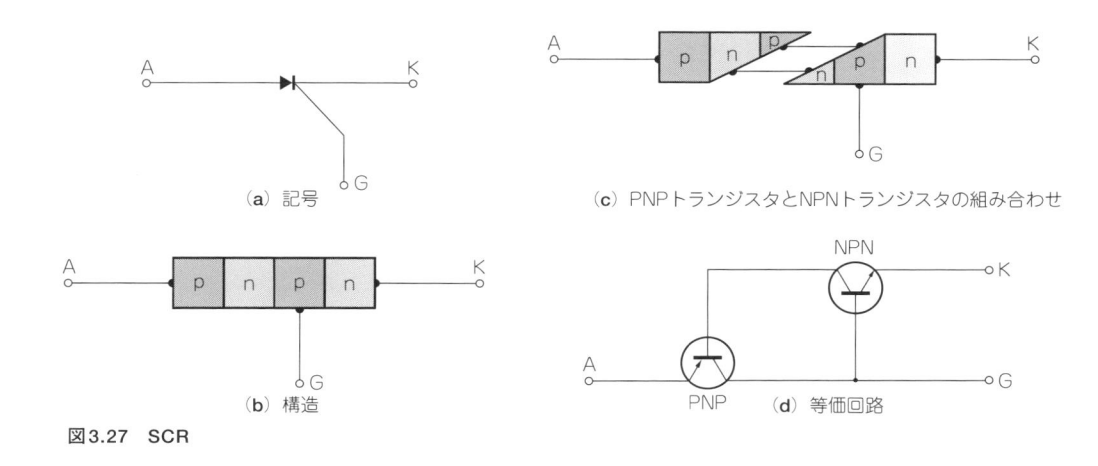

(c) PNPトランジスタとNPNトランジスタの組み合わせ

(b) 構造

(d) 等価回路

図3.27 SCR

5.2 SCRの原理

図3.28に示したのは，負荷としてランプをつけたときのSCRの動作を理解するための回路図です．

まず，図(a)でSW_2を入れます．このときは，回路に電流は流れないのでランプはつきません．次にSW_1を入れるとTr_1のベースに電流I_{B1}が流れます．Tr_1のトランジスタの電流増幅率をh_{FE1}とすると，h_{FE1}倍されたコレクタ電流I_{C1}が流れます．そうすると，Tr_2のベース電流が流れることになるので，Tr_2の電流増幅率をh_{FE2}とすると，Tr_2にはh_{FE2}倍されたコレクタ電流I_{C2}が流れます．このコレクタ電流I_{C2}はそのままTr_1のベースに流れ込みます．こうして，Tr_1，Tr_2は導通するので，ランプはつくことになります．

次に，図(b)でSW_1を開いてゲート電流を0にします．そうすると，電源V_GからTr_1のベースには電流は流れませんが，Tr_2のコレクタ電流がそのままTr_1のベースに流れ込んでいるので，そのままの状態を保ち，やはりランプはついたままになります．

Tr_1，Tr_2を非導通にして，ランプの電流を切るには，一時的に図(c)のようにTr_2を開くか，アノー

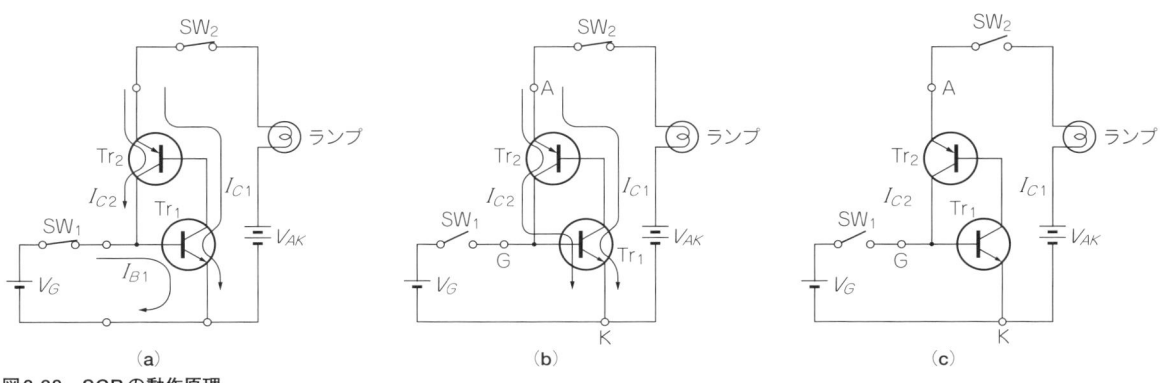

図3.28 SCRの動作原理

5.3 SCRによる交流の位相制御

図3.29(a)は，SCRを使った交流の両方向性位相制御回路です．1kΩの抵抗と定電圧ダイオードRD16Eで台形波を作り，ランプに流れる交流とUJTによる発振パルスの同期をとります．このとき，ダイオード・ブリッジで両波整流した波形を，コンデンサを入れて平滑しては同期はとれません．

UJTと周辺の回路は，前に述べた発振回路で100kΩの可変抵抗器で発振パルスの周期を可変できます．

このUJTのベース1に生じたパルスを，パルス・トランスによってSCR$_1$とSCR$_2$に入れるゲート・パルスに分離します．SCR$_1$とSCR$_2$のゲート・パルスの波形は，図(c)，図(d)のようになります．図(c)，図(d)で原点0のときから，0.1μFのコンデンサに充電が始まります．この充電をしているときは，SCR$_1$はゲートにパルスがこないので非導通です．

ところが位相がθだけ進んだとき，コンデンサの両端の電圧がピーク電圧V_Pに達し，図(c)のようなパルスができます．このパルスが，パルス・トランスによって分離されてSCR$_1$のゲートに入ります．このときSCR$_1$が導通し始め，位相がπに進むまでランプに電流が流れます．

位相がπまで進むと交流電源電圧が0になるので，非導通になります．次の半周期は，SCR$_2$が位相制御します．こうしてSCRは交流の位相制御をすることによって，負荷に流れる電流をコントロールするわけです．

(a) UJTを使った交流の両方向性位相制御回路

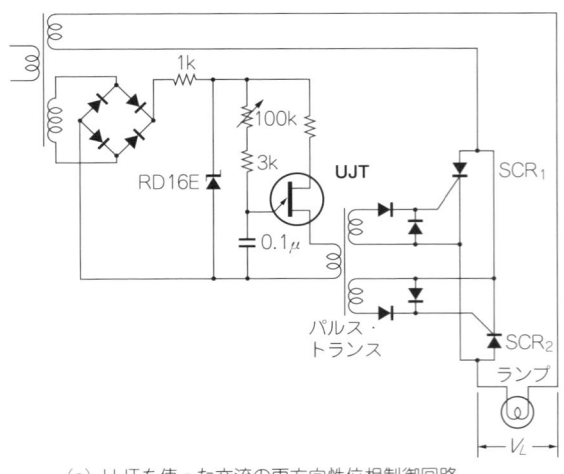

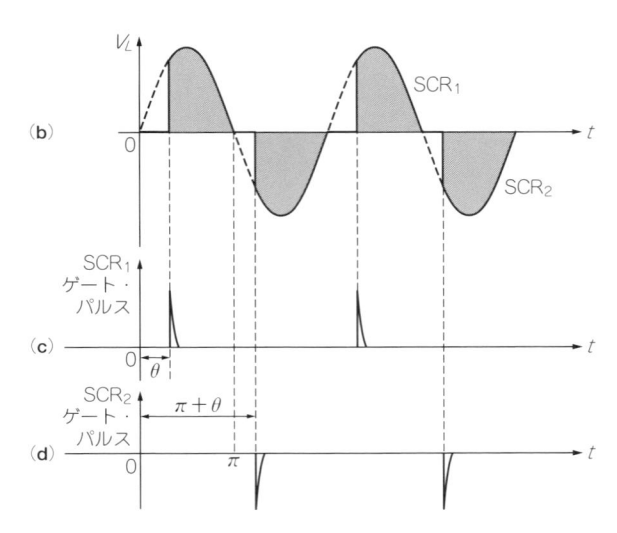

図3.29 SCRによる交流の位相制御

SCRはこのように位相を制御するので，位相制御した波形の中にたくさんの高調波が含まれノイズの原因となります．これがSCRの欠点の一つです．

5.4 トライアック

トライアックは，別名双方向性サイリスタともいい，ちょうどSCRを逆向きにして並列にし，ゲートを一緒にした回路と等価です．図3.30に，トライアックの記号と等価回路を示します．したがって，トライアック1本で交流の正負の両波形を位相制御できます．

図3.31は，トリガ・ダイオードを使ったトライアックによる位相制御回路の一例です．この回路で1S2093はトリガ・ダイオードで，両端の電圧がある値に達すると，電流が急に流れ負性抵抗を示します．また，双方向性特性をもつので，トライアックのゲート・パルス発生用にはぴったりです．トリガ・ダイオードの特性図を，図3.32に示します．

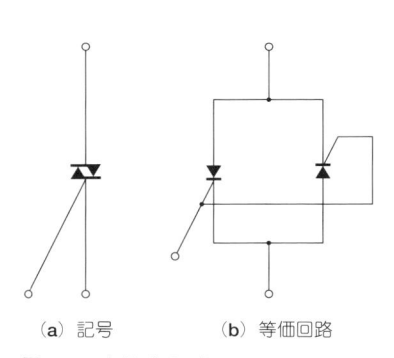

（a）記号　　（b）等価回路

図3.30　トライアック

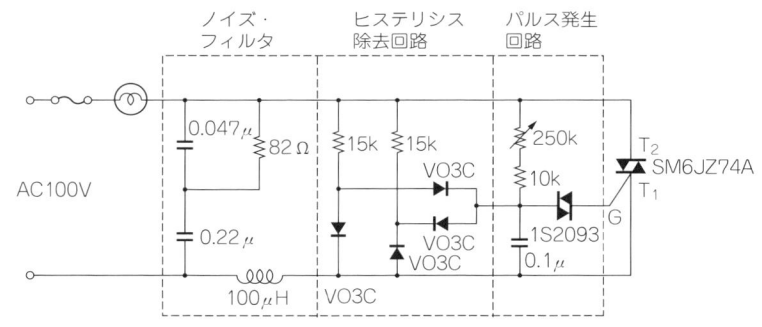

図3.31　トライアックを使った位相制御回路の例

※ 0.047μF，0.22μFは耐圧の大きいオイル・コンデンサ

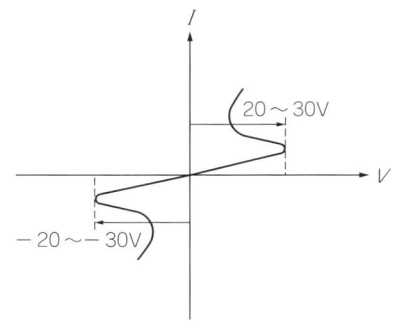

図3.32　トリガ・ダイオードの特性

第4章 トランジスタ回路の基礎知識

本章では,トランジスタ回路の具体的な設計方法について解説します.第3章を土台にして学んでいきますが,エバース・モル・モデルからトランジスタの各接地法による等価回路を導くことは難しいかもしれません.しかし,電子回路の設計技術者としては,一応目を通していただきたいと思います.

また,それぞれのバイアス回路の設計法には,共通性があります.そこでさらに,バイアス回路に負帰還をかけて,温度やh_{FE}のばらつきを安定させるところなどについても学習するとよいでしょう.

1. トランジスタの基礎理論

1.1 等価電源定理

等価電源定理は,電圧源,電流源に関する定理で,以降のトランジスタの等価回路を理解する上で重要となる考え方です.図4.1(a)が電圧源の記号で,図4.1(b)が電流源の記号です.

電圧源とは,どのような負荷であっても一定電圧vを供給する回路で,内部インピーダンスが0です.一方,電流源は,どんな負荷であっても一定電流Iを供給する電源で,内部インピーダンスが∞です.しかし,この世に存在する電圧源は,どんなにインピーダンスが0だといっても,いくらかの内部インピーダンスrをもっているものです.図で表すと,図4.2(a)のようになります.

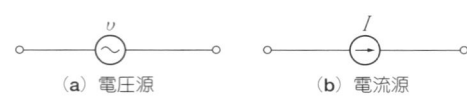

(a) 電圧源　　(b) 電流源
図4.1　電圧源と電流源

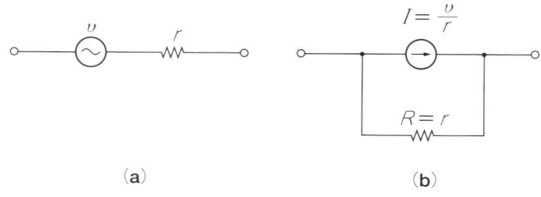

図4.2 等価電源定理

ここで，図(a)と図(b)の等価関係を考えてみましょう．たとえば，図(a)の開放電圧はvです．また，図(b)の開放電圧はIRです．これが等しくなければならないので，

$$v = IR \tag{1.1}$$

が成り立ちます．また，図(a)の短絡電流はv/rです．これが，図(b)の短絡電流Iに等しくなければならないので，

$$\frac{v}{r} = I \tag{1.2}$$

となります．式(1.1)と式(1.2)より，

$$R = r$$

$$v = rI \longleftrightarrow I = \frac{v}{r} \tag{1.3}$$

が成立します．

1.2 ベース接地のトランジスタ等価回路

● エバース・モル・モデル

ベース接地のトランジスタの等価回路を考えてみましょう．ダイオードと電流源，ベースの広がり抵抗r_bで等価回路を表すと，**図4.3**のようになります．

トランジスタのE-B間は順方向バイアス，B-C間は逆方向バイアスされているので，E-B間は順方向ダイオード，B-C間は逆方向ダイオードと考えることができます．したがって，エミッタ電流I_Eは，

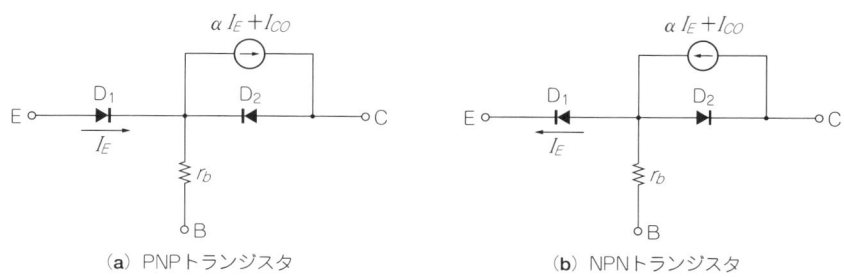

(a) PNPトランジスタ　　　　　(b) NPNトランジスタ

図4.3　エバース・モル・モデル

第4章

$$I_E = I_S \left\{ \exp\left(\frac{q}{kT} V_{EB}\right) - 1 \right\} \quad \cdots\cdots (1.4)$$

となります．ここで，各記号の意味は次のようになります．

- I_S：逆方向飽和電流
- k：ボルツマン定数　1.38×10^{-23}〔J/K〕
- q：電子の電荷　　1.60×10^{-19}〔クーロン〕
- T：絶対温度〔K〕

なお，ボルツマン定数は次の式で表せます．

$$k = \frac{R}{N} \quad \cdots\cdots (1.5)$$

- R：気体定数　　8.31〔JK^{-1}mol^{-1}〕
- N：アボガドロ数　6.02×10^{23}〔mol^{-1}〕

また，コレクタ電流I_Cは，B-C間の逆方向電流I_{CO}を考慮すると，

$$I_C = \alpha I_E + I_{CO} \quad \cdots\cdots (1.6)$$

となります．図4.3をエバース・モル・モデルといいます．これは，トランジスタの簡易等価回路の基本になっています．また，r_bはベース広がり抵抗と呼ばれ，ベース電流に対する電圧降下分を表しますが，ベース幅がきわめて小さく，不純物濃度も低い（比抵抗が高い）ので無視できません．

図4.3のモデルは，非線形素子であるダイオードを含んでいるため，そのままでは解析が困難です．ある条件のもとでダイオードを線形素子（抵抗）に置き換えることができれば，解析や設計が非常に容易になります．

そこで，ダイオードD_1，D_2を抵抗r_c，r_eで置き換えた回路を図4.4に示します．これを，ベース接地T型等価回路といいます．ここで，トランジスタに内在する等価的な抵抗は，r_e，r_bのようにrを小文字で表します．

● エミッタ抵抗r_e

r_eは，ダイオードの順方向抵抗です．式(1.4)より，

$$I_E = I_S \left\{ \exp\left(\frac{q}{kT} V_{EB}\right) - 1 \right\} \quad \cdots\cdots (1.7)$$

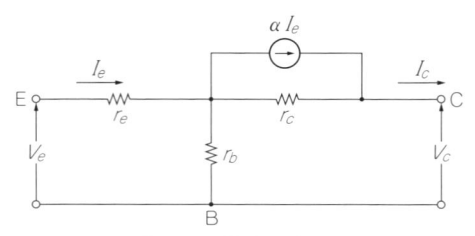

図4.4　ベース接地のT型等価回路

において，常温27℃（絶対温度300°K）の場合を考えると，$kT/q(=V_T)$の値は次のようになります．

$$V_T = \frac{kT}{q} = \frac{1.38 \times 10^{-23} \times 300}{1.60 \times 10^{-19}} = 0.026 \text{ V} \quad \cdots\cdots (1.8)$$

$V_{EB} = 0.6$ V なので，$V_{EB} \gg kT/q$ と近似して，

$$I_E \simeq I_S \exp\left(\frac{q}{kT}V_{EB}\right) \quad \cdots\cdots (1.9)$$

となります．式(1.9)をV_{EB}で微分すると，

$$\frac{dI_E}{dV_{EB}} = \frac{q}{kT} I_S \exp\left(\frac{q}{kT}V_{EB}\right) = \frac{q}{kT} I_E \quad \cdots\cdots (1.10)$$

となり，エミッタ抵抗r_eは，

$$r_e = \frac{dV_{EB}}{dI_E} = \frac{kT}{q} \cdot \frac{1}{I_E} = \frac{0.026}{I_E} \quad \cdots\cdots (1.11)$$

となります．

● **コレクタ抵抗 r_c**

ダイオードの逆方向電流はすぐに飽和してしまうのでr_cは無限大になるはずですが，アーリー効果と呼ばれる現象のため有限の値になります．r_cは，1～数MΩと高抵抗です．

● **ベース接地近似等価回路**

図4.5(a)は，ベース接地T型等価回路です．この等価回路を簡略化するために，図のC-b端子間に負荷抵抗R_Lを接続した場合を考えます．

まず，$R_L \ll r_c$のような条件があれば，定電流源αI_eは，そのほとんどの電流をR_Lに供給するので，r_cに流れる電流を無視してもかまいません．すなわち$r_c \to \infty$とおくと，図(b)が得られます．

次に，図(b)では定電流源の役割はR_Lだけに電流を供給するので，図(c)のように書き直すことができます．

入力側については，図(a)でb′-b間の電圧$V_{b'b}$は，

$$V_{b'b} = I_b r_b = (I_e - I_c) r_b \quad \cdots\cdots (1.12)$$

となりますが，図(b)のように$r_c \to \infty$として取り除くと，$I_c = \alpha I_e$となるので，

$$V_{b'b} = (I_e - \alpha I_e) r_b = (1 - \alpha) r_b I_e \quad \cdots\cdots (1.13)$$

となります．すなわち，入力電流I_eに対する等価抵抗は$(1-\alpha)r_b$となり，図(c)が得られます．図(c)からベース接地電圧増幅率A_{vb}は，次のように計算できます．

入力側については，

$$V_I = \{r_e + (1-\alpha) r_b\} I_e \quad \cdots\cdots (1.14)$$

が成り立ち，出力電圧V_Oは，

$$V_O = \alpha I_e R_L \quad \cdots\cdots (1.15)$$

ですから，

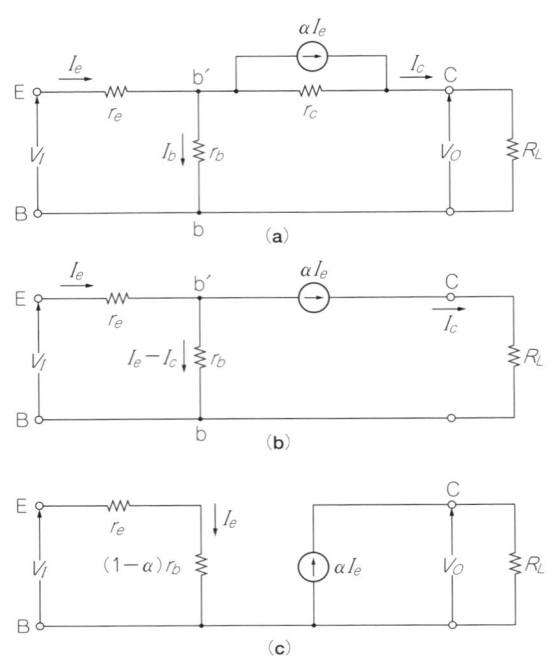

図4.5 ベース接地の近似等価回路

$$A_{vb} = \frac{V_O}{V_I} = \frac{\alpha R_L}{r_e + (1-\alpha)r_b} \quad \cdots\cdots (1.16)$$

となります．分母・分子を$(1-\alpha)$で割って，

$$A_{vb} = \frac{\frac{\alpha}{1-\alpha}R_L}{r_b + \frac{r_e}{1-\alpha}} = \frac{\beta R_L}{r_b + (1+\beta)r_e} \quad \cdots\cdots (1.17)$$

ただし，

$$\beta = \frac{\alpha}{1-\alpha}$$

となりますが，$\beta \gg 1$で，多くの場合，$r_b \ll (1+\beta)r_e$が成り立つので，

$$A_{vb} \simeq \frac{\beta R_L}{r_b + \beta r_e} \simeq \frac{R_L}{r_e} \quad \cdots\cdots (1.18)$$

のように簡単になります．

また，ベース接地の入力インピーダンスをR_{ib}とすれば，

$$R_{ib} = \frac{V_I}{I_e} = r_e + (1-\alpha)r_b \simeq r_e \quad \cdots\cdots (1.19)$$

となります．$r_e = 0.026/I_E = V_T/I_E$を代入すると（ただし$V_T = 0.026$ V），

$$A_{vb} = \frac{I_E R_L}{V_T} \simeq \frac{I_C R_L}{V_T} \quad \cdots\cdots (1.20)$$

$$R_{ib} = \frac{V_T}{I_E} \quad \cdots\cdots (1.21)$$

となります．

1.3 エミッタ接地のトランジスタ等価回路

ベース接地回路からエミッタ接地近似等価回路を作ることができます．入力電流はベース電流I_bですから，その要点は，出力側の定電流回路をI_bの入った形に変換することにあります．

(1) 図4.6(a)のαI_eとr_cからなる定電流回路は，等価電源定理を用いると内部抵抗r_c，開放電圧$\alpha r_c I_e$の定電圧回路に変換されます．これは，

$$\alpha r_c I_e = \alpha r_c (I_b + I_c) = \alpha r_c I_b + \alpha r_c I_c \quad \cdots\cdots (1.22)$$

の関係を用いて，図(c)のように2個の定電圧源を直列に接続した形に変換されます．

(2) 図4.6(c)の点線で囲まれた部分は，電圧源の極性に注意すると，1個の抵抗r_c'にまとめられ，

$$r_c' = r_c - \alpha r_c = (1 - \alpha) r_c \quad \cdots\cdots (1.23)$$

となるので，図4.6(d)が得られます．

(3) 図4.6(d)に等価電源定理を用いると，図4.6(e)に示す電流源I_Oに置き換えられます．

$$I_O = \frac{\alpha r_c I_b}{r_c(1-\alpha)} = \frac{\alpha}{1-\alpha} I_b = \beta I_b \quad \cdots\cdots (1.24)$$

(4) 最後にベース端子とエミッタ端子を入れ替え，電流の向きを入れ替えると，図4.6(g)のエミッタ接地等価回路が得られます．ここでβは，

$$\beta = \frac{\alpha}{1-\alpha} \quad \cdots\cdots (1.25)$$

で，抵抗r_c'は次のようになります．

$$r_c' = (1-\alpha) r_c = \frac{r_c}{1+\beta} \simeq \frac{r_c}{\beta} \quad \cdots\cdots (1.26)$$

図4.6(g)で得られた等価回路に負荷抵抗R_Lを接続し，エミッタ接地1段増幅器を構成した形が図4.7(a)です．これについて，$R_L \ll r_c'$として簡略化を行うと，(1)の場合と同じ考え方を用いることにより，図4.7(c)が得られます．

図4.7(c)から，エミッタ接地電圧増幅率A_{ve}は，次のように計算できます．入力側については，

$$V_I = \{r_b + (1+\beta) r_e\} I_b \quad \cdots\cdots (1.27)$$

が成り立ち，出力電圧は電流の向きに注意すると，

$$V_O = -\beta I_b R_L \quad \cdots\cdots (1.28)$$

ですから，

第4章

図4.6　トランジスタの等価回路

$$A_{ve} = \frac{V_O}{V_I} = -\frac{\beta R_L}{r_b + (1+\beta)r_e} \quad \cdots\cdots (1.29)$$

が得られます．

式(1.29)について，$\beta \gg 1$，$r_b \ll (1+\beta)r_e$ の近似が成り立つ場合には，

$$A_{ve} = -\frac{\beta R_L}{r_b + \beta r_e} \simeq -\frac{R_L}{r_e} \quad \cdots\cdots (1.30)$$

が得られます．エミッタ接地の入力インピーダンスを R_{ie} とすれば，

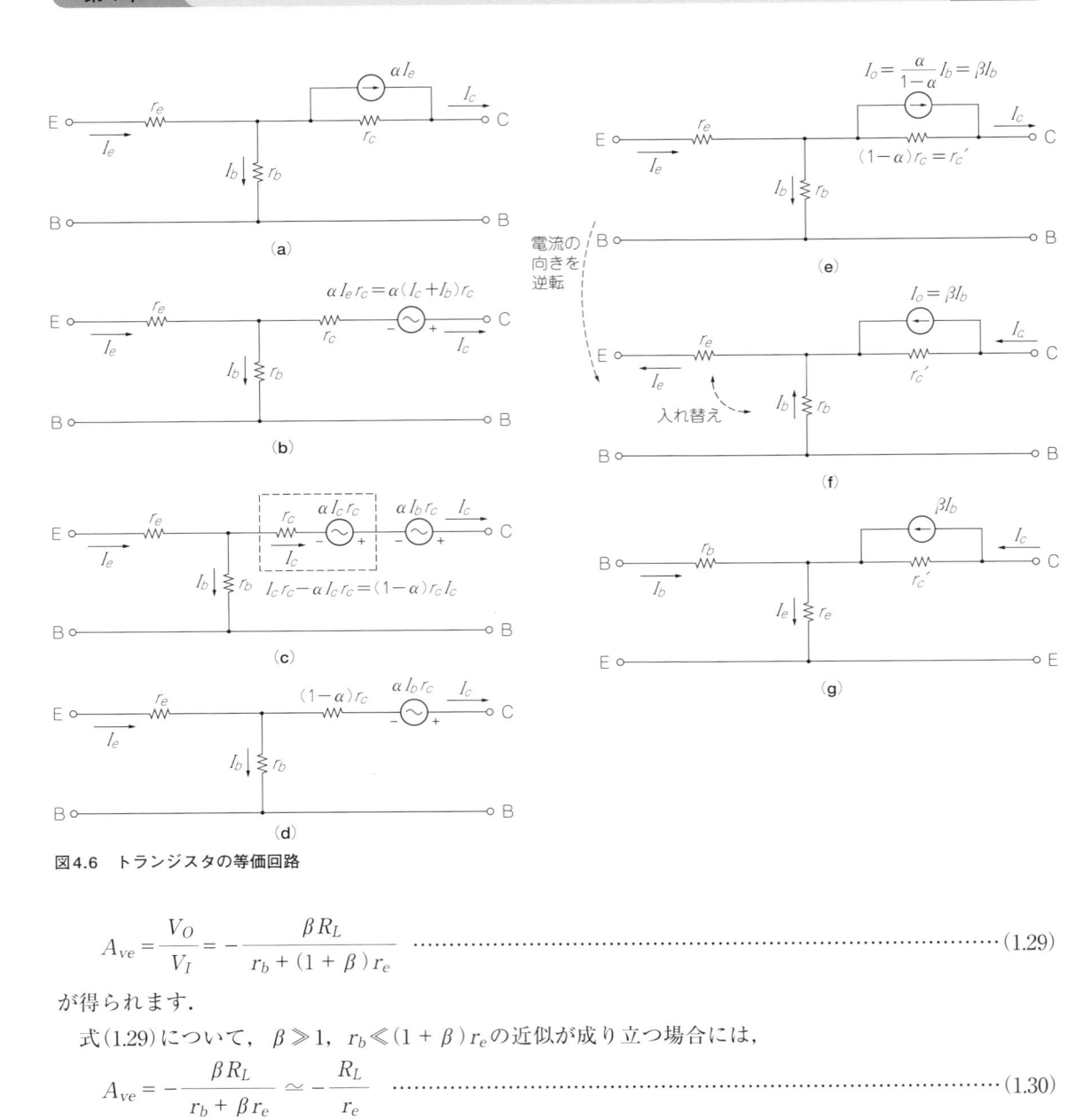

$$R_{ie} = \frac{V_I}{I_b} = r_b + (1+\beta)r_e \quad \cdots\cdots (1.31)$$

が得られますが，近似すると次のようになります．

$$R_{ie} \simeq \beta r_e \quad \cdots\cdots (1.32)$$

1.4 コレクタ接地（エミッタ・フォロワ）の等価回路

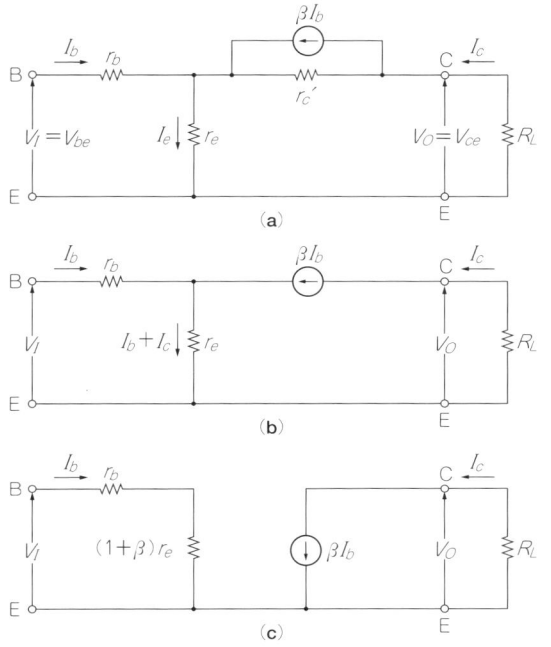

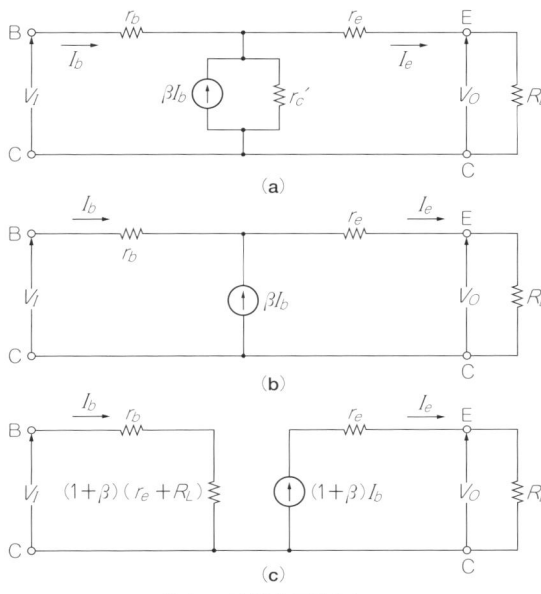

図4.7 エミッタ接地の近似等価回路

図4.8 コレクタ接地の近似等価回路（1）

1.4 コレクタ接地（エミッタ・フォロワ）の等価回路

コレクタ接地等価回路は，図4.6(g)のエミッタとコレクタを入れ替えることにより得られます．これに負荷抵抗をつけたコレクタ接地1段増幅器の等価回路を図4.8(a)に示します．

$(r_e + R_L) \ll r_c'$の場合には，図4.8(b)のようになることは容易に理解できますが，これから入力電圧V_Iと入力電流の関係を求めると，

$$V_I = I_b r_b + I_e(r_e + R_L) = I_b r_b + (I_b + \beta I_b)(r_e + R_L)$$
$$= I_b\{r_b + (1 + \beta)(r_e + R_L)\} \quad \cdots\cdots (1.33)$$

が得られます．

出力電圧V_Oは，

$$V_O = I_e R_L = (I_b + \beta I_b) R_L = I_b(1 + \beta) R_L \quad \cdots\cdots (1.34)$$

なので，コレクタ接地電圧増幅率をA_{vc}とすれば，

$$A_{vc} = \frac{V_O}{V_I} = \frac{(1 + \beta) R_L}{r_b + (1 + \beta)(r_e + R_L)} \quad \cdots\cdots (1.35)$$

となります．$\beta \gg 1$，$r_b \ll (1 + \beta)(r_e + R_L)$の近似が使える場合には，

$$A_{vc} \simeq \frac{R_L}{r_e + R_L} \quad \cdots\cdots (1.36)$$

が得られます．$R_L \gg r_e$ ならば，

$$A_{vc} \simeq 1 \tag{1.37}$$

となります．

コレクタ接地入力インピーダンスを R_{ic} とすれば，

$$R_{ic} = \frac{V_I}{I_b} = r_b + (1+\beta)(r_e + R_L) \tag{1.38}$$

となります．近似を行うと，

$$R_{ic} = \beta R_L \tag{1.39}$$

が得られます．

次に，出力インピーダンス R_{OC} を求めます．**図4.8(b)** を用いて R_{OC} を計算します．出力インピーダンスの定義は，

$$R_{OC} = \frac{V_O}{I_O} \bigg|_{V_S = 0} \tag{1.40}$$

なので，出力電圧 V_O は，

$$V_O = R_L(I_e + I_O) \tag{1.41}$$

となります．また，$I_e = (1+\beta)I_b$ なので，

$$V_O = R_L\{I_O + (1+\beta)I_b\} \tag{1.42}$$

となります(**図4.9**)．また，

$$V_I - V_O = r_b I_b + r_e I_e \tag{1.43}$$

ですが，

$$\left.\begin{array}{l} I_e = (1+\beta)I_b \\ V_I = -R_S I_b \end{array}\right\} \tag{1.44}$$

です．したがって，

$$-R_S I_b - V_O = r_b I_b + (1+\beta)I_b r_e \tag{1.45}$$

$$V_O = -\{R_S + r_b + (1+\beta)r_e\} I_b \tag{1.46}$$

となります．式(1.46)を式(1.42)に代入して，

$$R_L\{I_O + (1+\beta)I_b\} = -\{R_S + r_b + (1+\beta)r_e\} I_b$$

$$R_L I_O = -\{R_S + r_b + (1+\beta)(r_e + R_L)\} I_b$$

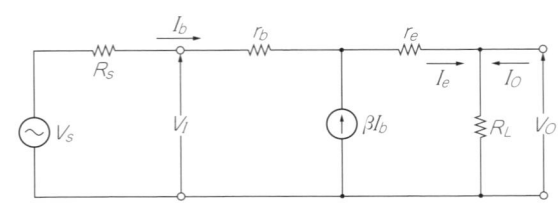

図4.9 コレクタ接地の近似等価回路(2)

1.4 コレクタ接地(エミッタ・フォロワ)の等価回路

$$I_b = -\frac{R_L}{R_S + r_b + (1+\beta)(r_e + R_L)} I_O \quad \cdots\cdots(1.47)$$

となります.さらに,式(1.47)を式(1.42)に代入して,

$$\begin{aligned}V_O &= R_L \left\{ I_O - (1+\beta)\frac{R_L}{R_S + r_b + (1+\beta)(r_e + R_L)} I_O \right\} \\ &= R_L \left\{ 1 - \frac{(1+\beta)R_L}{R_S + r_b + (1+\beta)(r_e + R_L)} \right\} I_O \\ &= \frac{R_S + r_b + (1+\beta)r_e}{R_S + r_b + (1+\beta)(r_e + R_L)} R_L \cdot I_O \quad \cdots\cdots(1.48)\end{aligned}$$

となります.
そこで,出力インピーダンス R_{OC} は,

$$R_{OC} = \frac{V_O}{I_O} = \frac{R_S + r_b + (1+\beta)r_e}{R_S + r_b + (1+\beta)(r_e + R_L)} R_L = \frac{\left(r_e + \frac{R_S + r_b}{1+\beta}\right)R_L}{\left(\frac{R_S + r_b}{1+\beta} + r_e\right) + R_L}$$

$$= R_L // \left(r_e + \frac{R_S + r_b}{1+\beta}\right) \quad \cdots\cdots(1.49)$$

となります.
$R_L \gg r_e + \{(R_S + r_b)/(1+\beta)\}$ とすれば,

$$R_{OC} \simeq r_e + \frac{R_S + r_b}{1+\beta} \quad \cdots\cdots(1.50)$$

$\beta \gg 1$, $R_S \gg r_b$, $r_e = R_{ie}/\beta$ とすれば,

$$R_{OC} \simeq \frac{R_{ie}}{\beta} + \frac{R_S}{\beta} = \frac{R_{ie} + R_S}{\beta} \quad \cdots\cdots(1.51)$$

となります.
式(1.49)の関係を等価回路で表すと,**図4.10**のようになります.

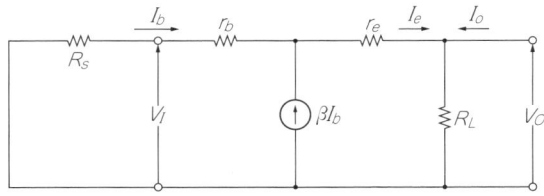

図4.10 出力インピーダンスの定義

第4章

1.5 hパラメータ

トランジスタの入力と出力の電流・電圧の関係を，図4.11の電圧源・電流源と抵抗を用いた等価回路で表してみることにします．このとき，出力と入力の関係は，次の式で表されます．

$$v_1 = h_i i_1 + h_r v_2 \tag{1.52}$$
$$i_2 = h_f i_1 + h_o v_2 \tag{1.53}$$

ここで，出力端子を短絡させたときは $v_2 = 0$ なので，

$$v_1 = h_i i_1 \quad \longleftrightarrow \quad h_i = \left.\frac{v_1}{i_1}\right|_{v_2=0} \; [\Omega] \tag{1.54}$$

$$i_2 = h_f i_1 \quad \longleftrightarrow \quad h_f = \left.\frac{i_2}{i_1}\right|_{v_2=0} \; [倍] \tag{1.55}$$

また，入力端子を開放させたときは $i_1 = 0$ なので，

$$v_1 = h_r v_2 \quad \longleftrightarrow \quad h_r = \left.\frac{v_1}{v_2}\right|_{i_1=0} \; [倍] \tag{1.56}$$

$$i_2 = h_o v_2 \quad \longleftrightarrow \quad h_o = \left.\frac{i_2}{v_2}\right|_{i_1=0} \; [S] \tag{1.57}$$

となります．

このように，図4.11の回路の入出力関係は h で始まる四つのパラメータで表されることがわかります．そして，これらのパラメータは h パラメータと呼ばれており，トランジスタの特性を表すのによく用いられています．

それぞれのパラメータの物理的な意味を見てみましょう．h_i は Ω で，回路の入力インピーダンスを表しています．h_o は S（ジーメンス）で，回路の出力コンダクタンスを表しています．h_r は入力電圧と出力電圧の比，h_f は出力電流と入力電流の比を表しています．

トランジスタの規格表には，h_{FE} という数値が示されています．これは，直流電流増幅率と呼ばれるものであり，エミッタ接地における直流出力電流と直流入力電流の比（h_F パラメータ）を表しています．最後の添字のEは，エミッタ接地の回路であることを表しています．

また，直流の等価回路の場合，h_{FE} などのように表し，交流の等価回路の場合は h_{fe} などのように添

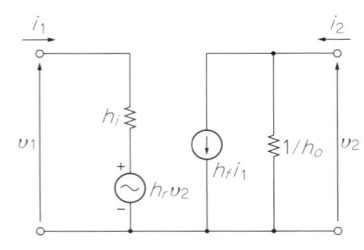

図4.11 hパラメータによる等価回路

(a) エミッタ接地回路　　(b) 等価回路

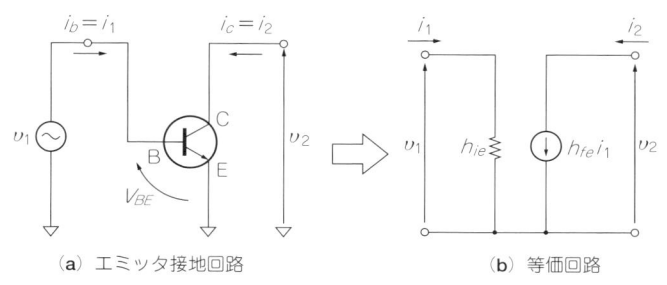

図4.12　エミッタ接地の等価回路

字を小文字で表します．

では，図4.12(a)のエミッタ接地回路から交流等価回路のhパラメータを求めてみましょう．エミッタ接地回路では，h_{oe}，h_{re}は非常に小さいため考えないことにします．したがって，等価回路は図4.12(b)のようになります．また，ベース，エミッタ，コレクタに流れる直流電流はそれぞれI_B，I_E，I_Cで，交流成分はi_b，i_e，i_cとします．

まず，h_{fe}は入力電流i_bに対する出力電流i_cの倍率を表しているので，図4.7(c)と比較すると直ちに，

$$\beta = h_{fe} \qquad (1.58)$$

と求められます．また，入力電流と出力電流の関係はほぼ線形なので，交流のh_{fe}と直流のh_{FE}はほぼ等しく，

$$h_{fe} \simeq h_{FE} \qquad (1.59)$$

の関係が成り立ちます．

次に，入力インピーダンスh_{ie}を求めます．ベース-エミッタ間のダイオード特性を示す式は，

$$I = I_S \left\{ \exp\left(\frac{qV}{kT}\right) - 1 \right\} \qquad (1.60)$$

です．ここで，$V = V_{BE}$，$I = I_E$なので，

$$I_E = I_S \left\{ \exp\left(\frac{qV_{BE}}{kT}\right) - 1 \right\} \qquad (1.61)$$

となります．ところで，kT/qは，

$k = 1.38 \times 10^{-23}$ [J/K°]

$q = 1.60 \times 10^{-19}$ [C]

$T = 300$ [K°]

の数値から求めると，

$$\frac{kT}{q} = \frac{1.38 \times 10^{-23} \times 300}{1.60 \times 10^{-19}} = 0.026 \text{ [V]} \qquad (1.62)$$

となります．V_{BE}は通常$0.6 \sim 0.7$ Vであることを考慮すると，$V_{BE} \gg kT/q$なので$\exp(qV_{BE}/kT) \gg 1$となり，式(1.61)は以下のように近似できます．

$$I_E = I_S \exp\left(\frac{qV_{BE}}{kT}\right) \quad \dotfill \quad (1.63)$$

次に，交流成分の抵抗(微分抵抗)$\Delta V_{BE}/\Delta I_E$を求めてみましょう．まず，I_EをV_{BE}で微分します．

$$\frac{dI_E}{dV_{BE}} = \frac{q}{kT} I_S \exp\left(\frac{qV_{BE}}{kT}\right)$$

ここで，$I_E = I_S \exp(qV_{BE}/kT)$なので，

$$\frac{dI_E}{dV_{BE}} = \frac{q}{kT} I_E$$

となり，微分抵抗r_eは，

$$r_e = \frac{dV_{BE}}{dI_E} = \frac{kT/q}{I_E} = \frac{0.026}{I_E} \ [\Omega] \quad \dotfill \quad (1.64)$$

となります．ベース電流I_Bは$I_E(= I_C + I_B \simeq I_C)$の$1/h_{FE}$倍となるので，ベース側からみた入力インピーダンス$h_{ie}$は$r_e$の$h_{FE}$倍となり，

$$h_{ie} = h_{FE} \cdot r_e = \frac{0.026 h_{FE}}{I_E} \quad \dotfill \quad (1.65)$$

となります．

1.6 固定バイアス回路

固定バイアス回路は，温度に対する安定性はよくないのですが，もっとも簡単に構成することができます．そこで，図4.13に示した固定バイアス回路の設計法について説明していきましょう．

図4.13において，電源電圧をV_{CC}，コレクタ電流をI_Cとすると，動作点を負荷線の中点にもってくる条件から，負荷抵抗R_Lの値は，

$$R_L = \frac{V_{CC}}{2I_C} \quad \dotfill \quad (1.66)$$

です．ベース電流I_Bは，トランジスタの電流増幅率を$(h_{FE} \simeq \beta)$とすると，

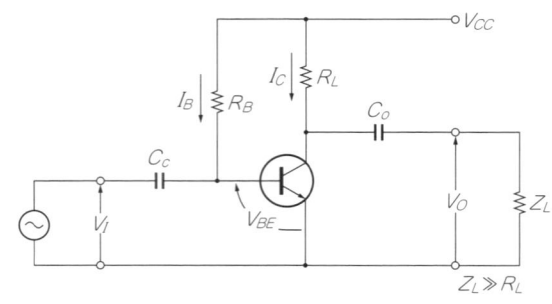

図4.13　固定バイアス回路

1.6 固定バイアス回路

$$I_B = \frac{I_C}{h_{FE}} \quad \cdots\cdots\cdots\cdots\cdots\cdots\cdots\cdots\cdots\cdots\cdots\cdots\cdots\cdots\cdots\cdots\cdots\cdots\cdots (1.67)$$

です．ベース抵抗 R_B は，ベース-エミッタ間電圧を V_{BE} とすると，

$$R_B = \frac{V_{CC} - V_{BE}}{I_B} \quad \cdots\cdots\cdots\cdots\cdots\cdots\cdots\cdots\cdots\cdots\cdots\cdots\cdots\cdots (1.68)$$

となります．

トランジスタの入力インピーダンス $h_{ie}(=r_{ie})$ は，

$$h_{ie} = \frac{0.026 h_{FE}}{I_C} \quad \cdots\cdots\cdots\cdots\cdots\cdots\cdots\cdots\cdots\cdots\cdots\cdots\cdots\cdots (1.69)$$

($h_{FE} \simeq h_{fe}$ とする)

となり，回路全体の入力インピーダンス Z_I は，

$$Z_I = \frac{R_B h_{ie}}{R_B + h_{ie}} \quad \cdots\cdots\cdots\cdots\cdots\cdots\cdots\cdots\cdots\cdots\cdots\cdots\cdots\cdots (1.70)$$

となります．結合コンデンサ C_C の値は，

$$C_C > \frac{1}{2\pi f_c Z_I} \quad \cdots\cdots\cdots\cdots\cdots\cdots\cdots\cdots\cdots\cdots\cdots\cdots\cdots\cdots (1.71)$$

です．ここで，低域しゃ断周波数 f_c を 20 Hz とおくと，

$$C_C > \frac{1}{2 \times 3.14 \times 20 \times Z_I} \quad \cdots\cdots\cdots\cdots\cdots\cdots\cdots\cdots\cdots\cdots (1.72)$$

となります．

等価回路の入力側において，

$$V_I = I_B h_{ie} \quad \cdots\cdots\cdots\cdots\cdots\cdots\cdots\cdots\cdots\cdots\cdots\cdots\cdots\cdots\cdots\cdots (1.73)$$

出力側において，

$$V_O = -h_{fe} I_B R_L \quad \cdots\cdots\cdots\cdots\cdots\cdots\cdots\cdots\cdots\cdots\cdots\cdots\cdots\cdots (1.74)$$

が成り立ちます．

式 (1.73)，式 (1.74) より，利得 (ゲイン) G は次のように求められます (**図4.14**)．

$$G = \frac{V_O}{V_I} = -\frac{h_{fe} I_B R_L}{I_B h_{ie}} = -\frac{h_{fe} R_L}{h_{ie}} \quad \cdots\cdots\cdots\cdots\cdots\cdots\cdots (1.75)$$

ここで，回路設計の例を次に示します．

$I_C = 1$ mA，$V_{CC} = 12$ V，$h_{FE}(\simeq h_{fe}) = 180$ として各定数を決定します．負荷抵抗 R_L は，

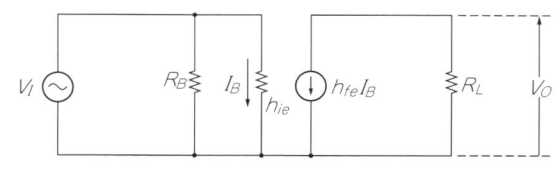

図4.14 固定バイアス回路の等価回路

$$R_L = \frac{12}{2 \times (1 \times 10^{-3})} = 6 \times 10^3 = 6 \text{ k}\Omega$$

となるので，$R_L = 6.2 \text{ k}\Omega$ とします．ベース電流 I_B は，

$$I_B = \frac{1 \times 10^{-3}}{180} = 5.6 \times 10^{-6} = 5.6 \text{ }\mu\text{A}$$

なので，ベース抵抗 R_B は，

$$R_B = \frac{12 - 0.6}{5.6 \times 10^{-6}} = 2.28 \times 10^6 = 2.28 \text{ M}\Omega$$

となり，これより $R_B = 2.2 \text{ M}\Omega$ とします．

トランジスタの入力インピーダンス h_{ie} は，

$$h_{ie} = \frac{0.026 \times 180}{1 \times 10^{-3}} = 4.68 \times 10^3 = 4.68 \text{ k}\Omega$$

回路全体の入力インピーダンス Z_I は，

$$Z_I = \frac{(2.2 \times 10^6) \times (4.68 \times 10^3)}{(2.2 \times 10^6) + (4.68 \times 10^3)} = 4.67 \times 10^3 = 4.67 \text{ k}\Omega$$

結合コンデンサ C_C は，

$$C_C > \frac{1}{2 \times 3.14 \times 20 \times (4.67 \times 10^3)} = 1.7 \times 10^{-6} = 1.7 \text{ }\mu\text{F}$$

です．そこで，この値の約10倍にして $C_C = 22 \text{ }\mu\text{F}$ とします．利得（ゲイン）G は，

$$G = -\frac{180 \times (6.2 \times 10^3)}{4.68 \times 10^3} = -238 \text{ 倍}$$

となります．

1.7 自己バイアス回路

自己バイアス回路は，固定バイアス回路に比べると安定度のよい回路です．そこで次に，自己バイアス回路の設計法について説明していきましょう．

電源電圧 V_{CC}，コレクタ電流を I_C とすると，動作点を負荷線の中点にもってくる条件から，負荷抵抗 R_L は，

$$R_L = \frac{V_{CC}}{2I_C} \quad \cdots\cdots\cdots\cdots\cdots\cdots\cdots\cdots\cdots\cdots\cdots\cdots\cdots\cdots\cdots\cdots\cdots\cdots\cdots\cdots\cdots\cdots\cdots\cdots\cdots\cdots\cdots\cdots\cdots\cdots\cdots\cdots\cdots\cdots\cdots\cdots\cdots\cdots\cdots\cdots\cdots\cdots\cdots\cdots\cdots\cdots\cdots\cdots\cdots\cdots\cdots\cdots\cdots\cdots\cdots\cdots\cdots\cdots (1.76)$$

となります（**図4.15**）．

ベース電流 I_B は，トランジスタの電流増幅率を h_{FE} とすると，

$$I_B = \frac{I_C}{h_{FE}} \quad \cdots\cdots\cdots\cdots\cdots\cdots\cdots\cdots\cdots\cdots\cdots\cdots\cdots\cdots\cdots\cdots\cdots\cdots\cdots\cdots\cdots\cdots\cdots\cdots\cdots\cdots\cdots\cdots\cdots\cdots\cdots\cdots\cdots\cdots\cdots\cdots\cdots\cdots\cdots\cdots\cdots\cdots\cdots\cdots\cdots\cdots\cdots\cdots\cdots\cdots\cdots\cdots\cdots\cdots\cdots\cdots\cdots\cdots\cdots\cdots (1.77)$$

です．ベース抵抗 R_B は，トランジスタのベース-エミッタ間電圧を V_{BE} とすると，

1.7 自己バイアス回路

図4.15 自己バイアス回路

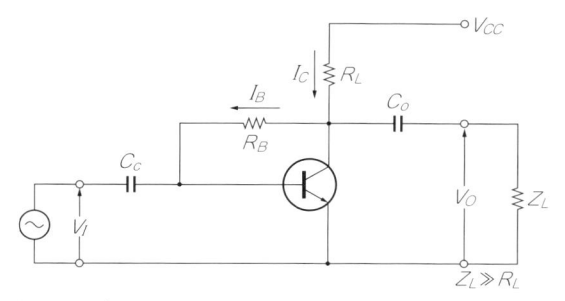

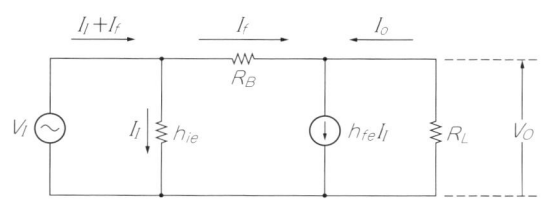

図4.16 自己バイアス回路の等価回路

$$R_B = \frac{V_{CC}/2 - V_{BE}}{I_B} \quad \quad (1.78)$$

です．トランジスタの入力インピーダンス h_{ie} は，

$$h_{ie} = \frac{0.026 h_{FE}}{I_C} \quad \quad (1.79)$$

です．したがって，自己バイアス回路の等価回路は，**図4.16**のようになります．この等価回路において，次の等式が成立します．

$$V_I = h_{ie} I_I \quad \quad (1.80)$$
$$V_I = R_B I_f - R_L I_O \quad \quad (1.81)$$
$$h_{fe} I_I = I_O + I_f \quad \quad (1.82)$$
$$R_B \simeq h_{FE} R_L \simeq h_{fe} R_L \quad \quad (1.83)$$

式(1.83)の関係がこのようになる理由については後述します．式(1.82)より，

$$I_O = h_{fe} I_I - I_f \quad \quad (1.84)$$

この式と式(1.80)を式(1.81)に代入して，

$$h_{ie} I_I = R_B I_f - R_L (h_{fe} I_I - I_f) \quad \quad (1.85)$$
$$I_I (h_{ie} + h_{fe} R_L) = I_f (R_B + R_L)$$

式(1.83)の関係から，

$$I_I (R_B + h_{ie}) = I_f (R_B + R_L) \quad \quad (1.86)$$

となります．$R_B \gg h_{ie}$，$R_B \gg R_L$ とすると，

$$I_I \simeq I_f \quad \quad (1.87)$$

式(1.80)の関係から，

$$I_I = I_f = \frac{V_I}{h_{ie}} \quad \quad (1.88)$$

です．入力インピーダンス Z_I は，

$$Z_I = \frac{V_I}{I_I + I_f} = \frac{V_I}{2 \cdot \dfrac{V_I}{h_{ie}}} = \frac{h_{ie}}{2} \quad \quad (1.89)$$

です．次に，電圧利得（電圧ゲイン）Gを求めます．出力電圧V_Oは，

$$V_O = -I_O R_L \qquad (1.90)$$

です．この式に式(1.84)を代入します．$h_{fe} \gg 1$の関係から，次のように近似できます．

$$\begin{aligned}V_O &= -(h_{fe}I_I - I_f)R_L = -(h_{fe}I_I - I_I)R_L \\ &= -I_I(h_{fe} - 1)R_L \\ &\simeq -I_I h_{fe} R_L\end{aligned} \qquad (1.91)$$

式(1.91)÷式(1.80)とすると，

$$G = -\frac{I_I h_{fe} R_L}{h_{ie} I_I} = -\frac{h_{fe} R_L}{h_{ie}} \qquad (1.92)$$

となります．

それでは，ここで式(1.83)の関係について説明します．自己バイアス回路において，コレクタ側では，

$$\frac{V_{CC}}{2} \simeq I_C R_L \qquad (1.93)$$

です．ベース側ではV_{BE}を無視すると，

$$\frac{V_{CC}}{2} \simeq I_B R_B \qquad (1.94)$$

となります．コレクタ電流I_Cとベース電流I_Bの間には，

$$I_C = h_{FE} I_B \qquad (1.95)$$

の関係がありますから，式(1.95)を式(1.93)に代入して，

$$\frac{V_{CC}}{2} = h_{FE} R_L I_B \qquad (1.96)$$

となります．式(1.94)，式(1.96)の関係から，

$$\begin{aligned}I_B R_B &\simeq h_{FE} R_L I_B \\ R_B &\simeq h_{FE} R_L\end{aligned} \qquad (1.97)$$

$h_{FE} \simeq h_{fe}$とすると，

$$R_B \simeq h_{fe} R_L \qquad (1.98)$$

となります．

しゃ断周波数f_cを20 Hzにしたとき，結合コンデンサの容量C_Cは，

$$C_C > \frac{1}{2\pi f_c Z_I} = \frac{1}{2 \times 3.14 \times 20 \times Z_I} \text{ [F]} \qquad (1.99)$$

です．

次に，回路設計例を示します．

$I_C = 1\text{m A}$，$V_{CC} = 12 \text{ V}$，$h_{FE} = 180$として，各定数を決定します．

負荷抵抗R_Lは，

$$R_L = \frac{12}{2 \times (1 \times 10^{-3})} = 6 \times 10^3 = 6 \text{ k}\Omega$$

となるので，$R_L = 6.2\ \mathrm{k\Omega}$ とします．ベース電流 I_B は，
$$I_B = \frac{(1 \times 10^{-3})}{180} = 5.6 \times 10^{-6} = 5.6\ \mu\mathrm{A}$$

ベース抵抗 R_B は，
$$R_B = \frac{12/2 - 0.6}{5.6 \times 10^{-6}} = 964 \times 10^3 = 964\ \mathrm{k\Omega}$$

そこで，$R_B = 1\ \mathrm{M\Omega}$ とします．トランジスタの入力インピーダンス h_{ie} は，
$$h_{ie} = \frac{0.026 \times 180}{1 \times 10^{-3}} = 4.68 \times 10^3 = 4.68\ \mathrm{k\Omega}$$

入力インピーダンス Z_I は，
$$Z_I = \frac{4.68 \times 10^3}{2} = 2.34 \times 10^3 = 2.34\ \mathrm{k\Omega}$$

です．電圧利得 G は，
$$G = -\frac{180 \times (6.2 \times 10^3)}{4.68 \times 10^3} = -238\ \text{倍}$$

です．結合コンデンサの容量 C_C は，
$$C_C > \frac{1}{2 \times 3.14 \times 20 \times (2.34 \times 10^3)} = 3.4 \times 10^{-6} = 3.4\ \mu\mathrm{F}$$

そこで，この 10 倍を選んで $C_C = 33\ \mu\mathrm{F}$ とします．

1.8 電流帰還バイアス回路

電流帰還バイアス回路は，帰還抵抗 R_E の働きによって安定性がよく，$I_E R_E$ による電圧余裕のため，入力に対する出力ひずみを軽減できるという特徴をもっています．

図 4.17 に電流帰還バイアス回路を，図 4.18 にその等価回路を示します．等価回路で入力側において，
$$V_I = I_B h_{ie} + (1 + h_{fe}) I_B R_E = \{h_{ie} + (1 + h_{fe}) R_E\} I_B$$
$$\simeq (h_{ie} + h_{fe} R_E) I_B \cdots\cdots\cdots\cdots\cdots\cdots\cdots\cdots\cdots\cdots\cdots\cdots\cdots\cdots\cdots\cdots\cdots (1.100)$$

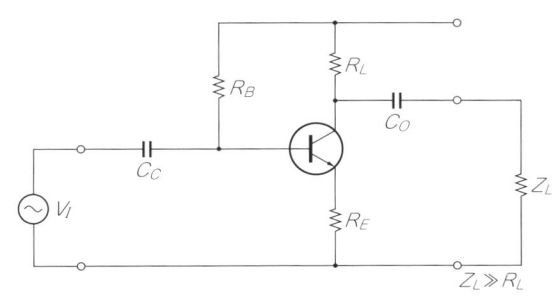

図 4.17　電流帰還バイアス回路

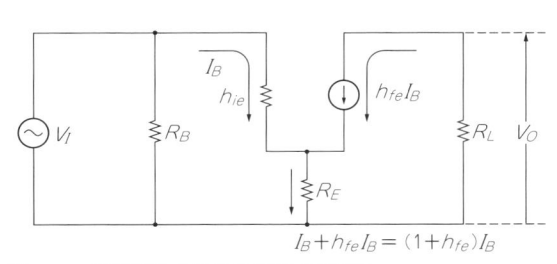

図 4.18　電流帰還バイアス回路の等価回路

第4章

ベース端子からトランジスタを見た入力インピーダンス R_I は，

$$R_I = \frac{V_I}{I_B} = h_{ie} + h_{fe}R_E \quad \cdots\cdots (1.101)$$

です．回路全体の入力インピーダンス Z_I は，

$$Z_I = R_I // R_B = (h_{ie} + h_{fe}R_E) // R_B \quad \cdots\cdots (1.102)$$

です．出力側において，

$$V_O = -I_O R_L = -I_B h_{fe} R_L \quad \cdots\cdots (1.103)$$

です．電圧利得 G は，式(1.103)÷式(1.101)として，

$$G = \frac{V_O}{V_I} = \frac{-I_B h_{fe} R_L}{(h_{ie} + h_{fe}R_E) I_B} = -\frac{h_{fe}R_L}{h_{ie} + h_{fe}R_E} \quad \cdots\cdots (1.104)$$

です．ここで，$h_{fe}R_E \gg h_{ie}$ とすると，

$$G \simeq -\frac{R_L}{R_E} \quad \cdots\cdots (1.105)$$

また，$R_D = R_L + R_E$ とすると，負荷線の動作点を中点にもってくる条件により，

$$R_D = \frac{V_{CC}}{2I_C} \quad \cdots\cdots (1.106)$$

です．また，

$$|G| = \frac{R_L}{R_E} \quad \cdots\cdots (1.107)$$

なので，

$$R_E = \frac{R_E}{R_L + R_E} R_D = \frac{1}{|G| + 1} R_D \quad \cdots\cdots (1.108)$$

$$R_L = \frac{R_L}{R_L + R_E} R_D = \frac{|G|}{|G| + 1} R_D \quad \cdots\cdots (1.109)$$

ベース電流 I_B は，

$$I_B = \frac{I_C}{h_{FE}} \quad \cdots\cdots (1.110)$$

です．ベース抵抗 R_B は，

$$R_B = \frac{V_{CC} - I_C R_E - V_{BE}}{I_B} = \frac{V_{CC} - I_C R_E - V_{BE}}{I_C/h_{FE}} \quad \cdots\cdots (1.111)$$

です．トランジスタの入力インピーダンス h_{ie} は，

$$h_{ie} = \frac{0.026 h_{FE}}{I_C} \quad \cdots\cdots (1.112)$$

です．しゃ断周波数が 20 Hz のときの結合コンデンサ C_C の容量は，

$$C_C > \frac{1}{2\pi f_c Z_I} = \frac{1}{2 \times 3.14 \times 20 \times Z_I} \,\mathrm{[F]} \quad \cdots\cdots (1.113)$$

となります．次に，回路設計例を示します．

　電流帰還バイアス回路のゲイン $G = -10$ とし，コレクタ電流 $I_C = 1\,\text{mA}$，トランジスタの電流増幅率 $h_{FE} = 180$ として，回路定数を決定します（ただし，電源電圧 $V_{CC} = 12\,\text{V}$ とする）．まず，トランジスタの入力インピーダンス h_{ie} は，

$$h_{ie} = \frac{0.026 \times 180}{1 \times 10^{-3}} = 4.68 \times 10^3 = 4.68\,\text{k}\Omega$$

です．R_E と R_L の直列合成抵抗 R_D は，

$$R_D = \frac{12}{2 \times (1 \times 10^{-3})} = 6 \times 10^3 = 6\,\text{k}\Omega$$

です．エミッタ抵抗 R_E は，

$$R_E = \frac{1}{|-10|+1} \times (6 \times 10^3) = 0.545 \times 10^3 = 0.545\,\text{k}\Omega$$

そこで，$R_E = 510\,\Omega$ とします．負荷抵抗 R_L は，

$$R_L = \frac{|-10|}{|-10|+1} \times (6 \times 10^3) = 5.45 \times 10^3 = 5.45\,\text{k}\Omega$$

となるので，$R_L = 5.1\,\text{k}\Omega$ とします．

　入力インピーダンス R_I は，

$$R_I = h_{ie} + h_{fe}R_E = (4.68 \times 10^3) + 180 \times 510 = 96.48 \times 10^3 = 96.48\,\text{k}\Omega$$

です．ベース抵抗 R_B は，

$$R_B = \frac{12 - (1 \times 10^{-3}) \times 510 - 0.6}{(1 \times 10^{-3})/180} = 1.960 \times 10^6 \simeq 2\,\text{M}\Omega$$

となります．

　回路全体の入力インピーダンス Z_I は，

$$Z_I = R_I // R_B = \frac{(96.48 \times 10^3) \times (2 \times 10^6)}{(96.48 \times 10^3) + (2 \times 10^6)} = 92.04 \times 10^3 = 92.04\,\text{k}\Omega$$

となります．また，結合コンデンサの容量 C_C は，

$$C_C > \frac{1}{2 \times 3.14 \times 20 \times (92.04 \times 10^3)} = 0.0865 \times 10^{-6} = 0.0865\,\mu\text{F}$$

です．そこで，$C_C = 1\,\mu\text{F}$ とします．

1.9 電圧分割バイアス回路

　電圧分割バイアス回路は，トランジスタ個々のばらつきが出にくく，温度変化にも強く，安定に動作します．また，ブリーダ電流を流すことにより，V_{BB} の電位がほぼ一定となるという特徴があります．

　電圧分割バイアス回路を，**図4.19** に示します．コレクタ側において，直流負荷線の方程式は，

$$V_{CC} = I_C(R_E + R_L) + V_{CE} \quad \cdots\cdots (1.114)$$

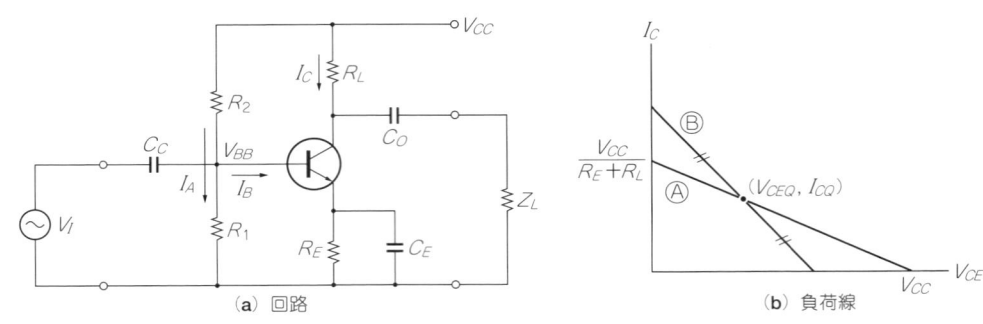

図4.19 電圧分割バイアス回路と負荷線
(a) 回路
(b) 負荷線

となります．

$I_C = 0$ のとき $V_{CE} = V_{CC}$

$V_{CE} = 0$ のとき $I_C = \dfrac{V_{CC}}{R_E + R_L}$

したがって，直流負荷線はⒶです．交流負荷線の方程式は，動作点を (V_{CEQ}, I_{CQ}) とすると，

$$I_C - I_{CQ} = -\frac{1}{R_L}(V_{CE} - V_{CEQ}) \quad \cdots\cdots (1.115)$$

となります．$I_C - I_{CQ}$ と $V_{CE} - V_{CEQ}$ は，それぞれ I_C，V_{CE} から直流分を除いた交流分のみを表しています．動作点を負荷線の中点にもってくる条件により，$V_{CE} = 0$ のとき，$I_C = 2I_{CQ}$ とすると，

$$2I_{CQ} - I_{CQ} = -\frac{1}{R_L}(-V_{CEQ}) \quad \cdots\cdots (1.116)$$

$$I_{CQ} = \frac{V_{CEQ}}{R_L} \quad \cdots\cdots (1.117)$$

$$V_{CEQ} = I_{CQ}R_L \quad \cdots\cdots (1.118)$$

となり，点 (V_{CEQ}, I_{CQ}) は直流負荷線の方程式である式(1.114)を満たすので，

$V_{CC} = I_{CQ}(R_E + R_L) + I_{CQ}R_L$

$V_{CC} = I_{CQ}(R_E + 2R_L)$

$$I_{CQ} = \frac{V_{CC}}{R_E + 2R_L} \quad \cdots\cdots (1.119)$$

$$V_{CEQ} = \frac{R_L}{R_E + 2R_L}V_{CC} \quad \cdots\cdots (1.120)$$

となります．コレクタ電流を I_C とすると，

$$I_C = \frac{V_{CC}}{R_E + 2R_L} = \frac{V_{CC}}{R_L + (R_L + R_E)} \quad \cdots\cdots (1.121)$$

となるので，$R_D = R_L + R_E$ とすると，

$$I_C = \frac{V_{CC}}{R_L + R_D} \quad \cdots\cdots (1.122)$$

となります．これより R_D は，

$$R_D = \frac{V_{CC}}{I_C} - R_L \quad \cdots\cdots\cdots\cdots\cdots\cdots\cdots\cdots\cdots\cdots\cdots\cdots\cdots\cdots\cdots\cdots\cdots\cdots\cdots\cdots\cdots\cdots (1.123)$$

から求めることができ，安定度と効率の両方から妥協点を求めて，

$$R_L : R_E = 3 : 1$$

くらいに決めます．したがって，R_L は，

$$R_L = \frac{3}{4} R_D \quad \cdots\cdots\cdots\cdots\cdots\cdots\cdots\cdots\cdots\cdots\cdots\cdots\cdots\cdots\cdots\cdots\cdots\cdots\cdots\cdots\cdots\cdots\cdots\cdots\cdots (1.124)$$

となります．式(1.123)を式(1.124)に代入して，

$$R_L = \frac{3}{4}\left(\frac{V_{CC}}{I_C} - R_L\right)$$

$$\left(1 + \frac{3}{4}\right)R_L = \frac{3}{4} \cdot \frac{V_{CC}}{I_C}$$

$$\frac{7}{4} R_L = \frac{3}{4} \frac{V_{CC}}{I_C}$$

$$R_L = \frac{3}{7} \frac{V_{CC}}{I_C} \quad \cdots\cdots\cdots\cdots\cdots\cdots\cdots\cdots\cdots\cdots\cdots\cdots\cdots\cdots\cdots\cdots\cdots\cdots\cdots\cdots (1.125)$$

また，エミッタ抵抗 R_E は，

$$R_E = \frac{1}{3} R_L = \frac{1}{7} \cdot \frac{V_{CC}}{I_C} \quad \cdots\cdots\cdots\cdots\cdots\cdots\cdots\cdots\cdots\cdots\cdots\cdots\cdots\cdots\cdots (1.126)$$

となり，ベース電流 I_B は，

$$I_B = \frac{I_C}{h_{FE}} \quad \cdots\cdots\cdots\cdots\cdots\cdots\cdots\cdots\cdots\cdots\cdots\cdots\cdots\cdots\cdots\cdots\cdots\cdots\cdots\cdots\cdots\cdots\cdots (1.127)$$

となります．ブリーダ電流 I_A は，ベース電流 I_B の 10～60 倍です．

$$I_A = (10 \sim 60) \times I_B \quad \cdots\cdots\cdots\cdots\cdots\cdots\cdots\cdots\cdots\cdots\cdots\cdots\cdots\cdots\cdots\cdots (1.128)$$

ブリーダ抵抗 $R_A = R_1 + R_2$ は，

$$R_A = \frac{V_{CC}}{I_A} \quad \cdots\cdots\cdots\cdots\cdots\cdots\cdots\cdots\cdots\cdots\cdots\cdots\cdots\cdots\cdots\cdots\cdots\cdots\cdots\cdots\cdots (1.129)$$

です．ベース電圧 V_{BB} は，

$$V_{BB} = V_{BE} + I_C R_E \quad \cdots\cdots\cdots\cdots\cdots\cdots\cdots\cdots\cdots\cdots\cdots\cdots\cdots\cdots\cdots\cdots (1.130)$$

です．抵抗 R_1 は，

$$R_1 = \frac{V_{BB}}{V_{CC}} R_A \quad \cdots\cdots\cdots\cdots\cdots\cdots\cdots\cdots\cdots\cdots\cdots\cdots\cdots\cdots\cdots\cdots\cdots\cdots (1.131)$$

抵抗 R_2 は，

$$R_2 = R_A - R_1 \quad \cdots\cdots\cdots\cdots\cdots\cdots\cdots\cdots\cdots\cdots\cdots\cdots\cdots\cdots\cdots\cdots\cdots\cdots\cdots (1.132)$$

となります．電圧分割バイアス回路の等価回路は，**図4.20**のようになります．本質的には固定バイア

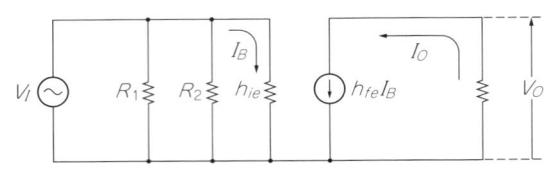

図4.20 電圧分割バイアス回路の等価回路

ス回路と同じです．したがって，電圧利得Gは，

$$G = -\frac{h_{fe}R_L}{h_{ie}} \tag{1.133}$$

となります．また，トランジスタの入力インピーダンスh_{ie}は，

$$h_{ie} = \frac{0.026 h_{FE}}{I_C} \tag{1.134}$$

です．そして，しゃ断周波数が20 Hzのときの結合コンデンサC_Cの容量は，

$$C_C > \frac{1}{2\pi f_c Z_I} = \frac{1}{2 \times 3.14 \times 20 \times Z_I} \ [\text{F}] \tag{1.135}$$

です．回路全体の入力インピーダンスZ_Iは，

$$Z_I = h_{ie} // R_1 // R_2 \tag{1.136}$$

です．バイパス・コンデンサの容量C_Eは，

$$C_E = \frac{1}{2\pi f_c (R_E // r_e)} = \frac{1}{2\pi f_c \left(R_E // \dfrac{h_{ic}}{h_{FE}}\right)} \tag{1.137}$$

となります．次に，回路設計例を示します．

コレクタ電流$I_C = 1$ mA，トランジスタの電流増幅率$h_{FE} = 180$，電源電圧$V_{CC} = 12$ Vとして，各定数を決めます．

負荷抵抗R_Lは，

$$R_L = \frac{3}{7} \frac{12}{(1 \times 10^{-3})} = 5.14 \times 10^3 = 5.14 \text{ k}\Omega$$

となり，$R_L = 5.1$ kΩとします．また，エミッタ抵抗R_Eは，

$$R_E = \frac{1}{3}(5.1 \times 10^3) = 1.7 \times 10^3 = 1.7 \text{ k}\Omega$$

となるので，$R_E = 1.8$ kΩとします．

ベース電流I_Bは，

$$I_B = \frac{1 \times 10^{-3}}{180} = 5.6 \times 10^{-6} = 5.6 \ \mu\text{A}$$

となります．ブリーダ電流I_Aはベース電流I_Bの30倍をとって，

$$I_A = 30 \times (5.6 \times 10^{-6}) = 166 \times 10^{-6} = 166 \ \mu\text{A}$$

1.9 電圧分割バイアス回路

となります．したがって，ブリーダ抵抗 R_A は，

$$R_A = \frac{V_{CC}}{I_A} = \frac{12}{166 \times 10^{-6}} = 72.3 \times 10^3 = 72.3 \text{ k}\Omega$$

となります．ベース電圧 V_{BB} は，

$$V_{BB} = 0.6 + (1 \times 10^{-3})(1.7 \times 10^3) = 2.4 \text{ V}$$

となります．抵抗 R_1 は，

$$R_1 = \frac{2.4}{10} \times (72.3 \times 10^3) = 14.46 \times 10^3 = 14.46 \text{ k}\Omega$$

となるので，$R_1 = 14 \text{ k}\Omega$ とします．抵抗 R_2 は，

$$R_2 = R_A - R_1 = (72.3 \times 10^3) - (14 \times 10^3) = 58.3 \times 10^3 = 58.3 \text{ k}\Omega$$

となり，$R_2 = 56 \text{ k}\Omega$ とします．トランジスタの入力インピーダンス h_{ie} は，

$$h_{ie} = \frac{0.026 \times 180}{1 \times 10^{-3}} = 4.68 \times 10^3 = 4.68 \text{ k}\Omega$$

となります．

回路全体の入力インピーダンス Z_I は，

$$Z_I = h_{ie} // R_1 // R_2$$
$$= \frac{(4.68 \times 10^3) \times (14 \times 10^3) \times (56 \times 10^3)}{(4.68 \times 10^3)(14 \times 10^3) + (14 \times 10^3)(56 \times 10^3) \cdots + (56 \times 10^3)(4.68 \times 10^3)}$$
$$= 3.3 \times 10^3 = 3.3 \text{ k}\Omega$$

です．

電圧分割バイアス回路の利得（ゲイン）G は，

$$G = -\frac{180 \times (5.1 \times 10^3)}{4.68 \times 10^3} = -196 \text{ 倍}$$

となります．また，結合コンデンサの容量 C_C は，

$$C_C > \frac{1}{2 \times 3.14 \times 20 \times (3.3 \times 10^3)} = 2.41 \times 10^{-6} = 2.41 \text{ }\mu\text{F}$$

となるので，$C_C = 22 \text{ }\mu\text{F}$ とします．

次に，バイパス・コンデンサの容量 C_E を求めます．

$$r_e = \frac{h_{ie}}{h_{fe}} = \frac{(4.68 \times 10^3)}{180} = 26 \text{ }\Omega$$

$$R_E // r_e = \frac{(1.8 \times 10^3) \times 26}{(1.8 \times 10^3) + 26} = 25.6 \text{ }\Omega$$

これより C_E は，

$$C_E > \frac{1}{2 \times 3.14 \times 20 \times 25.6} = 311 \times 10^{-6} = 311 \text{ }\mu\text{F}$$

そこで，$C_E = 330 \text{ }\mu\text{F}$ とします．

第4章

2. トランジスタ応用回路

2.1 スイッチング回路

　ここからは，トランジスタの応用回路を紹介します．まず，スイッチング回路を設計してみましょう．**図4.21**に示す回路において，**図4.22**のような方形波が入力された場合を考えます．ここで，入力信号V_Iが立ち上がったとき，出力側にコレクタ電流I_Cが流れ，トランジスタが飽和したとします．コレクタ-エミッタ間の飽和電圧を$V_{CE(\text{sat})}$とすれば，負荷抵抗R_Lは，

$$R_L = \frac{V_{CC} - V_{CE(\text{sat})}}{I_C} \quad \cdots\cdots(2.1)$$

となります．
　このときのベース電流I_Bは，トランジスタの電流増幅率をh_{FE}とすると，I_C/h_{FE}の150〜200％流すようにします．
　したがってI_Bは，

$$I_B = (1.5 \sim 2.0) \times \frac{I_C}{h_{FE}} \quad \cdots\cdots(2.2)$$

となります．また，入力電圧V_Iの波高値をV_Iとすると，ベース抵抗R_Bは，

$$R_B = \frac{V_I - V_{BE}}{I_B} \quad \cdots\cdots(2.3)$$

となります．
　しかし，ベース電流を必要以上に大きく流すように設計すると，素子の蓄積効果のため，ONからOFFへの切り替え時間が長くなります．そこで，ベース抵抗R_Bと並列にコンデンサCを入れます．コンデンサCはスピードアップ・コンデンサといい，スイッチング時間を改善します．つまり，スイッチングの立ち上がりのときは，コンデンサを通して電流がバイパスされて大きな電流が流れ，立ち上が

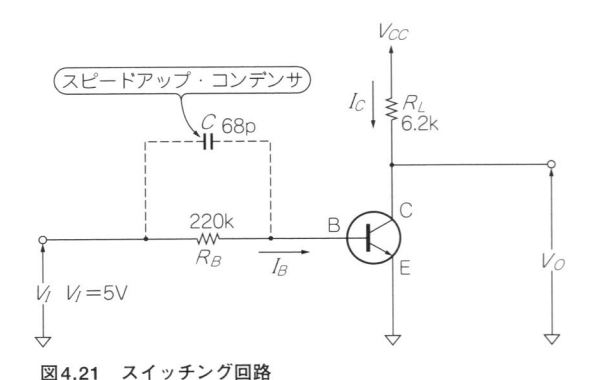

図4.21　スイッチング回路

図4.22　入力波形と出力波形

り時間を改善します．また，立ち下がるときは，コンデンサに蓄えられた電荷による電圧によって強制的に逆バイアスされ，立ち下がり時間が短くなります．Cの値は30～100 pF程度とします．

設計例を次に示します．

$$V_{CC} = 12\text{ V}, \quad V_{CE(\text{sat})} = 0.2\text{ V}, \quad V_{BE} = 0.6\text{ V}, \quad I_C = 2\text{ mA}$$

として設計します（$h_{FE} = 180, \quad V_I = 5\text{ V}$）．

負荷抵抗R_Lは，

$$R_L = \frac{V_{CC} - V_{CE(\text{sat})}}{I_C} = \frac{12 - 0.2}{2 \times 10^{-3}} = 5.9 \times 10^3 = 5.9\text{ k}\Omega$$

です．そこで，$R_L = 6.2\text{ k}\Omega$とします．

ベース電流I_BはI_C/h_{FE}の180％として，

$$I_B = 1.8 \times \frac{2 \times 10^{-3}}{180} = 0.02 \times 10^{-3} = 0.02\text{ mA}$$

となるので，ベース抵抗R_Bは，

$$R_B = \frac{V_I - V_{BE}}{I_B} = \frac{5 - 0.6}{0.02 \times 10^{-3}} = 220 \times 10^3 = 220\text{ k}\Omega$$

となります．

また，スピードアップ・コンデンサの容量CはR_Bが比較的大きいので，$C = 68\text{ pF}$とします．

2.2 ダーリントン回路

小信号源を使用して大きな電力（電流）を制御するとき，主制御トランジスタとして直流電流増幅率h_{FE}の高い素子があると便利です．しかし，一般に大電流用のトランジスタのh_{FE}は低く，10 Aぐらいのトランジスタでは$h_{FE} = 10～30$です（それに比べ，100 mAぐらいで用いるトランジスタのh_{FE}は100～1000程度）．

そこで，図4.23に示すようなトランジスタを二つ組み合わせた，高い電流増幅率をもつ回路が用いられます．この回路をダーリントン回路といいます．

ここで，NPNトランジスタを二つ組み合わせたダーリントン回路の解析をしてみましょう．図4.23

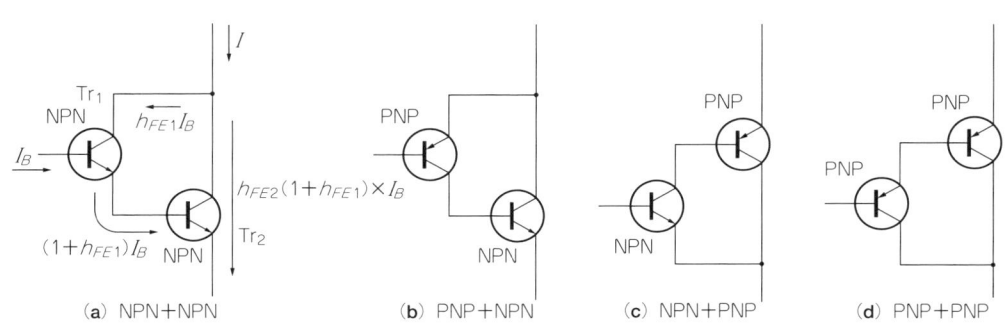

図4.23 ダーリントン回路

の回路を見ると，Tr_1のベース電流I_Bがh_{FE1}倍されたコレクタ電流とベース電流との和の電流が，Tr_2のベースに流れ込み，さらにh_{FE2}倍する仕組みになっています．

合成電流Iは，

$$I = (1 + h_{FE1})I_B + h_{FE2}(1 + h_{FE1})I_B = I_B + h_{FE1}I_B + h_{FE2}I_B + h_{FE1}h_{FE2}I_B$$
$$= (1 + h_{FE1} + h_{FE2} + h_{FE1}h_{FE2})I_B \quad \cdots\cdots(2.4)$$

で，$h_{FE1}h_{FE2} \gg h_{FE1}$，$h_{FE1}h_{FE2} \gg h_{FE2}$，$h_{FE1}h_{FE2} \gg 1$とすると，

$$I \simeq h_{FE1}h_{FE2}I_B \quad \cdots\cdots(2.5)$$

となります．

たとえば，$h_{FE1} = h_{FE2} = 100$とすると，ダーリントン回路の電流増幅率は次のようになります．

$h_{FE1}h_{FE2} = 100 \times 100 = 10000$倍

2.3 エミッタ・フォロワ

図4.24は，エミッタ・フォロワの回路とその等価回路です．エミッタ・フォロワは，別名コレクタ接地回路とも呼ばれ，次のような特徴があります．

(1) 入力インピーダンスが高く，出力インピーダンスが低い
(2) 電圧ゲインはほぼ1
(3) 電流ゲインが高い

まず，バイアス回路から考えてみます．電源電圧をV_{CC}，コレクタ電流をI_Cとすると，動作点を負荷線の中点にもってくる条件より，

$$I_C R_E = \frac{V_{CC}}{2}, \quad R_E = \frac{V_{CC}}{2I_C} \quad \cdots\cdots(2.6)$$

です．ベース抵抗R_Bは，

$$R_B = \frac{V_{CC}/2 - V_{BE}}{I_B} = \frac{V_{CC} - 2V_{BE}}{2I_B} \quad \cdots\cdots(2.7)$$

です．また，ベース電流I_Bは，

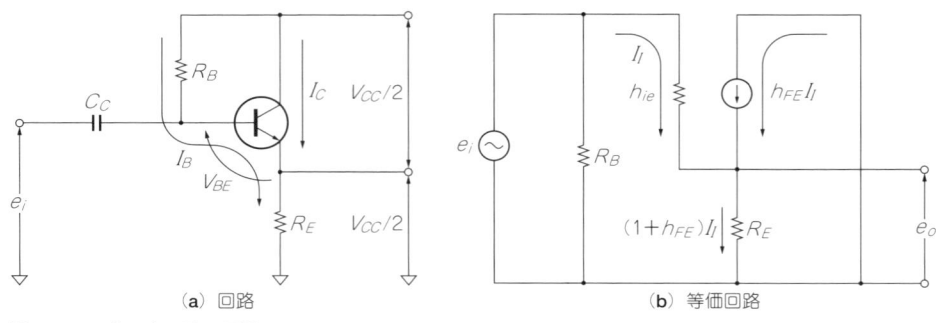

(a) 回路 (b) 等価回路

図4.24 エミッタ・フォロワ

$$I_B = \frac{I_C}{h_{FE}} \quad \cdots\cdots (2.8)$$

となるので,式(2.8)を式(2.7)に代入すると,ベース抵抗R_Bは,

$$R_B = \frac{h_{FE}(V_{CC} - 2V_{BE})}{2I_C} \quad \cdots\cdots (2.9)$$

となります.

次に,等価回路から電圧ゲインGを考えます.等価回路にキルヒホッフの法則を用いて,

$$e_i = h_{ie}I_I + (1 + h_{fe})R_E I_I = \{h_{ie} + (1 + h_{fe})R_E\} I_I \quad \cdots\cdots (2.10)$$
$$e_o = (1 + h_{fe})R_E I_I \quad \cdots\cdots (2.11)$$

となります.電圧ゲインGは,式(2.11)÷式(2.10)なので,

$$G = \frac{(1 + h_{fe})R_E I_I}{\{h_{ie} + (1 + h_{fe})R_E\} I_I} = \frac{(1 + h_{fe})R_E}{h_{ie} + (1 + h_{fe})R_E} \quad \cdots\cdots (2.12)$$

となります.$(1 + h_{fe})R_E \gg h_{ie}$とすると,

$$G \simeq 1 \quad \cdots\cdots (2.13)$$

となります.また,ベースから見た入力インピーダンスR_Iは,

$$R_I = \frac{e_i}{I_I} h_{ie} = + (1 + h_{fe})R_E \simeq h_{ie} + h_{fe}R_E \quad \cdots\cdots (2.14)$$

です.そして,回路全体の入力インピーダンスZ_Iは,

$$Z_I = R_I // R_B \quad \cdots\cdots (2.15)$$

です.次に,エミッタ・フォロワの出力インピーダンスZ_Oは,

$$Z_O = \left(r_e + \frac{R_g + R_b}{1 + h_{fe}} \right) // R_E \quad \cdots\cdots (2.16)$$

ここで,R_gは入力信号の内部インピーダンス,r_bはベース抵抗で$5 \sim 40\,\Omega$程度の値です.また,$r_e = h_{ie}/h_{fe}$です.さらに,

$$R_E \gg r_e + \frac{R_g + r_b}{1 + h_{fe}}$$

$$R_g \gg r_b$$

$$h_{fe} \gg 1$$

ならば,

$$Z_O \simeq r_e + \frac{R_g}{h_{fe}} = \frac{h_{ie}}{h_{fe}} + \frac{R_g}{h_{fe}} = \frac{h_{ie} + R_g}{h_{fe}} \quad \cdots\cdots (2.17)$$

となります.

次に,回路設計例を紹介します.

電源電圧$V_{CC} = 12\,\text{V}$,コレクタ電流$I_C = 2\,\text{mA}$の場合,エミッタ抵抗R_Eは,式(2.6)より,

$$R_E = \frac{12}{2 \times (2 \times 10^{-3})} = 3.0 \times 10^3 = 3.0\,\text{k}\Omega$$

となります．また，ベース電流I_Bは，$h_{FE} = 180$として式(2.8)より，

$$I_B = \frac{2 \times 10^{-3}}{180} = 0.011 \times 10^{-3} = 0.011 \text{ mA}$$

となります．$V_{BE} = 0.6$ Vとすると，ベース抵抗R_Bは，

$$R_B = \frac{12/2 - 0.6}{0.011 \times 10^{-3}} = 490.9 \times 10^3 = 490.9 \text{ k}\Omega$$

となるので，$R_B = 470$ kΩとします．

トランジスタの入力インピーダンスR_Iは式(2.14)より，

$$R_I = h_{ie} + h_{fe} R_E \quad \cdots\cdots\cdots\cdots\cdots\cdots\cdots\cdots\cdots\cdots\cdots\cdots\cdots\cdots\cdots\cdots\cdots (2.18)$$

であり，h_{ie}は，

$$h_{ie} = \frac{0.026 h_{fe}}{I_E} \simeq \frac{0.026 h_{fe}}{I_C} = \frac{0.026 \times 180}{(2 \times 10^{-3})} = 2.34 \times 10^3 = 2.34 \text{ k}\Omega$$

となります．したがってR_Iは，

$$R_I = (2.34 \times 10^3) + 180 \times (3 \times 10^3) = 542.34 \times 10^3 = 542.34 \text{ k}\Omega$$

です．また，回路全体の入力インピーダンスZ_Iは，

$$Z_I = R_B // R_I = \frac{R_B \times R_I}{R_B + R_I} = \frac{(470 \times 10^3) \times (542 \times 10^3)}{(470 \times 10^3) + (542 \times 10^3)} = 252 \times 10^3 = 252 \text{ k}\Omega$$

です．これより，結合コンデンサC_Cの容量は，

$$C_C > \frac{1}{2\pi f_c Z_I} = \frac{1}{2 \times 3.14 \times 20 \times (252 \times 10^3)} = 0.031 \times 10^{-6} = 0.031 \text{ μF}$$

となりますが，余裕をもって$C_C = 1$ μFとします．

2.4 *CR*結合増幅回路

図4.25は，固定バイアス回路2段をコンデンサで結合した*CR*結合増幅回路です．1段ではゲインが100倍くらいしかとれないのに対して，2段にすると容易に1000倍はとれます．

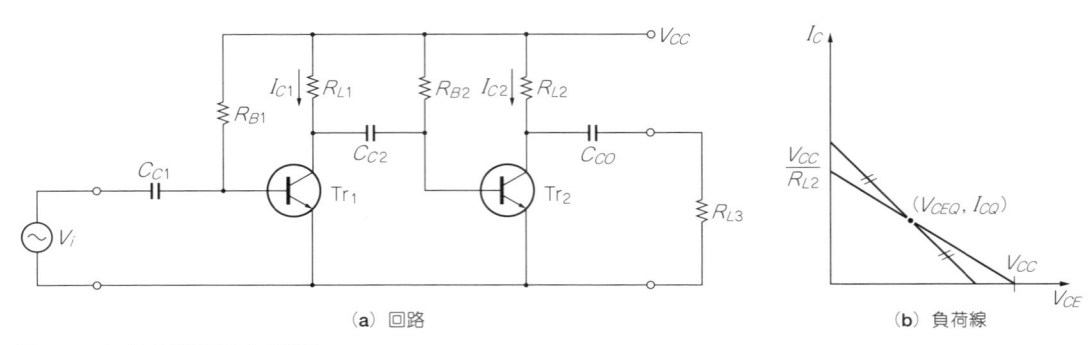

図4.25 *CR*結合増幅回路と負荷線

それでは，CR結合増幅回路の設計をしてみましょう．まず，後段から設計します．トランジスタ Tr_2 の直流負荷線の方程式は，次のようになります．

$$V_{CE} = V_{CC} - I_{C2}R_{L2} \quad\cdots\cdots(2.19)$$

$I_{C2} = 0$ のとき $V_{CE} = V_{CC}$

$V_{CE} = 0$ のとき $I_{C2} = V_{CC}/R_{L2}$

トランジスタ Tr_2 の交流負荷線の方程式は，負荷抵抗として R_{L2} と R_{L3} が並列に入り，

$$R_{L2}' = R_{L2} // R_{L3} = \frac{R_{L2}R_{L3}}{R_{L2} + R_{L3}} \quad\cdots\cdots(2.20)$$

となるので，動作点 Q を $Q(V_{CEQ}, I_{CQ})$ とすると，

$$I_C - I_{CQ} = -\frac{1}{R_{L2}'}(V_{CE} - V_{CEQ}) \quad\cdots\cdots(2.21)$$

となります．動作点を負荷線の中点にもってくる条件より，$V_{CE} = 0$ のとき，$I_C = 2I_{CQ}$ とします．

$$2I_{CQ} - I_{CQ} = -\frac{1}{R_{L2}'}(-V_{CEQ})$$

$$I_{CQ} = \frac{V_{CEQ}}{R_{L2}'} \quad\cdots\cdots(2.22)$$

$$V_{CEQ} = I_{CQ}R_{L2}' \quad\cdots\cdots(2.23)$$

点 $Q(V_{CEQ}, I_{CQ})$ は直流負荷線の方程式である式(2.19)を満たすので，

$$V_{CEQ} = V_{CC} - I_{CQ}R_{L2}$$

$$I_{CQ}R_{L2}' = V_{CC} - I_{CQ}R_{L2}$$

$$I_{CQ}(R_{L2}' + R_{L2}) = V_{CC}$$

$$I_{CQ} = \frac{V_{CC}}{R_{L2}' + R_{L2}} \quad\cdots\cdots(2.24)$$

$$V_{CEQ} = \frac{R_{L2}'}{R_{L2}' + R_{L2}}V_{CC} \quad\cdots\cdots(2.25)$$

トランジスタ Tr_2 のコレクタ電流を I_{C2} とすると，

$$I_{C2} = \frac{V_{CC}}{R_{L2}' + R_{L2}} \quad\cdots\cdots(2.26)$$

となります．式(2.26)に式(2.20)を代入すると，

$$I_{C2} = \frac{V_{CC}}{\frac{R_{L2}R_{L3}}{R_{L2} + R_{L3}} + R_{L2}} = \frac{R_{L2} + R_{L3}}{R_{L2}R_{L3} + R_{L2}(R_{L2} + R_{L3})}V_{CC}$$

$$= \frac{R_{L2} + R_{L3}}{R_{L2}^2 + 2R_{L2}R_{L3}}V_{CC}$$

$$R_{L2}^2 + 2R_{L3}R_{L2} - (R_{L2} + R_{L3})\frac{V_{CC}}{I_{C2}} = 0$$

$$R_{L2}^2 + 2\left(R_{L3} - \frac{V_{CC}}{2I_{C2}}\right)R_{L2} - R_{L3}\frac{V_{CC}}{I_{C2}} = 0$$

R_{L2}についての2次方程式を解くと，

$$R_{L2} = -\left(R_{L3} - \frac{V_{CC}}{2I_{C2}}\right) \pm \sqrt{\left(R_{L3} - \frac{V_{CC}}{2I_{C2}}\right)^2 + R_{L3}\frac{V_{CC}}{I_{C2}}}$$

$$= \frac{V_{CC}}{2I_{C2}} - R_{L3} \pm \sqrt{\left(\frac{V_{CC}}{2I_{C2}}\right)^2 + R_{L3}^2} \quad \cdots\cdots(2.27)$$

となります．ここで$R_{L2} > 0$なので，根号の前の符号は正です．

$$R_{L2} = \frac{V_{CC}}{2I_{C2}} - R_{L3} + \sqrt{\left(\frac{V_{CC}}{2I_{C2}}\right)^2 + R_{L3}^2} \quad \cdots\cdots(2.28)$$

トランジスタTr_2のベース電流I_{B2}はトランジスタTr_2の直流電流増幅率をh_{FE2}とすると，

$$I_{B2} = \frac{I_{C2}}{h_{FE2}} \quad \cdots\cdots(2.29)$$

となります．ベース抵抗R_{B2}は，

$$R_{B2} = \frac{V_{CC} - V_{BE2}}{I_{B2}} \quad \cdots\cdots(2.30)$$

です．トランジスタTr_1の交流負荷線の負荷抵抗R_{L1}'は，

$$R_{L1}' = R_{L1} // R_{B2} // h_{ie2} \quad \cdots\cdots(2.31)$$

です．ただし，h_{ie2}は，

$$h_{ie2} = \frac{0.026 h_{fe2}}{I_{C2}} \quad \cdots\cdots(2.32)$$

$R_{L2} \to R_{L1}$，$I_{C2} \to I_{C1}$，$R_{L3} \to R_{B2} // h_{ie2}$とすれば，式(2.28)と同様の考え方で$R_{L1}$は，

$$R_{L1} = \frac{V_{CC}}{2I_{C2}} - (R_B // h_{ie2}) + \sqrt{\left(\frac{V_{CC}}{2I_{C1}}\right)^2 + (R_B // h_{ie2})^2} \quad \cdots\cdots(2.33)$$

となります．ここで$R_B \gg h_{ie2}$なので，

$$R_{L1} = \frac{V_{CC}}{2I_{C1}} - h_{ie2} + \sqrt{\left(\frac{V_{CC}}{2I_{C1}}\right)^2 + h_{ie2}^2} \quad \cdots\cdots(2.34)$$

となります．ベース電流I_{B1}は，

$$I_{B1} = \frac{I_{C1}}{h_{fe1}} \quad \cdots\cdots(2.35)$$

ベース抵抗R_{B1}は，

$$R_{B1} = \frac{V_{CC} - V_{BE1}}{I_{B1}} \quad \cdots\cdots(2.36)$$

となります．CR結合増幅回路の等価回路は，図4.26のようになります．この等価回路にしたがって回路方程式を立てると，

$$V_I = h_{ie1} I_I \quad \cdots\cdots(2.37)$$

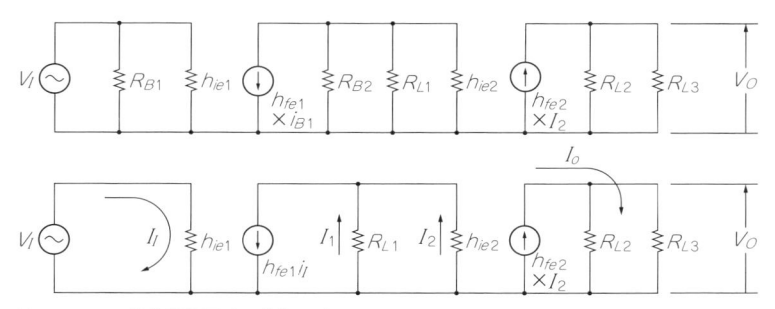

図4.26　CR結合増幅回路の等価回路

$$h_{fe1}I_I = I_1 + I_2 \tag{2.38}$$

$$R_{L1}I_1 = h_{ie2}I_2 \tag{2.39}$$

$$V_O = (R_{L2}//R_{L3})I_O = R_{L2}'h_{fe2}I_2 = h_{fe2}R_{L2}'I_2 \tag{2.40}$$

式(2.39)より,

$$I_1 = \frac{h_{ie2}}{R_{L1}}I_2 \tag{2.41}$$

これを式(2.38)に代入して,

$$h_{fe1}I_I = \frac{h_{ie2}}{R_{L1}}I_2 + I_2 = \left(\frac{h_{ie2}}{R_{L1}} + 1\right)I_2 = \frac{h_{ie2} + R_{L1}}{R_{L1}}I_2 \tag{2.42}$$

これよりI_2を求めると,

$$I_2 = \frac{h_{fe1}R_{L1}}{h_{ie2} + R_{L1}}I_I \tag{2.43}$$

これを式(2.40)に代入して,

$$V_O = R_{L2}'h_{fe2}\frac{h_{fe1}R_{L1}}{h_{ie2} + R_{L1}}I_I = \frac{h_{fe1}h_{fe2}R_{L1}R_{L2}'}{h_{ie2} + R_{L1}}I_I \tag{2.44}$$

ゲインGは,式(2.44)÷式(2.37)なので,

$$G = \frac{V_O}{V_I} = \frac{h_{fe1}h_{fe2}R_{L1}R_{L2}'}{h_{ie1}(h_{ie2} + R_{L1})} \tag{2.45}$$

となります.Gの前に負符号がついていないので,出力信号は入力信号と同相です.最後に,結合コンデンサの容量を計算します.

$$C_{C1} > \frac{1}{2\pi f_c h_{ie1}} \tag{2.46}$$

$$C_{C2} > \frac{1}{2\pi f_c h_{ie2}} \tag{2.47}$$

$$C_{C0} > \frac{1}{2\pi f_c R_{L3}} \tag{2.48}$$

f_c：低域しゃ断周波数

次に，エミッタ・フォロワ回路の設計例を示します．

$V_{CC} = 12\,\mathrm{V}$, $I_{C1} = 2\,\mathrm{mA}$, $I_{C2} = 2\,\mathrm{mA}$, $R_{L3} = 10\,\mathrm{k\Omega}$, $h_{fe1} = 100$, $h_{fe2} = 100$ として各定数を決定します（ここで，$h_{FE1} \simeq h_{fe1}$, $h_{FE2} \simeq h_{fe2}$ とする）．

後段から計算しましょう．負荷抵抗 R_{L2} は，

$$\begin{aligned} R_{L2} &= \frac{V_{CC}}{2I_{C2}} - R_{L3} + \sqrt{\left(\frac{V_{CC}}{2I_C}\right)^2 + R_{L3}{}^2} \\ &= \frac{12}{2 \times (2 \times 10^{-3})} - (10 \times 10^3) + \sqrt{\left(\frac{12}{2 \times (2 \times 10^{-3})}\right)^2 + (10 \times 10^3)^2} \\ &= 3.4 \times 10^3 = 3.4\,\mathrm{k\Omega} \end{aligned} \quad (2.49)$$

となるので，$R_{L2} = 3.3\,\mathrm{k\Omega}$ とします．トランジスタ Tr_2 のベース電流 I_{B2} は，

$$I_{B2} = \frac{2 \times 10^{-3}}{180} = 11 \times 10^{-6} = 11\,\mathrm{\mu A} \quad (2.50)$$

ベース抵抗 R_{B2} は，

$$R_{B2} = \frac{12 - 0.6}{11 \times 10^{-6}} = 1036 \times 10^3 = 1036\,\mathrm{k\Omega} \quad (2.51)$$

となるので，$R_{B2} = 1\,\mathrm{M\Omega}$ とします．

トランジスタ Tr_2 の入力インピーダンス h_{ie2} は，

$$h_{ie2} = \frac{0.026 \times 100}{2 \times 10^{-3}} = 1.3 \times 10^3 = 1.3\,\mathrm{k\Omega} \quad (2.52)$$

負荷抵抗 R_{L1} は，

$$\begin{aligned} R_{L1} &= \frac{V_{CC}}{2I_{C1}} - h_{ie2} + \sqrt{\left(\frac{V_{CC}}{2I_{C1}}\right)^2 + h_{ie2}{}^2} \\ &= \frac{12}{2 \times (2 \times 10^{-3})} - (1.3 \times 10^3) + \sqrt{\left(\frac{12}{2 \times (2 \times 10^{-3})}\right)^2 + (1.3 \times 10^3)^2} \\ &= 5.0 \times 10^3 = 5.0\,\mathrm{k\Omega} \end{aligned} \quad (2.53)$$

となるので，$R_{L1} = 5.1\,\mathrm{k\Omega}$ とします．

ベース抵抗 R_{B1} は，R_{B2} と同様の計算で $R_{B1} = 1\,\mathrm{M\Omega}$ とします．$R_{L2}{'}$ は，

$$R_{L2}{'} = R_{L2}//R_{L3} = (3.3 \times 10^3)//(10 \times 10^3) = 2.48 \times 10^3 = 2.48\,\mathrm{k\Omega} \quad (2.54)$$

となり，ゲイン G は，

$$G = \frac{100 \times 100 \times (5.1 \times 10^3) \times (2.48 \times 10^3)}{(1.3 \times 10^3) \times \{(1.3 \times 10^3) + (5.1 \times 10^3)\}} = 15201 \simeq 15000\,\text{倍} \quad (2.55)$$

最後に，結合コンデンサの容量を求めます．

$$C_{C1} > \frac{1}{2 \times 3.14 \times 20 \times (1.3 \times 10^3)} = 6.12 \times 10^{-6} = 6.12\,\mathrm{\mu F}$$

そこで，$C_{C1} = 47\,\mathrm{\mu F}$ とします．

$$C_{C2} > \frac{1}{2 \times 3.14 \times 20 \times (1.3 \times 10^3)} = 6.12 \times 10^{-6} = 6.12\ \mu\text{F}$$

同じく $C_{C2} = 47\ \mu\text{F}$ とします．

$$C_{C0} > \frac{1}{2 \times 3.14 \times 20 \times (10 \times 10^3)} = 0.796 \times 10^{-6} = 0.796\ \mu\text{F}$$

そこで，$C_{C0} = 6.8\ \mu\text{F}$ とします[注1]．

2.5 エミッタ接地-コレクタ接地2段直結増幅回路

図4.27は，エミッタ接地電圧分割バイアス回路とエミッタ・フォロワ（コレクタ接地回路）を2段直結にした回路です．2段目にエミッタ・フォロワをもってきた理由は，低出力インピーダンスにして負荷 R_L による利得の低下を防ぐためです．

この回路の設計法を次に示します．まず，エミッタ接地電圧分割バイアス回路から設計していきます．最初に，各直流電圧配分を決めます．ただし，電源電圧 V_{CC} は12Vとします．

Tr_1 については，安定性から考えて次のように電圧を配分します．

$$V_{C1} : V_{CE1} : V_{E1} = 3 : 3 : 1 \quad\cdots\cdots\cdots (2.56)$$

$V_{CC} = 12\ \text{V}$ なので，各 V_{C1}，V_{CE1}，V_{E1} は，

$$V_{C1} = 12 \times \frac{3}{7} = 5.14\ \text{V} \quad\cdots\cdots\cdots (2.57)$$

$$V_{CE1} = 12 \times \frac{3}{7} = 5.14\ \text{V} \quad\cdots\cdots\cdots (2.58)$$

$$V_{E1} = 12 \times \frac{1}{7} = 1.72\ \text{V} \quad\cdots\cdots\cdots (2.59)$$

これにより Tr_1 のベース電位 V_{B1} は，

$$V_{B1} = V_{E1} + V_{BE1} = 1.72 + 0.6 = 2.32\ \text{V} \quad\cdots\cdots\cdots (2.60)$$

$I_{C1} = 4\ \text{mA}$ とすると，I_{B1} は $h_{FE1} = 180$ として，

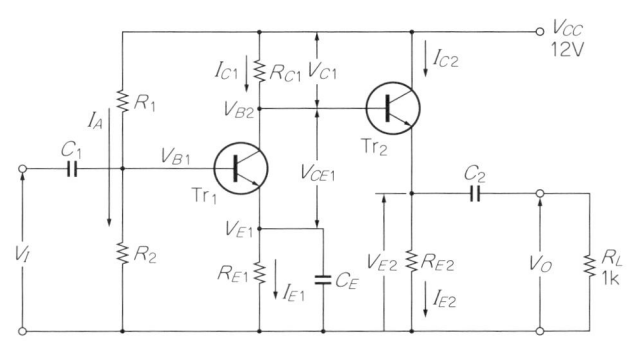

図4.27 エミッタ接地とコレクタ接地の直結増幅回路

注1：実用回路ではひずみを少なくするため，Tr2のエミッタに小さな抵抗を入れたほうがよい．

$$I_{B1} = \frac{I_{C1}}{h_{FE1}} = \frac{(4 \times 10^{-3})}{180} = 0.022 \times 10^{-3} = 0.022 \text{ mA} \quad (2.61)$$

となります．ブリーダ電流 I_A をこの I_{B1} の30倍として，

$$I_A = 30 I_{B1} = 30 \times (0.022 \times 10^{-3}) = 0.66 \times 10^{-3} = 0.66 \text{ mA} \quad (2.62)$$

となります．

また，ブリーダ抵抗 R_A は，

$$R_A = \frac{V_{CC}}{I_A} = \frac{12}{(0.66 \times 10^{-3})} = 18 \times 10^3 = 18 \text{ k}\Omega \quad (2.63)$$

となります．したがって R_2 は，

$$R_2 = \frac{V_{B1}}{V_{CC}} R_A = \frac{2.32}{12} \times (18 \times 10^3) = 3.48 \times 10^3 = 3.48 \text{ k}\Omega \quad (2.64)$$

となるので，$R_2 = 3.3 \text{ k}\Omega$ とします．また R_1 は，

$$R_1 = R_A - R_2 = (18 \times 10^3) - (3.48 \times 10^3) = 14.52 \times 10^3 = 14.52 \text{ k}\Omega \quad (2.65)$$

となり，$R_1 = 15 \text{ k}\Omega$ とします．

R_{E1} は，

$$R_{E1} = \frac{V_{E1}}{I_{E1}} \simeq \frac{V_{E1}}{I_{C1}} = \frac{1.72}{(4 \times 10^{-3})} = 430 \text{ } \Omega \quad (2.66)$$

なので，$R_{E1} = 430 \text{ }\Omega$ とします．

R_{C1} は，

$$R_{C1} = \frac{V_{C1}}{I_{C1}} = \frac{5.14}{(4 \times 10^{-3})} = 1.28 \times 10^3 = 1.28 \text{ k}\Omega \quad (2.67)$$

なので，$R_{C1} = 1.3 \text{ k}\Omega$ とします．

次に，エミッタ・フォロワの部分を設計します．ベース電位 V_{B2} は，

$$V_{B2} = V_{CC} - V_{C1} = 12 - 5.14 = 6.86 \text{ V} \quad (2.68)$$

エミッタ電位 V_{E2} は，

$$V_{E2} = V_{B2} - V_{BE2} = 6.86 - 0.6 = 6.26 \text{ V} \quad (2.69)$$

です．

コレクタ電流 I_{C2} は，

$$I_{C2} \simeq I_{E2} = 4 \text{ mA} \quad (2.70)$$

なので，エミッタ抵抗 R_{E2} は，

$$R_{E2} = \frac{V_{E2}}{I_{E2}} = \frac{6.26}{(4 \times 10^{-3})} = 1.56 \times 10^3 = 1.56 \text{ k}\Omega \quad (2.71)$$

となり，$R_{E2} = 1.5 \text{ k}\Omega$ とします．

次に，回路の入力インピーダンス Z_I を計算します．まず，Tr_1 の入力インピーダンス h_{ie1} は，

$$h_{ie1} = \frac{0.026 h_{fe1}}{I_{E1}} = \frac{0.026 \times 180}{(4 \times 10^{-3})} = 1.17 \times 10^3 = 1.17 \text{ k}\Omega \quad (2.72)$$

です．したがって，Z_I は，

$$Z_I = h_{ie1}//R_1//R_2 = (1.17 \times 10^3) // \left(\frac{(15 \times 10^3) \times (3.3 \times 10^3)}{(15 \times 10^3) + (3.3 \times 10^3)} \right)$$

$$= (1.17 \times 10^3) // (2.7 \times 10^3) = 816\ \Omega \quad \cdots\cdots (2.73)$$

となります．

エミッタ・フォロワの入力インピーダンス Z_{I2} は，

$$Z_{I2} = h_{ie2} + h_{fe2}R_{E2} \quad \cdots\cdots (2.74)$$

$$h_{ie2} = \frac{0.026\,h_{fe2}}{I_{E2}} = \frac{0.026 \times 180}{(4 \times 10^{-3})} = 1.17 \times 10^3 = 1.17\ \mathrm{k\Omega} \quad \cdots\cdots (2.75)$$

です．したがって，式(2.71)，式(2.75)を式(2.74)に代入して，

$$Z_{I2} = (1.17 \times 10^3) + 180 \times (1.5 \times 10^3) = 271.2 \times 10^3 = 271.2\ \mathrm{k\Omega} \quad \cdots\cdots (2.76)$$

となります．

Tr_1 の出力インピーダンスは，R_{C1} で決まります．等価回路は，**図4.28**のとおりです（$R_{C1} = 1.3\ \mathrm{k\Omega}$）．したがって，$Z_{I2} \gg R_{C1}$ なので，信号は電圧のロスなくエミッタ・フォロワに伝達されます．

次に，コンデンサの容量を計算します．まず，結合コンデンサの容量 C_1 は，

$$C_1 \geq \frac{1}{2\pi f_c Z_I} \quad \cdots\cdots (2.77)$$

で計算されます．ただし，f_c は低域しゃ断周波数で，$f_c = 60\ \mathrm{Hz}$ とします．式(2.73)を式(2.77)に代入して，

$$C_1 \geq \frac{1}{2 \times 3.14 \times 60 \times 816} = 3.25 \times 10^{-6} = 3.25\ \mu\mathrm{F} \quad \cdots\cdots (2.78)$$

となるので，$C_1 = 4.7\ \mu\mathrm{F}$ とします．

また，バイパス・コンデンサ C_E は，

$$C_E \geq \frac{1}{2\pi f_c (r_e // R_{E1})} \quad \cdots\cdots (2.79)$$

で求められます．ただし，r_e は式(1.11)より，

$$r_e = \frac{0.026}{I_{E1}} = \frac{0.026}{(4 \times 10^{-3})} = 6.5\ \Omega \quad \cdots\cdots (2.80)$$

となります．したがって，

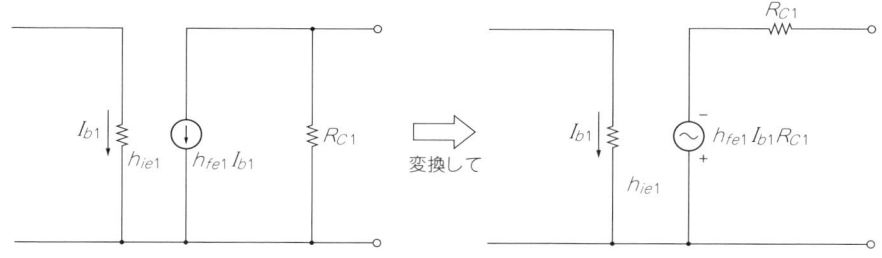

図4.28 エミッタ接地-コレクタ接地2段直結増幅回路の等価回路

$$C_E \geq \frac{1}{2 \times 3.14 \times 60 \times (6.5//430)} = 414 \times 10^{-6} = 414 \, \mu\mathrm{F} \quad \cdots (2.81)$$

が得られ，$C_E = 470 \, \mu\mathrm{F}$ とします．

結合コンデンサ C_2 は $R_L = 1 \, \mathrm{k\Omega}$ として，

$$C_2 \geq \frac{1}{2\pi f_c R_L} = \frac{1}{2 \times 3.14 \times 60 \times (1 \times 10^3)} = 2.65 \times 10^{-6} = 2.65 \, \mu\mathrm{F} \quad \cdots (2.82)$$

となり，$C_2 = 3.3 \, \mu\mathrm{F}$ とします．

回路の出力インピーダンス Z_O は，

$$Z_O = \frac{h_{ie2} + R_g}{h_{fe}} = \frac{h_{ie2} + R_{C1}}{h_{fe}} = \frac{(1.17 \times 10^3) + (1.3 \times 10^3)}{180} = 13.7 \, \Omega \quad \cdots (2.83)$$

最後に，回路のゲイン G を計算します．G は，ほぼ電圧分割バイアス回路のゲインで決まります(エミッタ・フォロワのゲイン G_2 は $G_2 \simeq 1$)．

したがって，電圧分割バイアス回路のゲインを G_1 とすると，

$$G = G_1 G_2 \simeq G_1 = -\frac{h_{fe1} R_{C1}}{h_{ie1}} = -\frac{180 \times (1.3 \times 10^3)}{1.17 \times 10^3} = -200 \, 倍 \quad \cdots (2.84)$$

となります．

2.6 電力増幅回路――抵抗負荷 A 級電力増幅器

電圧分割型バイアス回路を電力増幅器として用いることを考えましょう．図 4.29 はその回路で，抵抗負荷 A 級電力増幅器と呼ばれる回路です．

まず，バイアスの設定から考えます．バイアス点(動作点)は，最大出力を出すために負荷線の中点におきます．負荷線を表す式は，コレクタ回路において，

$$V_{CC} = i_C R_L + v_{CE} + v_E \quad \cdots (2.85)$$

が成立します．ただし，

$$i_C = I_C + i_c \quad \cdots (2.86)$$
$$v_{CE} = V_{CE} + v_{ce} \quad \cdots (2.87)$$
$$v_E = V_E + v_e \quad \cdots (2.88)$$

ここで，I_C ：直流コレクタ電流
V_{CE} ：直流のコレクタ-エミッタ間電圧
V_E ：直流のエミッタ-抵抗間電圧
i_c ：交流コレクタ電流
v_{ce} ：交流のコレクタ-エミッタ間電圧
v_e ：交流のエミッタ-抵抗間電圧

i_C, v_{CE}, v_E は，それぞれ直流と交流を重畳したものです．無信号時においては，各交流成分が $i_c = 0$, $v_{ce} = 0$, $v_e = 0$ なので，直流成分のみが残り，式(2.85)は，

2.6 電力増幅回路——抵抗負荷A級電力増幅器

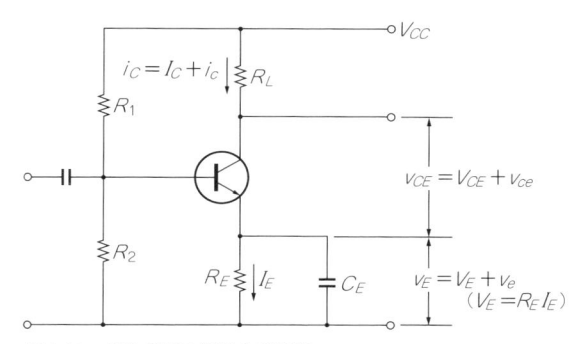

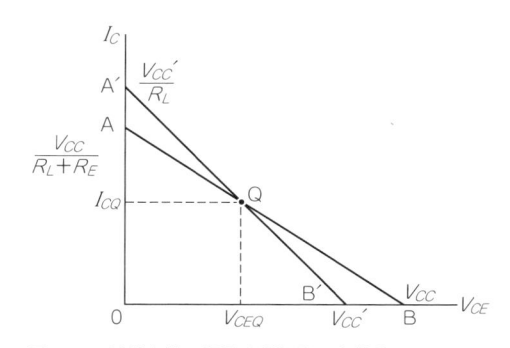

図4.29 抵抗負荷A級電力増幅器

図4.30 抵抗負荷A級電力増幅器の負荷線

$$V_{CC} = I_C R_L + V_{CE} + V_E \quad \cdots\cdots (2.89)$$

となります．また，$V_E = I_E R_E \simeq I_C R_E$なので，式(2.89)は，

$$V_{CC} = I_C R_L + V_{CE} + I_C R_E = I_C(R_L + R_E) + V_{CE}$$

$$V_{CE} = V_{CC} - I_C(R_L + R_E) \quad \cdots\cdots (2.90)$$

となり，この式は直流負荷線を表す式となります．

直流負荷線を図で表すと直線ABのようになります（**図4.30**）．バイアス点は，直線AB上のどこかに設定されますが，仮にバイアス点のV_{CE}，I_CをV_{CEQ}，I_{CQ}と表してみましょう．

次に，このバイアス点を中心に，交流信号を重ね合わせた場合を考えてみましょう．この場合，バイパス・コンデンサC_Eは，エミッタ抵抗R_Eを交流的に短絡する効果がありますので，$v_e = 0$です．したがって，式(2.85)は，

$$V_{CC} = i_C R_L + v_{CE} + V_E = i_C R_L + v_{CE} + I_{CQ} R_E$$

$$v_{CE} = (V_{CC} - I_{CQ} R_E) - i_C R_L \quad \cdots\cdots (2.91)$$

となります．ここで，

$$V_{CC}' = V_{CC} - I_{CQ} R_E \quad \cdots\cdots (2.92)$$

とおくと，式(2.91)は，

$$v_{CE} = V_{CC}' - i_C R_L \quad \cdots\cdots (2.93)$$

です．

これは，直流分と交流分が存在する場合の動作を表しています．式(2.93)で，

$$i_C = I_{CQ} + i_c = 0 \quad \cdots\cdots (2.94)$$

つまり，$i_c = -I_{CQ}$とおくと，

$$v_{CE} = V_{CC}' = V_{CC} - I_{CQ} R_E \quad \cdots\cdots (2.95)$$

となります．また，

$$v_{CE} = V_{CE} + v_{ce} = 0 \quad \cdots\cdots (2.96)$$

つまり，$v_{ce} = -V_{CE}$とおくと，

$$i_c = \frac{V_{CC}'}{R_L} = \frac{V_{CC} - I_{CQ} R_E}{R_L} \quad \cdots\cdots (2.97)$$

となります．以上の条件から負荷線を引くと直線A′B′のようになります．この負荷線を交流負荷線と呼びます．この増幅器において，最大出力を得るためには，バイアス点を直流負荷線の中点ではなく，交流負荷線の中点におかなくてはなりません．そのためには，線分OA′を$2I_{CQ}$にすればよいのです．したがって，

$$\frac{V_{CC} - I_{CQ}R_E}{R_L} = 2I_{CQ}$$

$$V_{CC} - I_{CQ}R_E = 2I_{CQ}R_L$$

$$I_{CQ}(2R_L + R_E) = V_{CC}$$

$$I_{CQ} = \frac{V_{CC}}{2R_L + R_E} \quad \cdots (2.98)$$

となります．つまり，バイアス電流I_{CQ}を式(2.98)で表される値にすれば，最大出力が得られることになります．

また，最大出力電圧の尖頭値V_{OP}は，

$$V_{OP} = V_{CEQ} = \frac{V_{CC}'}{2} = \frac{1}{2}(V_{CC} - I_{CQ}R_E) \quad \cdots (2.99)$$

ですが，これに式(2.98)を代入すると，

$$V_{OP} = \frac{1}{2}\left(V_{CC} - \frac{R_E}{2R_L + R_E}V_{CC}\right) = \frac{1}{2} \cdot \frac{2R_L + R_E - R_E}{2R_L + R_E}V_{CC} = \frac{R_L}{2R_L + R_E}V_{CC} \quad \cdots (2.100)$$

となります．最大コレクタ電流の尖頭値I_{OP}は，式(2.98)から，

$$I_{OP} = I_{CQ} = \frac{V_{CC}}{2R_L + R_E} \quad \cdots (2.101)$$

です．

負荷R_Lに供給される最大電力$P_{L(\max)}$は，

$$P_{L(\max)} = \frac{V_{OP}}{\sqrt{2}} \cdot \frac{I_{OP}}{\sqrt{2}} = \frac{1}{2}V_{OP}I_{OP} = \frac{1}{2} \cdot \frac{R_L}{2R_L + R_E}V_{CC} \cdot \frac{V_{CC}}{2R_L + R_E}$$

$$= \frac{1}{2} \cdot \frac{R_L}{(2R_L + R_E)^2}V_{CC}^2 \quad \cdots (2.102)$$

です．

R_1，R_2に流れる電流を無視すると，直流電源から供給すると電力P_{CC}は，

$$P_{CC} = V_{CC}I_{CQ} = \frac{V_{CC}^2}{2R_L + R_E} \quad \cdots (2.103)$$

となります．電力効率$\eta_{(\max)}$は，式(2.102)，式(2.103)より，

$$\eta_{(\max)} = \frac{P_{L(\max)}}{P_{CC}} = \frac{1}{2} \cdot \frac{R_L}{2R_L + R_E} \quad \cdots (2.104)$$

となります．もし，$R_L \gg R_E$とすれば，

$$\eta_{(\max)} \simeq \frac{1}{4} = 0.25$$

です．すなわち，抵抗負荷A級電力増幅器の効率は，最大でも25％となってしまいます．

2.7 電力増幅回路──トランス結合A級電力増幅器

図4.31は，トランスを通して負荷R_Lをつないだトランス結合A級電力増幅回路です．まず，コレクタ側の回路において直流分に注目すると，

$$V_{CC} = V_{CE} + I_E R_E$$

となりますが，$I_E \simeq I_C$ですから，

$$V_{CC} = V_{CE} + I_C R_E$$

$$V_{CE} = V_{CC} - I_C R_E \quad \cdots\cdots (2.105)$$

となります．

この式は，直流負荷線を表す式です．図で表すと図4.32のようになります．この直流負荷線において，バイアス点を仮に(V_{CEQ}, I_{CQ})とします．また，コレクタ側の回路において，直流分と交流分を重畳して考えると，

$$V_{CC} = i_C R_L' + v_{CE} + I_E R_E$$

となりますが，$I_E \simeq I_C$ですから，

$$V_{CC} = i_C R_L' + v_{CE} + I_C R_E$$

$$v_{CE} = V_{CC} - I_C R_E - i_C R_L' \quad \cdots\cdots (2.106)$$

です．ただし，R_L'はトランスの1次側から見た負荷インピーダンスです．2次側に負荷抵抗R_Lをつないであると，R_L'は，

$$R_L' = n^2 R_L \quad \cdots\cdots (2.107)$$

です（トランスの巻線比は，図からわかるように$n:1$）．式(2.106)から，バイアス点を仮に定めたとすると，

$$V_{CE} = (V_{CC} - I_{CQ} R_E) - i_C R_L' \quad \cdots\cdots (2.108)$$

となります．これが交流負荷線を表す式です．

交流負荷線の中点にバイアス点を設定するため，$v_{CE} = 0$のとき$i_C = I_{CQ}$とすると，

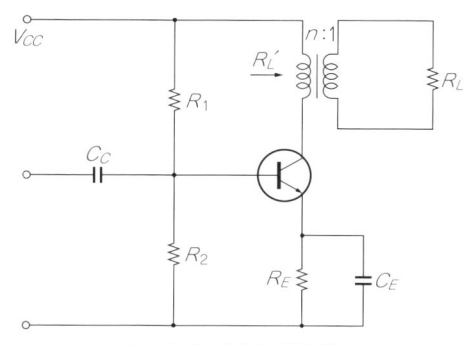

図4.31 トランス結合A級電力増幅器

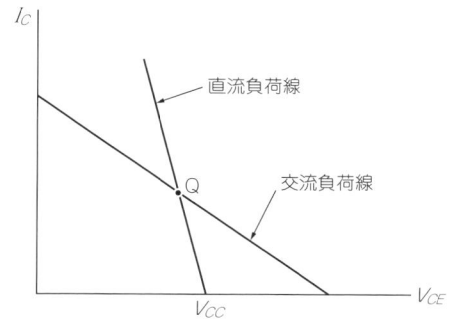

図4.32 トランス結合A級電力増幅器の負荷線

$$0 = V_{CC} - I_{CQ}R_E - I_{CQ}R_L'$$

$$I_{CQ} = \frac{V_{CC}}{R_L' + R_E} \quad \cdots\cdots (2.109)$$

となります．また，最高バイアス点の電圧 V_{CEQ} は，(2.108)式において $i_C = 0$ とし，式(2.109)を代入すると，

$$V_{CEQ} = V_{CC} - \frac{V_{CC}}{R_L' + R_E}R_E = \frac{R_L' + R_E - R_E}{R_L' + R_E}V_{CC} = \frac{R_L'}{R_L' + R_E}V_{CC} \quad \cdots\cdots (2.110)$$

となります．最大出力電流・電圧はそれぞれ，

$$I_{OP} = I_{CQ} \quad \cdots\cdots (2.111)$$

$$V_{OP} = V_{CEQ} \quad \cdots\cdots (2.112)$$

です．

負荷抵抗 R_L における最大出力電流・電圧は，

$$I_{OP}' = nI_{CQ} \quad \cdots\cdots (2.113)$$

$$V_{OP}' = \frac{V_{OP}}{n} \quad \cdots\cdots (2.114)$$

です．負荷 R_L に供給される電力の最大値 $P_{L(\max)}$ は，

$$P_{L(\max)} = \frac{V_{OP}'}{\sqrt{2}} \cdot \frac{I_{OP}'}{\sqrt{2}} = \frac{1}{2}V_{OP}'I_{OP}' = \frac{1}{2}\frac{V_{OP}}{n} \cdot nI_{OP} = \frac{1}{2}V_{OP}I_{OP}$$

$$= \frac{1}{2}V_{CEQ}I_{CQ} = \frac{1}{2} \cdot \frac{R_L'}{R_L' + R_E}V_{CC} \cdot \frac{V_{CC}}{R_L' + R_E} = \frac{1}{2}\frac{R_L'}{(R_L' + R_E)^2}V_{CC}^2 \quad \cdots\cdots (2.115)$$

となります．直流電源から供給される電力 P_{CC} は，

$$P_{CC} = V_{CC}I_{CQ} = \frac{V_{CO}^2}{R_L' + R_E} \quad \cdots\cdots (2.116)$$

です．電力効率の最大値 $\eta_{(\max)}$ は，

$$\eta_{(\max)} = \frac{P_{L(\max)}}{P_{CC}} = \frac{1}{2} \cdot \frac{R_L'}{R_L' + R_E} \quad \cdots\cdots (2.117)$$

です．もし，$R_L' \gg R_E$ とすると，

$$\eta_{(\max)} \simeq \frac{1}{2} = 0.5 \quad \cdots\cdots (2.118)$$

となります．

トランス結合A級電力増幅器では，電力効率は約50％で，抵抗負荷A級電力増幅器の2倍となります．

2.8　電力増幅回路――B級プッシュプル電力増幅器

図4.33は，B級プッシュプル電力増幅器の一般回路です．トランス T_1 の1次側に図のような正弦波の信号が入ってくると，2次側には中間タップを図のようにとってあるので，正の信号が来たときは

2.8 電力増幅回路——B級プッシュプル電力増幅器

Tr_1が動作し，負の信号が来たときはTr_2が動作します．そして，それぞれのトランジスタで増幅された信号はトランスT_2でふたたび合成されます．

トランスT_2の2次側には負荷R_Lが接続してありますが，普通，これは入力インピーダンス8Ωのスピーカです．

図4.34は，基本回路においてTr_1が動作しているときの回路図です．基本回路を用いて，最大コレクタ電流，最大コレクタ電圧，最大電力を求めてみましょう．

まず，トランスT_2の巻線比が$n:1$で，2次側に負荷R_Lが接続されていると，2次側からみた負荷インピーダンスR_L'は，

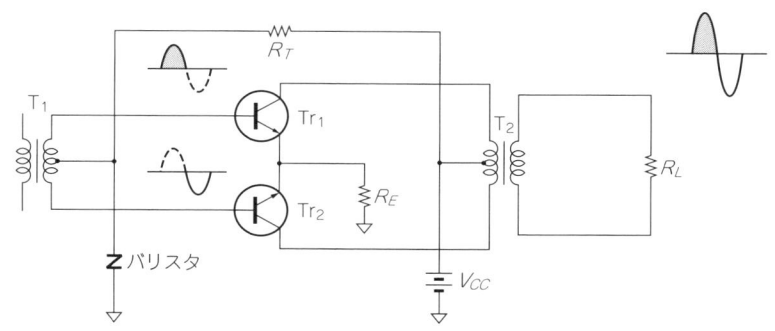

$$R_L' = n^2 R_L \quad \cdots\cdots\cdots\cdots\cdots\cdots\cdots\cdots\cdots\cdots\cdots\cdots\cdots\cdots\cdots\cdots\cdots\cdots\cdots\cdots\cdots\cdots\cdots\cdots (2.119)$$

です．最後の図のようにTr_1が動作しているとき，その巻線比は$n/2:1$なので，2次側から見たTr_1の負荷インピーダンスR_{L1}'は，

図4.33 B級プッシュプル電力増幅器(1)

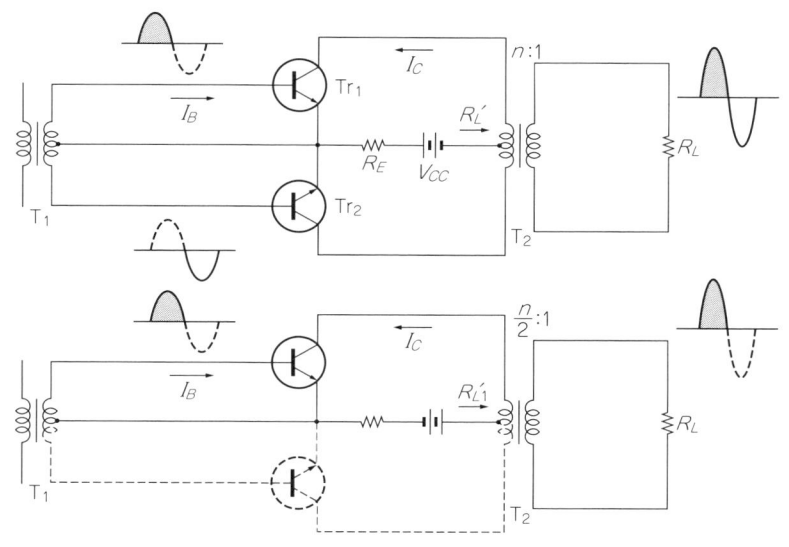

図4.34 B級プッシュプル電力増幅器(2)

$$R_{L1}' = \left(\frac{n}{2}\right)^2 R_L = \frac{1}{4}n^2 R_L = \frac{R_L'}{4} \quad \cdots\cdots (2.120)$$

です．電源電圧を V_{CC}，トランスの直流抵抗を R_t，エミッタ抵抗を R_E，Tr_1 のコレクタ-エミッタ間電圧を V_{CE}，コレクタ電流を I_C とすると，コレクタ側における方程式は，

$$V_{CC} = \frac{R_L'}{4}I_C + R_t I_C = V_{CE} + R_E I_C \quad \cdots\cdots (2.121)$$

が成立します．整理していくと，

$$V_{CC} = \left(\frac{R_L'}{4} + R_E + R_t\right)I_C + V_{CE}$$

$$V_{CE} = V_{CC} - \left(\frac{R_L'}{4} + R_E + R_t\right)I_C \quad \cdots\cdots (2.122)$$

この式の負荷線を書くと，**図4.35** のようになります．B級増幅では，図のように動作点Qを負荷線のいちばん下にもっていきます．

最大コレクタ電流 I_{CM} は，トランジスタが飽和するので負荷線いっぱいにはとれず，トランジスタのコレクタ-エミッタ間飽和電圧を $V_{CE(sat)}$ とすると，

$$V_{CE(sat)} = V_{CC} - \left(\frac{R_L'}{4} + R_E + R_t\right)I_{CM}$$

が成立するので，

$$I_{CM} = \frac{V_{CC} - V_{CE(sat)}}{\frac{R_L'}{4} + R_E + R_t} \quad \cdots\cdots (2.123)$$

となります．これより負荷で消費する最大電力，つまり最大出力 $P_{L(max)}$ は，

$$P_{L(max)} = \frac{R_L'}{4}\left(\frac{I_{CM}}{\sqrt{2}}\right)^2 = \frac{R_L'}{4} \cdot \frac{I_{CM}^2}{2} = \frac{R_L'}{8}I_{CM}^2$$

$$= \frac{R_L'}{8}\left(\frac{V_{CC} - V_{CE(sat)}}{\frac{R_L'}{4} + R_E + R_t}\right)^2 \quad \cdots\cdots (2.124)$$

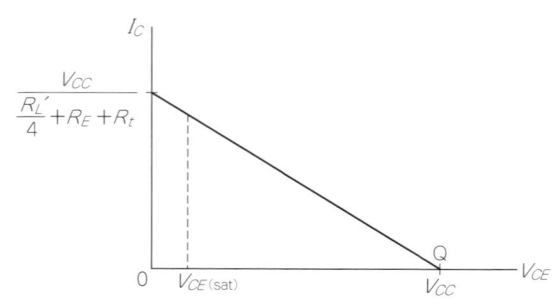

図4.35 B級プッシュプル電力増幅器の負荷線

です．ここで，理想的な状態として，$V_{CE(\text{sat})}=0$，$R_E=0$，$R_t=0$とみなせるときは，

$$P_{L(\max)} = \frac{2V_{CC}^2}{R_L'} \quad \cdots\cdots (2.125)$$

となります．一方，電源から供給される電力P_{CC}は，信号電流の平均値をI_{ca}とすると，

$$P_{CC} = V_{CC} I_{ca} \quad \cdots\cdots (2.126)$$

です．信号電流の平均値I_{ca}は，信号電流の半周期を$I_{CM}\sin(\omega t)$とすると（ωは角周波数，Tは周期），

$$I_{ca} = \frac{2}{T} \int_0^{T/2} I_{CM} \sin(\omega t)\, dt = \frac{2I_{CM}}{T} \int_0^{T/2} \sin(\omega t)\, dt = \frac{2I_{CM}}{T} \left[-\frac{\cos(\omega t)}{\omega} \right]_0^{T/2}$$

$$= \frac{2I_{CM}}{T} \cdot \frac{2}{\omega} = \frac{4I_{CM}}{\omega T} = \frac{2}{\pi} I_{CM} \quad \cdots\cdots (2.127)$$

式(2.127)を式(2.126)に代入して，

$$P_{CC} = V_{CC} \cdot \frac{2}{\pi} I_{CM} = \frac{2}{\pi} V_{CC} I_{CM} \quad \cdots\cdots (2.128)$$

となります．理想的な状態では，最大コレクタ電流I_{CM}は，

$$I_{CM} = \frac{4V_{CC}}{R_L'} \quad \cdots\cdots (2.129)$$

ですから，これを式(2.128)に代入して，

$$P_{CC} = \frac{2}{\pi} V_{CC} \cdot \frac{4V_{CC}}{R_L'} = \frac{8}{\pi} \cdot \frac{V_{CC}^2}{R_L'} \quad \cdots\cdots (2.130)$$

となります．電力効率の最大値$\eta_{(\max)}$は式(2.125)，式(2.130)より，

$$\eta_{(\max)} = \frac{P_{L(\max)}}{P_{CC}} = \frac{\dfrac{2V_{CC}^2}{R_L'}}{\dfrac{\pi}{8} \cdot \dfrac{V_{CC}^2}{R_L'}} = \frac{\pi}{4} \simeq 0.78 \quad \cdots\cdots (2.131)$$

です．すなわち，B級プッシュプル電力増幅回路の電力効率は78%です．この結果からわかるように，A級電力増幅回路の効率よりかなり改善されています．

次に，B級プッシュプル電力増幅回路のクロスオーバひずみについて述べます．クロスオーバひずみとは，トランジスタのベース-エミッタ間の特性の非直線性によって，増幅した信号の波形が動作点付近でひずむことをいいます．そのときの波形は，図4.36のようになります．

このクロスオーバひずみを改善するには，あらかじめトランジスタのベース-エミッタ間に$V_{BE}(=0.5\sim0.7\,\text{V})$をバイアスとして加えればよいのです．実際の回路では，図4.33のようにバリスタを入れ

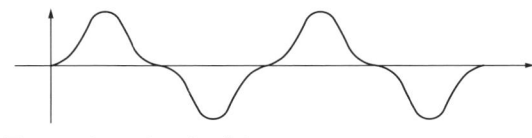

図4.36 クロスオーバひずみ

たりします．バリスタの温度特性は，トランジスタのベース-エミッタ間の温度特性と似ていますので，非常に都合がよいのです．

2.9 電力増幅回路──SEPP(シングルエンド・プッシュプル)電力増幅器

図4.37は，SEPPによる電力増幅回路です．この図において電圧の配分から，Ⓐ点とⒷ点は同電位です．また，Ⓐ点は常にⒸ点より $V_F(=0.6)$ [V]だけ高い電位にあります．入力信号がTr_3のベースに入ってくると，$R_L(=510\,\Omega)$にコレクタ電流が流れ，その電圧降下$I_C R_L$によりⒸ点が変動し，Ⓐ点も変動します．それとともにⒷ点も変動し，スピーカSPに電流が流れます．

図4.38でTr_1がONのときは$C_1(220\,\mu F)$に充電電流が流れ，Tr_2がONのときはC_1から放電電流が流れます．このように，コンデンサC_1が重要な働きをすることがわかります．

設計例を次に示します．コレクタ電流I_Cは，

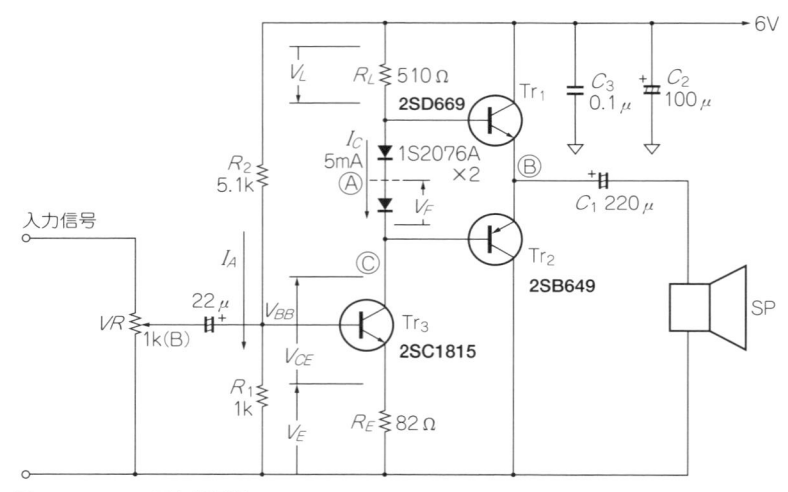

図4.37 SEPP電力増幅器

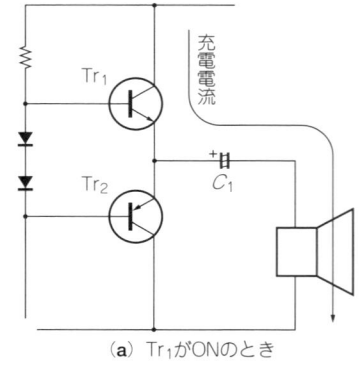

(a) Tr_1がONのとき

(b) Tr_2がONのとき

図4.38 SEPPの原理図

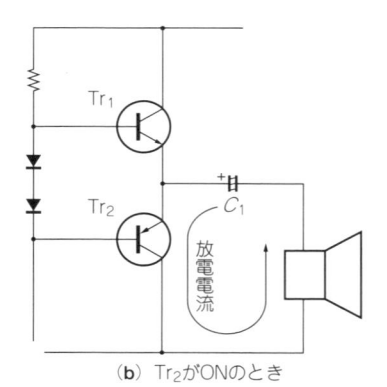

$$I_C = \frac{V_{CC} - 2V_F - V_{CE} - V_E}{R_L}$$

より負荷抵抗 R_L は,

$$R_L = \frac{V_{CC} - 2V_F - V_{CE} - V_E}{I_C}$$

です.

ただし, V_F はダイオードの順方向電圧 0.6 V, V_{CE} はトランジスタ Tr_3 のコレクタ-エミッタ間電圧, V_{CC} は電源電圧です. ここで, $V_L = R_L I_C$ より,

$$R_L I_C = V_L = V_{CC} - 2V_F - V_{CE} - V_E$$

無信号時に $I_C = 5$ mA, $V_L = V_{CE}$ で, V_L, $V_{CE} \gg V_E$ とすると,

$$V_{CE} = V_{CC} - 2V_F - V_{CE} - V_E$$

$$2V_{CE} = V_{CC} - 2V_F - V_E$$

$$V_{CE} = \frac{V_{CC} - 2V_F - V_E}{2} \simeq \frac{V_{CC} - 2V_F}{2} = \frac{6.0 - 2 \times 0.6}{2} = 2.4 \text{ V} \quad \cdots\cdots (2.132)$$

$$V_{CE} = V_L = 2.4 \text{ V}$$

これより,

$$R_L = \frac{V_L}{I_C} = \frac{2.4}{5 \times 10^{-3}} = 480 \text{ Ω}$$

となるので, $R_L = 510$ Ω とします.

ひずみ率を考慮に入れて, Tr_3 のエミッタ抵抗を $R_E = 82$ Ω とすると, Tr_3 のエミッタ電圧 V_E は,

$$V_E = I_E R_E \simeq I_C R_E = (5 \times 10^{-3}) \times 82 = 0.41 \text{ V}$$

Tr_3 のベース電圧 V_{BB} は,

$$V_{BB} = V_{BE} + V_E = 0.6 + 0.41 = 1.01 \text{ V}$$

です. ベース電流 I_B は,

$$I_B = \frac{I_C}{h_{FE}} = \frac{5 \times 10^{-3}}{150} = 0.033 \times 10^{-3} = 0.033 \text{ mA}$$

なので, ブリーダ電流を $I_A = 1$ mA として, ブリーダ抵抗 $R_D (= R_1 + R_2)$ は,

$$R_D = \frac{V_{CC}}{I_A} = \frac{6}{(1 \times 10^{-3})} = 6 \times 10^3 = 6 \text{ kΩ}$$

となります. 抵抗 R_1 は,

$$R_1 = (6.0 \times 10^3) \times \frac{V_{BB}}{V_{CC}} = (6.0 \times 10^3) \times \frac{1.01}{6} = 1 \times 10^3 = 1 \text{ kΩ}$$

です. 抵抗 R_2 は,

$$R_2 = (6.0 \times 10^3) \times \frac{V_{CC} - V_{BB}}{V_{CC}} = (6.0 \times 10^3) \times \frac{6 - 1.01}{6} = 5 \times 10^3 = 5 \text{ kΩ}$$

となります. トランジスタ Tr_3 のゲインは,

$$G = \frac{R_L}{R_E} = \frac{510}{82} = 6.2 \text{倍}$$

です．トランジスタ Tr_3 の入力インピーダンス h_{ie} は，

$$h_{ie} = \frac{0.026 h_{FE}}{I_E} = \frac{0.026 \times 150}{(5 \times 10^{-3})} = 0.78 \times 10^3 = 0.78 \text{ k}\Omega$$

エミッタ抵抗 R_E を考慮に入れた入力インピーダンス R_I は〔エミッタ・フォロワの入力インピーダンス式(2.18)参照〕，

$$R_I = h_{ie} + \beta R_E = h_{ie} + h_{FE} R_E = (0.78 \times 10^3) + 150 \times 82 = 13.08 \times 10^3 = 13.03 \text{ k}\Omega$$

したがって，回路全体のインピーダンス Z_I は，

$$Z_I = R_1 // R_2 // R_I = (1 \times 10^3) // (5.1 \times 10^3) // (13.08 \times 10^3) = 0.786 \times 10^3 = 0.786 \text{ k}\Omega$$

です．カットオフ周波数 $f_c = 20$ Hz を考慮に入れた結合コンデンサ C_4 の必要な容量は，

$$C_4 = \frac{1}{2\pi f_c Z_I} = \frac{1}{2 \times 3.14 \times 20 \times (0.786 \times 10^3)} = 10.1 \times 10^{-6} = 10.1 \ \mu\text{F}$$

です．ここでは，一応 22 μF とします．また，最大出力 $P_{(\max)}$ は，

$$P_{(\max)} = \frac{1}{2} \times \frac{1}{2} V_{CC} \times I_L = \frac{1}{2} \times 3.0 \times \frac{3.0}{8} = 0.56 \text{ W} \quad \cdots\cdots\cdots\cdots\cdots\cdots\cdots\cdots (2.133)$$

になります．

第5章 OPアンプ回路の基礎知識

　本章では，OPアンプ回路の基本的な設計方法を紹介します．OPアンプ自身はトランジスタがいくつも使われた複雑な構造をしていますが，ブラック・ボックスとして入力・出力を考えると扱いは簡単です．特に，トランジスタにあったひずみの原因である$V_{BE}(\simeq 0.6\,\mathrm{V})$がないので，非常に優秀なアナログ回路素子といえます．

　ここでは，OPアンプ回路を設計するにあたり注意しなければならないバーチャル・ショート（仮想短絡）を考え，負帰還による周波数特性の改善やオフセット電圧，スルーレートなどについて学んでいきます．

1. OPアンプの基礎

1.1 OPアンプとは

　OPアンプ(Operational Amplifier)は別名「演算増幅器」とも呼ばれ，もともとはアナログ・コンピュータの増幅器として開発されたものです．初期の頃は，真空管やトランジスタを使って回路が組まれていましたが，やがてIC化されて一つのパッケージに納められるようになりました．

　こうなると，OPアンプはトランジスタやダイオードと同じように，一種のアナログ素子として考えて扱ってよいわけです．

　ここで，OPアンプの基本的な性質について調べてみましょう．まず，OPアンプの中身はブラック・ボックスだと考えて記号で表すと，図5.1のようになります．OPアンプは2本の入力端子と1本の出力端子をもちます．そして，2本の入力端子は差動増幅になっており，＋の入力端子に信号が入ると

第5章

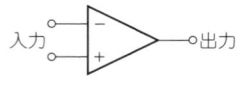

図5.1　OPアンプの記号

同相の出力が出力端子から出てきますが，−の端子に信号が入ると反転して逆相の信号が出てきます．

1.2　OPアンプの特性

増幅器の特性を表す代表的なパラメータは，
(1) 電圧利得
(2) 入力インピーダンス
(3) 出力インピーダンス

です．OPアンプの等価回路は図5.2のように表されますが，理想的なOPアンプではこれらのパラメータは，
(1) 電圧利得 $A = \infty$
(2) 入力インピーダンス $R_i = \infty$
(3) 出力インピーダンス $R_o = 0$

となります．しかし，実際はこのように理想的な特性を実現することはできません．それでは，現実のOPアンプではこれらのパラメータはどのような値になるのでしょうか．

(1) 電圧利得

OPアンプは，普通は負帰還回路をつけて使用しますが，負帰還回路をつけないで用いると利得は非常に高く，90 dB〜120 dB（3万倍〜100万倍）です．したがって，OPアンプでは，電圧利得はほぼ理想的であると考えてよいでしょう．このように，負帰還回路をつけないときの利得を開ループ利得といいます．一方，負帰還回路をつけたときの利得を閉ループ利得といいます．

(2) 入力インピーダンス

OPアンプの入力部分には差動増幅回路が用いられており，入力インピーダンスが非常に大きくなっています．一般的なOPアンプでは数MΩです．すなわち，$R_i \gg 10^6\,\Omega$ です．

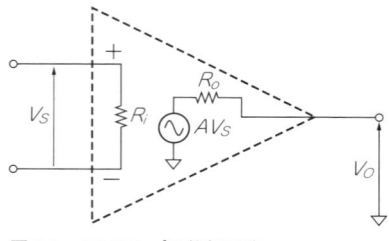

図5.2　OPアンプの等価回路

(3) 出力インピーダンス

OPアンプの出力インピーダンスは数十Ωです．この程度では負荷抵抗の影響はないので，ほぼ理想に近いといえます．

1.3 反転増幅器

図5.3は，反転増幅器と呼ばれる回路構成です．この回路は，入力信号の極性が反転し，入力信号が何倍かに増幅されて出力されます．それでは，反転増幅器の電圧増幅率G，入力インピーダンスR_{If}，出力インピーダンスR_{Of}を順に求めてみましょう．

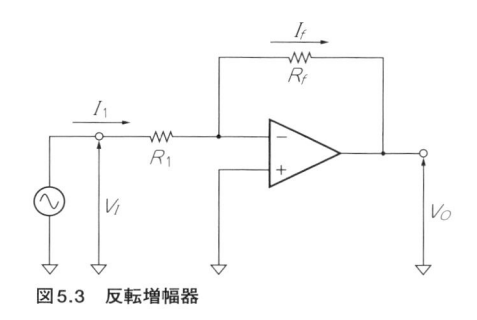

図5.3 反転増幅器

● 電圧増幅率

図5.4は，OPアンプの等価回路を含めた反転増幅器の回路構成を示しています．**図5.4(b)**から回路の方程式を求めると，次式になります．

$$V_I = (R_1 + R_i)I_1 + R_i I_2 \quad\cdots\cdots (1.1)$$

$$V_G = R_i I_1 + (R_o + R_f + R_i)I_2 \quad\cdots\cdots (1.2)$$

これを行列で書き直すと，

$$\begin{bmatrix} V_I \\ V_G \end{bmatrix} = \begin{bmatrix} R_1 + R_i & R_i \\ R_i & R_o + R_f + R_i \end{bmatrix} \begin{bmatrix} I_1 \\ I_2 \end{bmatrix} \quad\cdots\cdots (1.3)$$

となります．これを，クラーメルの公式を用いてI_1, I_2を求めます．

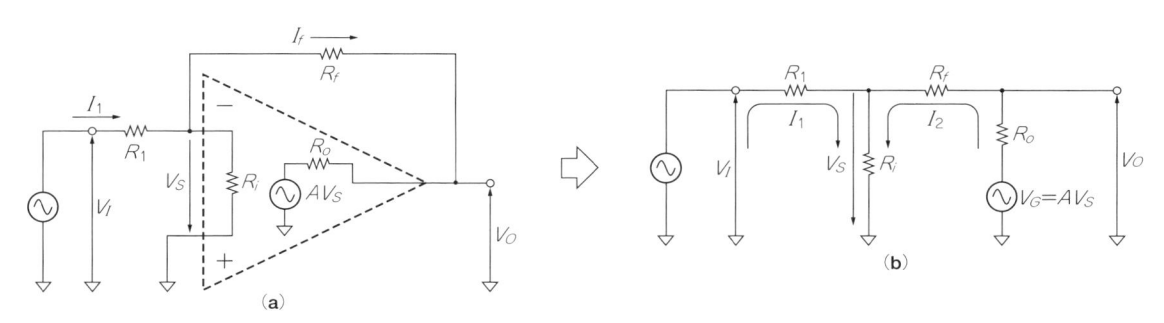

図5.4 反転増幅器の解析

第5章

$$\Delta = \begin{vmatrix} R_1 + R_i & R_i \\ R_i & R_o + R_f + R_i \end{vmatrix} = (R_1 + R_i)(R_o + R_f + R_i) - R_i{}^2$$
$$= R_1(R_o + R_f + R_i) + R_i(R_o + R_f) \quad \cdots\cdots (1.4)$$

$$I_1 = \frac{1}{\Delta} \begin{vmatrix} V_I & R_i \\ V_G & R_o + R_f + R_i \end{vmatrix} = \frac{1}{\Delta}\{V_I(R_o + R_f + R_i) - V_G R_i\} \quad \cdots\cdots (1.5)$$

$$I_2 = \frac{1}{\Delta} \begin{vmatrix} R_1 + R_i & V_I \\ R_i & V_G \end{vmatrix} = \frac{1}{\Delta}\{-V_I R_i + V_G(R_1 + R_i)\} \quad \cdots\cdots (1.6)$$

ここでは，V_IとV_Oの比率を見るためにV_Oを求めたいわけですが，そのためにはV_Gを知る必要があります．そこで，V_SからV_Gを求めてみましょう．V_Sは次式で表されます．

$$V_S = -R_i(I_1 + I_2) \quad \cdots\cdots (1.7)$$

この式(1.7)に，式(1.5)，式(1.6)を代入して

$$V_S = -R_i \frac{1}{\Delta}\{(R_o + R_f)V_I + R_1 V_G\} \quad \cdots\cdots (1.8)$$

が得られ，$V_G = AV_S$，$V_G/A = V_S$の関係から，

$$\frac{V_G}{A} = -R_i \frac{1}{\Delta}\{(R_o + R_f)V_I + R_1 V_G\}$$

$$V_G = -\frac{AR_i(R_o + R_f)}{\Delta + AR_i R_1} V_I \quad \cdots\cdots (1.9)$$

となります．さて，出力電圧V_Oは次式のように求まります．

$$V_O = V_G - I_2 R_o \quad \cdots\cdots (1.10)$$

式(1.10)に式(1.6)を代入すると，

$$V_O = V_G - \frac{R_o}{\Delta}\{-V_I R_i + V_G(R_1 + R_i)\} = V_G\left\{1 - \frac{R_o(R_1 + R_i)}{\Delta}\right\} + V_I \frac{R_o R_i}{\Delta}$$

式(1.9)で求めたV_Gを代入すると，

$$V_O = -\frac{AR_i(R_o + R_f)}{\Delta + AR_i R_1} V_I \left\{1 - \frac{R_o(R_1 + R_i)}{\Delta}\right\} + V_I \frac{R_o R_i}{\Delta}$$

$$= \frac{R_i(R_o - AR_f)}{\Delta + AR_i R_1} V_I$$

となります．したがって，電圧増幅率$G = V_O/V_I$は，

$$G = \frac{V_O}{V_I} = \frac{R_i(R_o - AR_f)}{\Delta + AR_i R_1} \quad \cdots\cdots (1.11)$$

となります．ここで，$R_o \ll R_f$なので，Δは次式のように近似されます．

$$\Delta = R_o(R_1 + R_i) + R_f(R_1 + R_i) + R_i R_1 \simeq R_f(R_1 + R_i) + R_i R_1 \quad \cdots\cdots (1.12)$$

式(1.12)の近似式を式(1.11)に代入し，さらに$R_o \ll AR_f$を考慮して近似すると，

$$G \simeq \frac{R_i(R_o - AR_f)}{R_f(R_1 + R_i) + R_i R_1 + AR_i R_1} \simeq \frac{-AR_i R_f}{R_f(R_1 + R_i) + R_i R_1 + AR_i R_1}$$

$$= -\frac{R_f/R_1}{1+\dfrac{1}{A}\dfrac{R_1+R_f}{R_1}+\dfrac{R_f}{AR_i}} \quad \cdots\cdots (1.13)$$

となります．ここで，次式で表される帰還係数 β は，

$$\beta = \frac{R_1}{R_1+R_f} \quad \cdots\cdots (1.14)$$

で表されるので，これを用いて式(1.13)を書き直すと，

$$G = -\frac{R_f/R_1}{1+\dfrac{1}{A\beta}+\dfrac{R_f}{AR_i}} \quad \cdots\cdots (1.15)$$

と表されます．さらに，A が非常に大きいことを考慮すると，

$$G = -\frac{R_f}{R_1} \quad \cdots\cdots (1.16)$$

と表されます．すなわち，反転増幅器の増幅率は，R_f と R_1 の比率で決定されます．

● 入力インピーダンス

図5.4(b)において，反転増幅器の入力インピーダンス R_{If} は，V_I/I_1 で表されます．まず，I_1 を求めましょう．式(1.5)に，式(1.9)の V_G を代入します．

$$I_1 = \frac{1}{\Delta}\left[V_I(R_o+R_f+R_i)-\left\{-\frac{AR_i(R_o+R_f)}{\Delta+AR_iR_1}\right\}V_I R_i\right] = \frac{R_o+R_f+R_i+AR_i}{\Delta+AR_iR_1}V_I$$

したがって，入力インピーダンス R_{If} は，

$$R_{If} = \frac{V_I}{I_I} = \frac{\Delta+AR_iR_1}{R_o+R_f+R_i+AR_i} \quad \cdots\cdots (1.17)$$

となります．式(1.17)に式(1.4)の Δ を代入すると，

$$R_{If} = \frac{R_1(R_o+R_f+R_i)+R_i(R_o+R_f)+AR_iR_1}{R_o+R_f+R_i+AR_i}$$

$$= \frac{R_1(R_o+R_f)+R_i\{(1+A)R_1+R_o+R_f\}}{R_o+R_f+(1+A)R_i} \quad \cdots\cdots (1.18)$$

R_i が十分大きいことを考慮すると，式(1.18)の分母と分子の R_i の係数のみが残るので，次式のように近似できます．

$$R_{If} \simeq \frac{(1+A)R_1+R_o+R_f}{1+A}$$

$A \gg 1$ と R_o は，他の抵抗に比べて十分小さいことを考慮すると，R_{If} は次式のように近似されます．

$$R_{If} \simeq \frac{AR_1+R_f}{A} = R_1+\frac{R_f}{A} \quad \cdots\cdots (1.19)$$

さらに，$A = \infty$ であることを考慮すれば，

第5章

$$R_{If} \simeq R_1 \tag{1.20}$$

となり，反転増幅器の入力インピーダンス R_{If} は R_1 で近似されることがわかります．

● 出力インピーダンス

次に，反転増幅器の出力インピーダンス R_{Of} を求めます．ここで，簡単化のため $V_I = 0$ とすると，図5.4(b)の等価回路は図5.5となります．ここでは，$R_1' = R_1 // R_i$ とします．

出力インピーダンス R_{Of} は V_O/I_O で表されるので，I_O を知る必要があります．したがって，回路の方程式を立てて I_O を求めます．

$$V_G = (R_o + R_f + R_1')I_2 - R_o I_O \tag{1.21}$$
$$V_O - V_G = -R_o I_2 + R_o I_O \tag{1.22}$$

行列で書き直すと，

$$\begin{bmatrix} V_G \\ V_O - V_G \end{bmatrix} = \begin{bmatrix} R_o + R_f + R_1' & -R_o \\ -R_o & R_o \end{bmatrix} \begin{bmatrix} I_2 \\ I_O \end{bmatrix} \tag{1.23}$$

となり，これをクラーメルの公式を用いて I_2，I_O を求めます．

$$\Delta = \begin{vmatrix} R_o + R_f + R_1' & -R_o \\ -R_o & R_o \end{vmatrix} = R_o(R_o + R_f + R_1') - (-R_o)^2$$
$$= R_o(R_f + R_1') \tag{1.24}$$

$$I_2 = \frac{1}{\Delta} \begin{vmatrix} V_G & -R_o \\ V_O - V_G & R_o \end{vmatrix} = \frac{1}{\Delta} V_O R_o \tag{1.25}$$

$$I_O = \frac{1}{\Delta} \begin{vmatrix} R_o + R_f + R_1' & V_G \\ -R_o & V_O - V_G \end{vmatrix} = \frac{1}{\Delta} \{V_O(R_o + R_f + R_1') - V_G(R_f + R_1')\} \tag{1.26}$$

I_O は式(1.26)で表されますが，式の中に V_G が入っています．$V_S = -I_2 R_1'$，$V_G = AV_S$ と式(1.25)の関係を使って V_G を求めると，次式となります．

$$V_G = AV_S = -I_2 R_1' A$$
$$= -\frac{1}{\Delta} V_O R_o R_1' A \tag{1.27}$$

式(1.26)に V_G を代入すると，

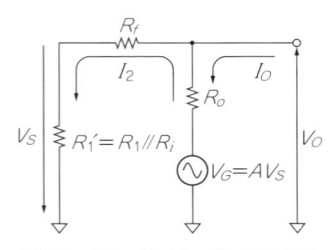

図5.5 出力インピーダンスの解析

$$I_O = \frac{1}{\Delta}\left[V_O(R_o + R_f + R_1') - \left\{-\frac{1}{\Delta}V_O R_o R_1' A\right\}(R_f + R_1')\right]$$

$$= V_O \frac{1}{\Delta}\{R_o + R_f + R_1' + R_1'A\} = V_O \frac{1}{\Delta}\{R_o + R_f + (1+A)R_1'\} \quad \cdots (1.28)$$

したがって，R_{Of} は

$$R_{Of} = \frac{V_O}{I_O} = \frac{\Delta}{R_o + R_f + (1+A)R_1'} = \frac{(R_1' + R_f)R_o}{R_o + R_f + (1+A)R_1'}$$

$$= \frac{R_o}{1 + A\dfrac{R_1'}{R_1' + R_f} + \dfrac{R_o}{R_1' + R_f}} \quad \cdots (1.29)$$

となります．$R_1 \ll R_I$ なので，$R_1' \simeq R_1$ と近似します．さらに，$A \gg 1$，$AR_1 \gg R_o$ の関係から，式 (1.29) は次式のように近似できます．

$$R_{Of} = \frac{R_o}{1 + A\dfrac{R_1}{R_1 + R_f} + \dfrac{R_o}{R_1 + R_f}} = \frac{R_o}{A\dfrac{R_1}{R_1 + R_f}} = \frac{R_o}{A\beta} \quad \cdots (1.30)$$

となります．このことから，A が非常に大きければ，出力インピーダンスはほとんど0であることがわかります．

次に，設計例を示します．入力インピーダンス $R_{If} = 10\,\text{k}\Omega$，ゲイン $G = 10$ 倍とすると，

$R_1 = 10\,\text{k}\Omega$

$R_f = -GR_1 = -(-10) \times (10 \times 10^3) = 100 \times 10^3 = 100\,\text{k}\Omega$

となります．

1.4 非反転増幅器

図5.6は，非反転増幅器と呼ばれる回路構成で，入力信号と同じ極性の出力が得られます．ここでは，非反転増幅器の電圧増幅率 G，入力インピーダンス R_{If}，出力インピーダンス R_{Of} を順に求めてみましょう．

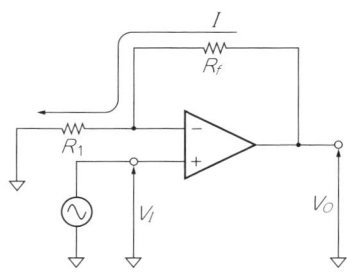

図5.6　非反転増幅器

第5章

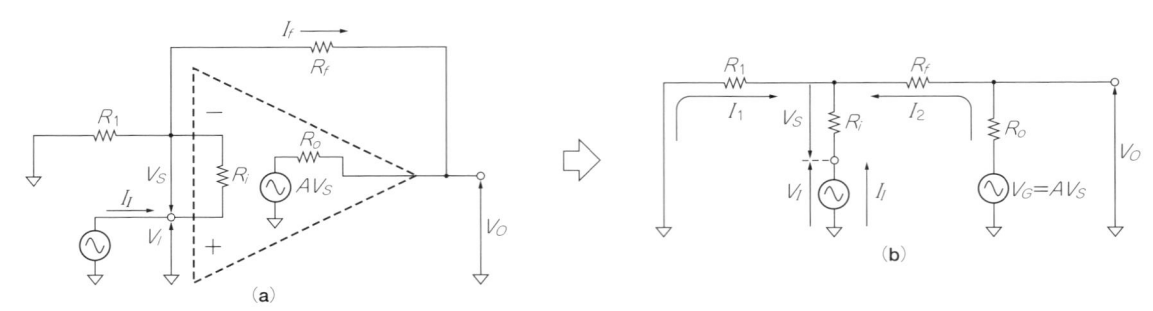

図5.7 非反転増幅器の解析

● 電圧増幅率

図5.7は，OPアンプの等価回路を含めた非反転増幅器の回路構成を示しています．図5.7(b)から回路の方程式を求めると，次式のようになります．

$$-V_I = (R_1 + R_i)I_1 + R_i I_2 \qquad (1.31)$$

$$V_G - V_I = R_i I_1 + (R_o + R_f + R_i)I_2 \qquad (1.32)$$

これを行列で書き直すと，

$$\begin{bmatrix} -V_I \\ V_G - V_I \end{bmatrix} = \begin{bmatrix} R_1 + R_i & R_i \\ R_i & R_o + R_f + R_i \end{bmatrix} \begin{bmatrix} I_1 \\ I_2 \end{bmatrix} \qquad (1.33)$$

となります．クラーメルの公式を用いてI_1，I_2を求めます．

$$\Delta = \begin{vmatrix} R_1 + R_i & R_i \\ R_i & R_o + R_f + R_i \end{vmatrix} = (R_1 + R_i)(R_o + R_f + R_i) - R_i^2$$

$$= R_1(R_o + R_f + R_i) + R_i(R_o + R_f) \qquad (1.34)$$

$$I_1 = \frac{1}{\Delta} \begin{vmatrix} -V_I & R_i \\ V_G - V_I & R_o + R_f + R_i \end{vmatrix} = \frac{1}{\Delta}\{-V_I(R_f + R_o) - V_G R_i\} \qquad (1.35)$$

$$I_2 = \frac{1}{\Delta} \begin{vmatrix} R_1 + R_i & -V_I \\ R_i & V_G - V_I \end{vmatrix} = \frac{1}{\Delta}\{-V_I R_1 + V_G(R_1 + R_i)\} \qquad (1.36)$$

また，入力電流I_Iは次式によって求められます．

$$I_I = -(I_1 + I_2) = \frac{1}{\Delta}\{-V_I(R_f + R_o + R_1) - V_G R_1\} \qquad (1.37)$$

ここでは，V_IとV_Oの比率を見るためにV_Oを求めたいわけですが，そのためにはV_Gを知る必要があります．そこで，$V_S = R_i I_I$，$V_G = AV_S$の関係からV_Gを求めると，

$$V_G = AR_i I_I \qquad (1.38)$$

式(1.38)に式(1.35)を代入して，

$$V_G = AR_i \frac{1}{\Delta}\{-V_I(R_f + R_o + R_1) - V_G R_1\}$$

$$V_G = \frac{AR_i(R_f + R_o + R_1)}{\Delta + AR_1R_i} V_I \quad\cdots\cdots (1.39)$$

が導出されます.

さて，出力電圧 V_O は次式のように求まります.

$$V_O = V_G - I_2 R_o \quad\cdots\cdots (1.40)$$

式(1.40)に式(1.36)を代入すると，

$$V_O = V_G - R_o \frac{1}{\Delta}\{-V_I R_1 + V_G(R_1 + R_i)\}$$

$$= V_G\left\{1 - \frac{R_o}{\Delta}(R_1 + R_i)\right\} + V_I \frac{R_o}{\Delta} R_1$$

となり，これに式(1.39)で求めた V_G を代入すると，

$$V_O = V_I \frac{AR_i(R_f + R_o + R_1)}{\Delta + AR_1R_i}\left\{1 - \frac{R_o}{\Delta}(R_1 + R_i)\right\} + V_I \frac{R_o}{\Delta} R_1$$

$$= V_I \frac{AR_i(R_f + R_1) + R_o R_1}{\Delta + AR_1R_i} \quad\cdots\cdots (1.41)$$

となります.したがって，電圧増幅率 $G = V_O/V_I$ は，

$$G = \frac{V_O}{V_I} = \frac{AR_i(R_f + R_1) + R_o R_1}{\Delta + AR_1R_i} \quad\cdots\cdots (1.42)$$

と求められます.ここで，$R_o \ll R_f$ なので，Δ は次式のように近似されます.

$$\Delta = R_o(R_1 + R_i) + R_f(R_1 + R_i) + R_i R_1 \simeq R_f(R_1 + R_i) + R_i R_1 \quad\cdots\cdots (1.43)$$

式(1.43)の近似式を式(1.42)に代入し，さらに $AR_i \gg R_o$ を考慮して近似すると，

$$G \simeq \frac{AR_i(R_f + R_1)}{R_f(R_1 + R_i) + R_i R_1 + AR_1 R_i} = \frac{AR_i(R_f + R_1)}{R_f R_1 + R_f R_i + R_i R_1 + AR_1 R_i} \quad\cdots\cdots (1.44)$$

となりますが，R_i は非常に大きいので，分母，分子の R_i の係数のみが考慮され，

$$G \simeq \frac{A(R_f + R_1)}{R_f + R_1 + AR_1} = \frac{R_f + R_1}{R_1} \frac{1}{\frac{1}{A}\frac{R_1 + R_f}{R_1} + 1} \quad\cdots\cdots (1.45)$$

と近似されます.式(1.14)の β を使って記述すると，

$$G \simeq \left(1 + \frac{R_f}{R_1}\right)\frac{1}{\frac{1}{A\beta} + 1} \quad\cdots\cdots (1.46)$$

となります.さらに，A が十分大きいことを考慮すると，

$$G \simeq 1 + \frac{R_f}{R_1} \quad\cdots\cdots (1.47)$$

と表されます.すなわち，非反転増幅器の増幅率は，R_f と R_1 の比率で決定されます.

● 入力インピーダンス

図5.7(b)において，非反転増幅器の入力インピーダンス R_{If} は V_I/I_I で表されます．まず，I_I を求めましょう．式(1.37)に式(1.39)の V_G を代入します．

$$I_I = \frac{1}{\Delta}\left\{-V_I(R_f+R_o+R_1)-\frac{AR_i(R_f+R_o+R_1)}{\Delta+AR_1R_i}V_G R_1\right\} \quad \cdots\cdots(1.48)$$

したがって，入力インピーダンス R_{If} は，

$$R_{If}=\frac{V_I}{I_1}=\frac{\Delta}{R_f+R_o+R_1-\frac{AR_i(R_f+R_o+R_1)}{\Delta+AR_1R_i}R_1}=\frac{\Delta+AR_1R_i}{R_f+R_o+R_1} \quad \cdots\cdots(1.49)$$

R_o は十分に小さいので，式(1.43)の Δ の近似を導入し，$R_o=0$ とすると，

$$R_{If}\simeq\frac{R_f(R_1+R_i)+R_iR_1+AR_1R_i}{R_f+R_1}=\frac{R_fR_1+R_fR_i+R_iR_1+AR_1R_i}{R_f+R_1}$$

$$= R_i+\frac{R_1}{R_f+R_1}(R_f+AR_i) \quad \cdots\cdots(1.50)$$

となります．さらに，$AR_i \gg R_f$ を考慮し，式(1.14)の β を使って R_{If} を表すと，

$$R_{If}\simeq R_i+\frac{R_1}{R_f+R_1}AR_i=R_i(1+A\beta) \quad \cdots\cdots(1.51)$$

となります．R_i や A は非常に大きいので，非反転増幅器の入力インピーダンスは非常に大きいということがわかります．

● 出力インピーダンス

出力インピーダンスを求めるために，$V_I=0$ と置きます．すると，図5.7(b)の等価回路は図5.5の等価回路と同じになります．したがって，非反転増幅器と反転増幅器の出力インピーダンスは同じで，$R_{If}\simeq R_o/(A\beta)$ で表されます．

次に，設計例を示します．$R_1=10\,\mathrm{k\Omega}$ とし，$G=10$ 倍の非反転増幅器を設計します．式(1.42)より，$R_f=R_1(G-1)$ なので，

$$R_f=(10\times10^3)\times(10-1)=90\times10^3=90\,\mathrm{k\Omega}$$

となるので，$R_f=91\,\mathrm{k\Omega}$ とします．

1.5　ナレータとノレータを用いた計算手法

上記では，OPアンプの等価回路を用いて反転増幅器，非反転増幅器の電圧増幅率を求めました．実は，1.2項で述べたOPアンプの性質をうまく使うと，もう少し簡単に回路の計算を行うことができます．
(1) 電圧利得が非常に大きい

OPアンプの出力はたかだか数10Vであることと，電圧利得 A が非常に大きいことを考えると，OPアンプの入力の端子間電圧 V_S はほぼ0と考えることができます．

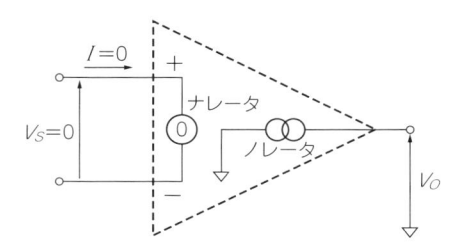

図5.8 ナレータとノレータによるOPアンプの表示

回路的には端子間がショートしているように見えるので，この性質をバーチャル・ショート（仮想短絡）と呼びます．

(2) 入力インピーダンスが大きい

したがって，OPアンプに入力される電流は0であると考えることができます．

これらの性質を考慮した等価回路を記述するために，ナレータ，ノレータという概念を導入します．図5.8に，ナレータとノレータの記号とそれを用いたOPアンプの等価回路を示します．ナレータとは，電圧と電流が常に0であるという性質をもつ素子です．これにより，バーチャル・ショートと入力電流＝0の表現が可能です．ノレータとは，電圧値，電流値が回りの回路で決定されることを表している素子です．

これらの素子は，抵抗やコンデンサのように実際に存在する素子ではなく，便宜上考えられた仮想の素子であるという点に注意します．

それでは，ナレータとノレータを用いて反転増幅器と非反転増幅器の電圧増幅率を計算してみましょう．

● 反転増幅器

図5.9に，ナレータとノレータを用いた反転増幅器の等価回路を示します．$V_S = 0$ なので，Ⓐ点の電位は0です．また，$I_I = 0$ なので，Ⓐ点では電流の分岐がなく，R_f と R_1 に流れる電流 I は同じです．このことから，

$$V_I = -R_1 I \tag{1.52}$$

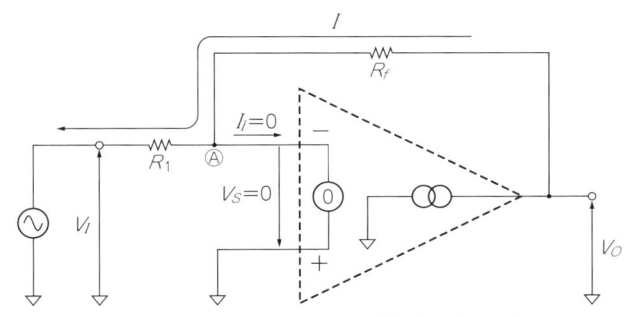

図5.9 ナレータとノレータを用いた反転増幅器の等価回路

$$V_O = R_f I \quad \cdots\cdots (1.53)$$

の式が導かれます．式(1.52)を変形して

$$I = -\frac{V_I}{R_1} \quad \cdots\cdots (1.54)$$

となります．I を式(1.53)に代入すると，

$$V_O = -R_f \frac{V_I}{R_1}$$

$$G = \frac{V_O}{V_I} = -\frac{R_f}{R_1} \quad \cdots\cdots (1.55)$$

となり，式(1.16)と同じ関係が導出できました．

● 非反転増幅器

図5.10にナレータとノレータを用いた非反転増幅器の等価回路を示します．$V_S = 0$ なので，Ⓐ点の電位は V_I です．また，$I_I = 0$ なので，Ⓐ点での電流の分岐がなく，R_f と R_1 に流れる電流 I は同じです．このことから，

$$V_I = R_1 I \quad \cdots\cdots (1.56)$$
$$V_O = (R_1 + R_f) I \quad \cdots\cdots (1.57)$$

の式が導かれます．式(1.56)を変形して，

$$I = \frac{V_I}{R_1} \quad \cdots\cdots (1.58)$$

となります．I を式(1.57)に代入すると，

$$V_O = (R_1 + R_f)\frac{V_I}{R_1}$$

$$G = \frac{V_O}{V_I} = \frac{R_1 + R_f}{R_1} = 1 + \frac{R_f}{R_1} \quad \cdots\cdots (1.59)$$

となり，式(1.47)と同じ関係が導出できました．

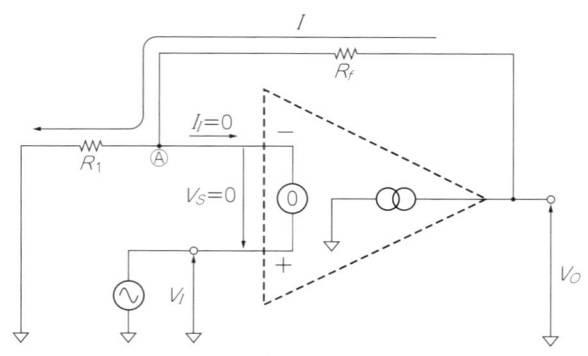

図5.10 ナレータとノレータを用いた非反転増幅器の等価回路

1.6　ボルテージ・フォロワ

ボルテージ・フォロワは，非反転増幅器の変形です(図5.11)．非反転増幅器のゲインGは，

$$G = 1 + \frac{R_2}{R_1} \quad\quad\quad\quad\quad\quad\quad\quad\quad\quad\quad\quad\quad\quad\quad\quad\quad\quad\quad (1.60)$$

ですが，この式において$R_1 = \infty$，$R_2 = 0$とおけば，式(1.60)は，

$$G = 1 \quad\quad\quad\quad\quad\quad\quad\quad\quad\quad\quad\quad\quad\quad\quad\quad\quad\quad\quad\quad\quad\quad\quad (1.61)$$

となります．これが，ボルテージ・フォロワです．ボルテージ・フォロワには，次のような特徴があります．

(1) 入力インピーダンスが非常に高い
(2) 出力インピーダンスが低い
(3) ゲイン$G = 1$
(4) 入力容量が低い(5 pF程度)

以上のような特徴があるため，エミッタ・フォロワと同じく，バッファとしてよく用いられます．

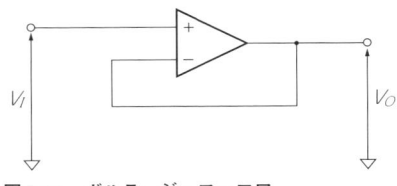

図5.11　ボルテージ・フォロワ

1.7　OPアンプの特性を表すその他のパラメータ

● 利得の周波数特性

OPアンプに負帰還回路を付けないで用いると利得は非常に高く，90～120 dB(3万～100万倍)という高い利得が得られます．しかし，周波数特性は非常に悪く，10 Hzくらいから利得が下がり始め，周波数が高くなるにしたがって−20 dB/decの傾斜で下がっていきます．

そこで，高い周波数まで平坦な特性を得るためには，負帰還回路を付けてやります．すると，図5.12に示すように，負帰還の度合が大きくなればなるほど平坦な部分が高い周波数まで延びていきます．

● 入力オフセット電圧

理想的なOPアンプでは，入力電圧が0 Vなら出力電圧も0 Vのはずです．ところが，入力電圧が0 Vでも出力が0 Vにならず，いくらか電圧が残ることがあります．この電圧が残らないようにするためには，入力側においてあらかじめ少し直流電圧を印加しておく必要があります．この直流電圧を入力オ

フセット電圧といいます．

図5.13を使って，この原因について説明します．図5.13は，OPアンプの入力段に使われる差動増幅回路です．入力オフセット電圧が発生する原因は，入力の差動増幅になっているトランジスタのベース-エミッタ間電圧 V_{BE1}，V_{BE2} の不揃いが考えられます．

● 入力バイアス電流

入力の差動増幅器（図5.13）にバイポーラ・トランジスタを使っているOPアンプでは，Tr_1，Tr_2 のベース電流 I_{B1}，I_{B2} が流れます．この入力電流 I_{B1}，I_{B2} を，入力バイアス電流といいます．

● 入力オフセット電流

入力の差動増幅器（図5.13）のトランジスタ Tr_1，Tr_2 が完全に平衡している場合，入力バイアス電流 I_{B1}，I_{B2} は等しくなりますが，実際のOPアンプではトランジスタに多少のバラツキがあるため，$I_{B1} \neq I_{B2}$ となります．このとき，I_{B1} と I_{B2} の差をオフセット電流といいます．オフセット電流の大きさは，$I_{B1} \sim I_{B2}$ の間にあります．

● スルーレート

増幅器では，入力電圧と出力電圧が常に比例するのが望ましいのですが，急激に変化する入力電圧に対して，出力電圧が一定以上の変化に対しては追従できなくなり，出力波形にひずみが生じます．

たとえば，OPアンプの入力に図5.14(a)のようなパルスを加えると，図(b)のようにパルスの立ち上がりと立ち下がりで傾斜となり，台形波形となります．この原因は，主としてOPアンプの内部回路に用いられているコンデンサを充電・放電するのに時間がかかるためと考えられます．

スルーレート SR は，次式で定義されます．

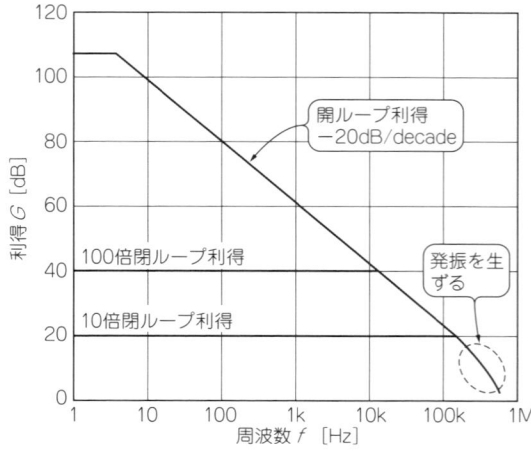

図5.12　OPアンプの周波数特性

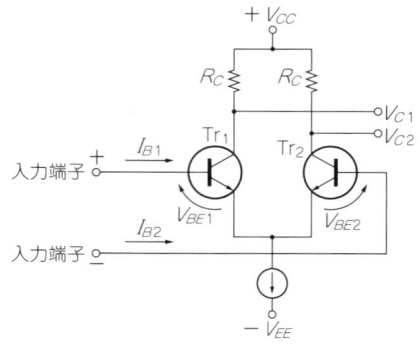

図5.13　OPアンプの入力回路（差動増幅回路）

$$SR = \frac{\Delta V}{\Delta t} \ [\text{V}/\mu\text{sec}] \quad\cdots\cdots\cdots\cdots\cdots\cdots\cdots\cdots\cdots\cdots\cdots\cdots\cdots\cdots\cdots\cdots\cdots\cdots\cdots\cdots\cdots\cdots\cdots\cdots \quad (1.62)$$

ここで，Δt は μsec の単位の数値であることに注意してください．すなわち，スルーレートは $1\,\mu$sec あたりに変化できる出力電圧の最大値を表しています．

いま，入力信号が正弦波で，そのときの理想的な出力が，

$$V_O = V_m \sin(\omega t) \quad\cdots\cdots\cdots\cdots\cdots\cdots\cdots\cdots\cdots\cdots\cdots\cdots\cdots\cdots\cdots\cdots\cdots\cdots\cdots\cdots\cdots\cdots\cdots\cdots\cdots\cdots\cdots \quad (1.63)$$

$$(\omega = 2\pi f)$$

と表される場合を考えましょう．式(1.63)を微分して，

$$\frac{dV_O}{dt} = \omega V_m \cos(\omega t) \quad\cdots\cdots\cdots\cdots\cdots\cdots\cdots\cdots\cdots\cdots\cdots\cdots\cdots\cdots\cdots\cdots\cdots\cdots\cdots\cdots\cdots\cdots \quad (1.64)$$

となります．したがって，出力電圧の変化がもっとも急になるのは，$\cos(\omega t) = \pm 1$ のときで，そのときの値は，

$$\left|\frac{dV_O}{dt}\right|_{\max} = \omega V_m \quad\cdots\cdots\cdots\cdots\cdots\cdots\cdots\cdots\cdots\cdots\cdots\cdots\cdots\cdots\cdots\cdots\cdots\cdots\cdots\cdots\cdots\cdots\cdots\cdots \quad (1.65)$$

で与えられます．式(1.65)がスルーレート以下の値であれば，出力波形はひずまないので，

$$\omega V_m \leq SR \times 10^{-6} \quad\cdots\cdots\cdots\cdots\cdots\cdots\cdots\cdots\cdots\cdots\cdots\cdots\cdots\cdots\cdots\cdots\cdots\cdots\cdots\cdots\cdots\cdots\cdots \quad (1.66)$$

が無ひずみのための条件となることがわかります．これより，無ひずみ最大周波数 f_m を求めると，

$$\omega \leq \frac{SR \times 10^{-6}}{V_m}$$

$$f_m \leq \frac{SR \times 10^{-6}}{2\pi V_m} \quad\cdots\cdots\cdots\cdots\cdots\cdots\cdots\cdots\cdots\cdots\cdots\cdots\cdots\cdots\cdots\cdots\cdots\cdots\cdots\cdots\cdots\cdots\cdots\cdots \quad (1.67)$$

または，

$$V_m \leq \frac{SR \times 10^{-6}}{2\pi f} \quad\cdots\cdots\cdots\cdots\cdots\cdots\cdots\cdots\cdots\cdots\cdots\cdots\cdots\cdots\cdots\cdots\cdots\cdots\cdots\cdots\cdots\cdots\cdots\cdots \quad (1.68)$$

となります．これは，ある周波数 f において，無ひずみで得られる最大出力電圧です．

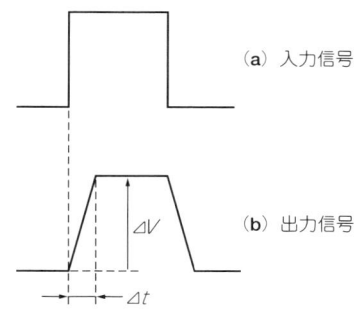

図5.14　スルーレートによる波形のひずみ

第5章

1.8 バイアス電流とオフセット電圧の影響

OPアンプは，入力をアースにショートしても出力に若干電圧が残ることがあります．これをオフセットといいます．このオフセットの原因は，OPアンプの入力部の差動増幅器が非対称であることによるもので，
(1) 入力オフセット電圧 V_{OS}
(2) バイアス電流 $I_I{}^+$, $I_I{}^-$

に原因があります．このオフセット電圧 V_{OS} とバイアス電流 $I_I{}^+$, $I_I{}^-$ の出力に対する影響を考えてみましょう (図5.15)．

出力 V_O は，
$$V_O = -I_I{}^+ R_3 + V_{OS} + (I_I{}^- - I_1) R_2 \qquad (1.69)$$
です．また，差動入力端子間の電圧は $V_S \simeq 0$ なので，
$$-R_3 I_I{}^+ = -I_1 R_1 - V_{OS}$$
$$I_1 = \frac{R_3 I_I{}^+ - V_{OS}}{R_1} \qquad (1.70)$$
が得られます．式(1.70)を式(1.69)に代入して，
$$V_O = -I_I{}^+ R_3 + V_{OS} + \left(I_I{}^- - \frac{R_3 I_I{}^+ - V_{OS}}{R_1} \right) R_2 = -I_I{}^- R_2 - I_I{}^+ R_3 \left(1 + \frac{R_2}{R_1} \right) + V_{OS} \left(1 + \frac{R_2}{R_1} \right)$$
$$= \frac{R_1 + R_2}{R_1} \left[I_I{}^- \frac{R_1 R_2}{R_1 + R_2} - I_I{}^+ R_3 + V_{OS} \right] \qquad (1.71)$$
となって，
$$R = R_1 // R_2 = \frac{R_1 R_2}{R_1 + R_2}$$
とおくと，

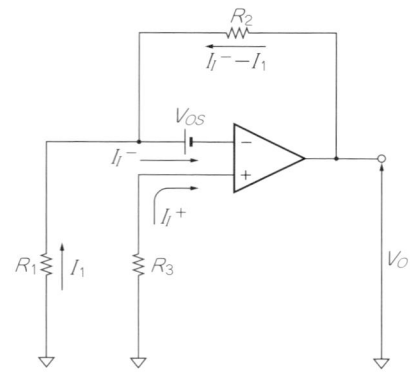

図5.15 バイアス電流とオフセット電圧

$$V_O = \frac{R_1 + R_2}{R_1}[I_I^- R - I_I^+ R_3 + V_{OS}] = \frac{R_1 + R_2}{R_1}[I_I^- R - I_I^- R_3 + I_I^- R_3 - I_I^+ R_3 + V_{OS}]$$

$$= \frac{R_1 + R_2}{R_1}[(R - R_3)I_I^- + R_3(I_I^- - I_I^+) + V_{OS}]$$

$$= \frac{R_1 + R_2}{R_1}[(R - R_3)I_I^- \pm R_3 I_{OS} + V_{OS}] \quad \cdots\cdots (1.72)$$

ここで，$R = R_3$ とすれば，電流によるオフセットを打ち消すことがわかります．

2. 基本的なOPアンプ回路

2.1 加算回路

ここからは，頻繁に利用されるOPアンプを使った基本的な回路を紹介します．図5.16に示したのは，加算回路です．この図で，出力電圧V_Oは，

$$V_O = -\left(\frac{R_f}{R_1}V_1 + \frac{R_f}{R_2}V_2\right) \quad \cdots\cdots (2.1)$$

となります．ここで，$R = R_1 = R_2$ とすれば，

$$V_O = -\frac{R_f}{R_1}(V_1 + V_2) \quad \cdots\cdots (2.2)$$

となり，V_1 と V_2 の和に比例する信号が出力されます．

それでは，式(2.2)を導出してみましょう．入力側において，電流 I_1，I_2 は，

$$I_1 = \frac{V_1}{R_1} \quad \cdots\cdots (2.3)$$

$$I_2 = \frac{V_2}{R_2} \quad \cdots\cdots (2.4)$$

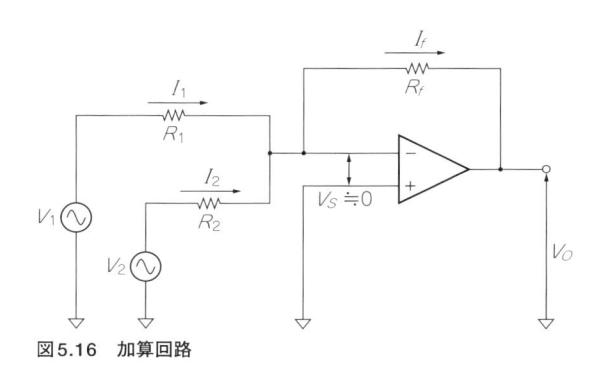

図5.16 加算回路

出力側において，出力電圧 V_O と電流 I_f は，

$$V_O = -I_f R_f \quad \cdots (2.5)$$
$$I_f = I_1 + I_2 \quad \cdots (2.6)$$

となり，式(2.6)を式(2.5)に代入して，

$$V_O = -(I_1 + I_2)R_f \quad \cdots (2.7)$$

式(2.3)，式(2.4)を式(2.7)に代入して，

$$V_O = -\left(\frac{V_1}{R_1} + \frac{V_2}{R_2}\right)R_f = -\left(\frac{R_f}{R_1}V_1 + \frac{R_f}{R_2}V_2\right) \quad \cdots (2.8)$$

が得られます．ここで，$R_1 = R_2$ とすれば，

$$V_O = -\frac{R_f}{R_1}(V_1 + V_2) \quad \cdots (2.9)$$

となります．

回路設計例を示すと，$R_1 = R_2 = R_f = 10\,\mathrm{k\Omega}$ とすれば，利得 $G = 1$ の2入力の加算回路になります．

2.2 減算回路

図5.17に示したのは，減算回路です．この図で，出力電圧 V_O は，

$$V_O = \frac{R_f}{R_1}(V_2 - V_1) \quad \cdots (2.10)$$

となり，$V_2 - V_1$ に比例する信号が出力され，減算を実現することができます．

それでは，式(2.10)を導出してみましょう．出力電圧 V_O は，

$$V_O = V_P - I_{f1}R_f \quad \cdots (2.11)$$

です．また，

$$V_P = \frac{R_f}{R_2 + R_f}V_2 \quad \cdots (2.12)$$

$$I_{f1} = I_1 = \frac{V_1 - V_P}{R_1} \quad \cdots (2.13)$$

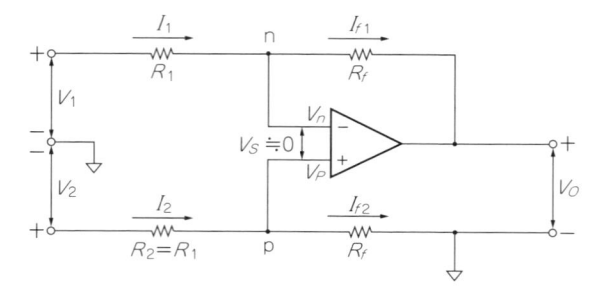

図5.17　減算回路

です．そこで，式(2.13)を式(2.11)に代入すると，

$$V_O = V_P - \frac{V_1 - V_P}{R_1}R_f = \left(1 + \frac{R_f}{R_1}\right)V_P - \frac{R_f}{R_1}V_1 \quad \cdots\cdots(2.14)$$

が得られ，式(2.12)を式(2.14)に代入して，

$$V_O = \left(1 + \frac{R_f}{R_1}\right)\left(\frac{R_f}{R_2 + R_f}\right)V_2 - \frac{R_f}{R_1}V_1 \quad \cdots\cdots(2.15)$$

となります．ここで，$R_1 = R_2$とすると，

$$V_O = \frac{R_f}{R_1}V_2 - \frac{R_f}{R_1}V_1 = \frac{R_f}{R_1}(V_2 - V_1) \quad \cdots\cdots(2.16)$$

となります．

回路設計例を示すと，$R_1 = R_2 = R_f = 10\,\mathrm{k\Omega}$とすれば，利得$G = 1$の減算回路になります．

2.3 高利得増幅回路

OPアンプを使って，利得1000倍以上の高利得増幅器を設計するような場合，あるいは入力インピーダンスの制限により（−）端子に接続された抵抗R_1の値を小さくできない場合は，抵抗R_2（あるいはR_f）の値が非常に大きくなることがあります．

しかし，R_2の上限は約1 MΩ程度が普通です．たとえば，反転増幅器で$R_1 = 10\,\mathrm{k\Omega}$として，$G = -1000$倍の利得を実現したいような場合は$R_2 = 10\,\mathrm{M\Omega}$となり，かなり大きな値になります．このようなとき，**図5.18**の回路を使用することによって，抵抗値を下げることができます．

この回路の利得Gは，

$$G = \frac{V_0}{V_1} = -\frac{1}{R_1}\left[R_{21} + R_{23}\left(1 + \frac{R_{21}}{R_{22}}\right)\right] \quad \cdots\cdots(2.17)$$

となります．

入力側において，バーチャル・ショートの考え方から$V_S \simeq 0$となり，R_1を流れる電流I_1は，

$$I_1 = \frac{V_1}{R_1} \quad \cdots\cdots(2.18)$$

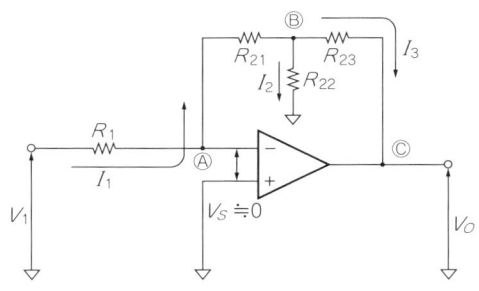

図5.18 高利得増幅回路

です．この電流 I_1 はすべて R_{21} を流れ，また④点の電位はゼロなので，⑤点の電位 V_B は，

$$V_B = -I_1 R_{21} \quad\quad\quad\quad\quad\quad\quad\quad\quad\quad\quad\quad\quad\quad\quad\quad (2.19)$$

となります．抵抗 R_{22} を流れる電流 I_2 は，

$$I_2 = \frac{V_B}{R_{22}} = -\frac{I_1 R_{21}}{R_{22}} = -\frac{R_{21}}{R_{22}} I_1 \quad\quad\quad\quad\quad\quad\quad\quad (2.20)$$

です．したがって，電流 I_3 は，

$$I_3 = I_1 - I_2 = I_1 + \frac{R_{21}}{R_{22}} I_1 = \left(1 + \frac{R_{21}}{R_{22}}\right) I_1 \quad\quad\quad\quad\quad (2.21)$$

です．出力電圧 V_O は，

$$V_O = V_B - I_3 R_{23} = -I_1 R_{21} - \left(1 + \frac{R_{21}}{R_{22}}\right) I_1 \cdot R_{23} = -I_1 \left[R_{21} + R_{23}\left(1 + \frac{R_{21}}{R_{22}}\right)\right] \quad (2.22)$$

となるので，式(2.18)を式(2.22)に代入して，

$$V_O = -\frac{V_1}{R_1}\left[R_{21} + R_{23}\left(1 + \frac{R_{21}}{R_{22}}\right)\right] \quad\quad\quad\quad\quad\quad (2.23)$$

となります．したがって，利得 G は，

$$G = \frac{V_O}{V_1} = -\frac{1}{R_1}\left[R_{21} + R_{23}\left(1 + \frac{R_{21}}{R_{22}}\right)\right] \quad\quad\quad\quad\quad (2.24)$$

となります．例として，$R_1 = 10\,\mathrm{k\Omega}$，$G = -1000$ で数値を求めてみましょう．

$$R_{21} + R_{23} \times \left(1 + \frac{R_{21}}{R_{22}}\right) = 10\,\mathrm{M\Omega}$$

になるように，各抵抗値を決定すればよいのです．たとえば，$R_{21} = R_{23} = 100\,\mathrm{k\Omega}$，$R_{22} = 1.02\,\mathrm{k\Omega}$ とすることができます．

2.4 差動増幅回路

図5.19に示したのは，差動増幅回路です．この回路は，コモン・モード・ノイズをキャンセルするために使われます．回路構成は，減算回路とまったく同じです．

たとえば，入力インピーダンス $10\,\mathrm{k\Omega}$，ゲイン $G = 10$ 倍で設計してみましょう．入力インピーダン

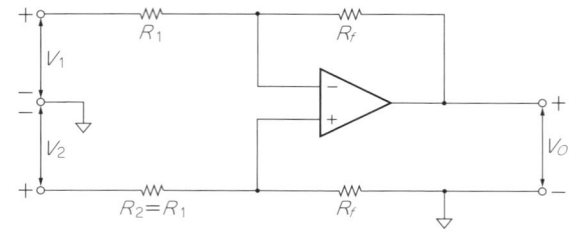

図5.19　差動増幅器

ス Z_{IN} は，

$Z_{IN} = R_1 + R_2 = 2R_2$

$R_1 = Z_{IN}/2 = (10 \times 10^3)/2 = 5 \text{ k}\Omega$

となるので，$R_1 = 5.1 \text{ k}\Omega$ とします．

また，ゲイン G は，

$$G = -\frac{R_f}{R_1}$$

$$|G| = \frac{R_f}{R_1}$$

$R_f = |G| \times R_1$ ・・・(2.25)

です．$|G| = 10$ 倍，$R_1 = 5.1 \text{ k}\Omega$ とすると，

$R_f = 10 \times (5.1 \times 10^3) = 51 \times 10^3 = 51 \text{ k}\Omega$

となります．

2.5　差動増幅回路──利得可変の単一差動アンプ

図5.20に示したのは，利得を可変できるようにした差動増幅回路です．この回路を設計してみましょう．まず，入出力関係の式を誘導します．OPアンプが理想OPアンプであると考えて各電圧・電流を求めると，次のような式が得られます．

$$I_1 = \frac{V_1 - V_1{'}}{R_1} = \frac{V_1{'} - V_2{'}}{R_2} \quad \cdots\cdots(2.26)$$

$$I_2 = \frac{V_2 - V_1{'}}{R_1} = \frac{V_1{'} - V_3{'}}{R_2} \quad \cdots\cdots(2.27)$$

$$I_O = \frac{V_O - V_2{'}}{R_2} \quad \cdots\cdots(2.28)$$

$$\frac{V_2{'} - V_3{'}}{KR_2} = I_1 + I_O = \frac{V_1{'} - V_2{'}}{R_2} + \frac{V_O - V_2{'}}{R_2} = \frac{V_1{'} + V_O - 2V_2{'}}{R_2} \quad \cdots\cdots(2.29)$$

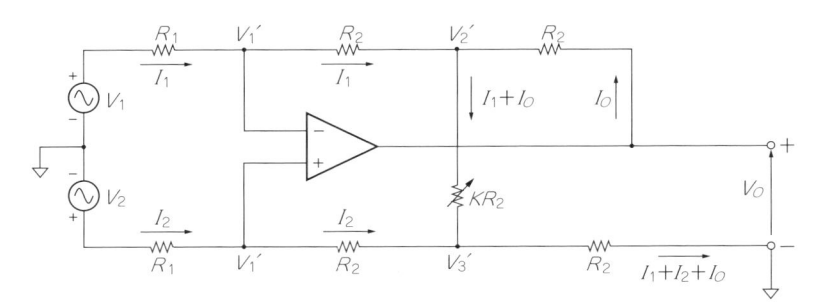

図5.20　利得可変差動増幅器

$$V_3' = R_2(I_1 + I_2 + I_O) = R_2\left(\frac{V_1' - V_2'}{R_2} + \frac{V_1' - V_3'}{R_2} + \frac{V_O' - V_2'}{R_2}\right)$$
$$= (V_1' - V_2') + (V_1' - V_3') + (V_O - V_2') = 2V_1' - 2V_2' - V_3' + V_O \quad \cdots\cdots(2.30)$$

式(2.30) より,
$$V_3' = V_1' - V_2' + \frac{V_O}{2} \quad \cdots\cdots(2.31)$$

式(2.31) を式(2.27) に代入すると,
$$\frac{V_2 - V_1'}{R_1} = \frac{V_1' - V_3'}{R_2} = \frac{V_1' - V_1' + V_2' - V_O/2}{R_2} = \frac{V_2' - V_O/2}{R_2} \quad \cdots\cdots(2.32)$$

となります. 次に, 式(2.31) を式(2.29) に代入すると,
$$V_2' - \left(V_1' - V_2' + \frac{V_O}{2}\right) = K(V_1' + V_O - 2V_2')$$
$$2(1+K)V_2' = (1+K)V_1' + \left(K + \frac{1}{2}\right)V_O$$
$$V_2' = \frac{1}{2}V_1' + \frac{K+1/2}{2(1+K)}V_O \quad \cdots\cdots(2.33)$$

式(2.33) を式(2.32) に代入すると,
$$\frac{V_2 - V_1'}{R_1} = \frac{1}{R_2}\left\{\frac{V_1'}{2} + \frac{K+1/2}{2(1+K)}V_O - \frac{V_O}{2}\right\} = \frac{1}{2R_2}\left\{V_1' + \frac{K+1/2-(1+K)}{1+K}V_O\right\}$$
$$= \frac{1}{2R_2}\left\{V_1' - \frac{1}{2(1+K)}V_O\right\}$$
$$V_2 - V_1' = \frac{R_1}{2R_2}V_1' - \frac{R_1}{4R_2(1+K)}V_O$$
$$\left(1 + \frac{R_1}{2R_2}\right)V_1' = V_2 + \frac{R_1}{4R_2(1+K)}V_O$$
$$V_1' = \frac{V_2 + \dfrac{R_1}{4R_2(1+K)}V_O}{1 + \dfrac{R_1}{2R_2}} \quad \cdots\cdots(2.34)$$

となります. 次に, 式(2.33) より,
$$V_2' - V_1' = -\frac{V_1'}{2} + \frac{K+1/2}{2(1+K)}V_O \quad \cdots\cdots(2.35)$$

が得られ, 式(2.26) に式(2.35) を代入すると,
$$\frac{V_1 - V_1'}{R_1} = \frac{1}{R_2}\left\{\frac{V_1'}{2} - \frac{K+1/2}{2(1+K)}V_O\right\}$$

$$V_1 - V_1' = \frac{R_1}{2R_2} V_1' - \frac{R_1(K+1/2)}{2R_2(1+K)} V_O$$

$$\left(1 + \frac{R_1}{2R_2}\right) V_1' = V_1 + \frac{R_1(K+1/2)}{2R_2(1+K)} V_O \quad \cdots\cdots (2.36)$$

式(2.36)に式(2.34)を代入すると,

$$\left(1 + \frac{R_1}{2R_2}\right) \frac{V_2 + \dfrac{R_1}{4R_2(1+K)} V_O}{1 + \dfrac{R_1}{2R_2}} = V_1 + \frac{R_1(K+1/2)}{2R_2(1+K)} V_O$$

$$V_2 + \frac{R_1}{4R_2(1+K)} V_O = V_1 + \frac{R_1(K+1/2)}{2R_2(1+K)} V_O \quad \cdots\cdots (2.37)$$

$$V_2 - V_1 = \left\{\frac{R_1(K+1/2)}{2R_2(1+K)} - \frac{R_1}{4R_2(1+K)}\right\} V_O = \frac{R_1}{4R_2(1+K)} \{2(K+1/2) - 1\} V_O$$

$$= \frac{R_1}{4R_2(1+K)} \cdot 2K \cdot V_O = \frac{KR_1}{2R_2(1+K)} V_O \quad \cdots\cdots (2.38)$$

この式より,

$$V_O = \frac{2R_2(1+K)}{KR_1}(V_2 - V_1) = 2\left(1 + \frac{1}{K}\right)\frac{R_2}{R_1}(V_2 - V_1) \quad \cdots\cdots (2.39)$$

となります. 式(2.39)において, $K = 1$ ならば,

$$V_O = 4\frac{R_2}{R_1}(V_2 - V_1) \quad \cdots\cdots (2.40)$$

$R_2 \to (R_2/2)/2$, $KR_2 \to R_v$ とすると, 式(2.39)は,

$$V_O = \left(1 + \frac{R_2}{KR_2}\right)\frac{2R_2}{R_1}(V_2 - V_1) = \frac{2R_2}{R_1}\left(1 + \frac{2R_2}{2KR_2}\right)(V_2 - V_1)$$

$$= \frac{R_2}{R_1}\left(1 + \frac{R_2}{2R_v}\right)(V_2 - V_1)$$

となります.

回路設計例を示すと, **図5.21**はチョッパ型OPアンプICL7650を使用した利得可変型差動増幅器です. ICL7650は, ロー・オフセット, ロー・ノイズという特徴をもっているため使用しました.

この回路では $R_1 = 5.1\,\text{k}\Omega$, $R_2/2 = 24\,\text{k}\Omega$ で, R_v は $2.7\,\text{k}\Omega$ の固定抵抗に直列に $10\,\text{k}\Omega$ (B) の半固定抵抗を接続しています. この $10\,\text{k}\Omega$ (B) の半固定抵抗により, 利得は約27倍~93倍まで可変可能です.

2.6　差動増幅回路──高入力インピーダンス差動アンプ

図5.22に示した回路は, 入力端子にそれぞれ非反転端子を用いて, 高入力インピーダンスとした差動増幅回路です. 出力電圧 V_O は, 重ね合わせの理より次式が得られます.

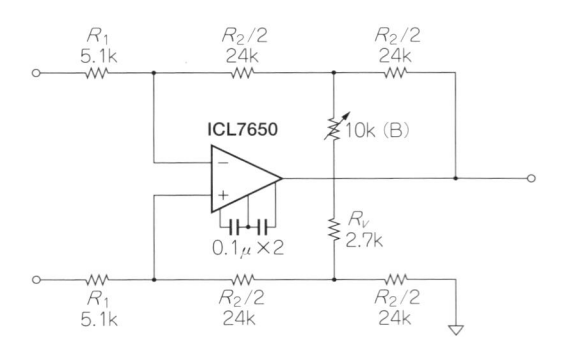

図5.21　利得可変差動増幅器の回路設計例

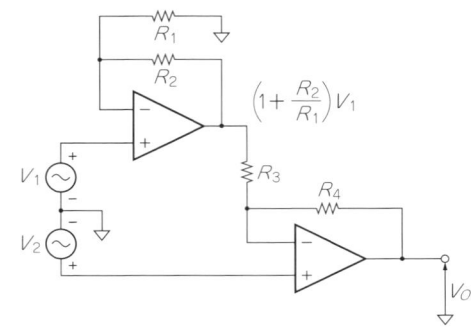

図5.22　高入力インピーダンスの差動増幅器

$$V_O = -\left(1 + \frac{R_2}{R_1}\right) V_1 \cdot \frac{R_4}{R_3} + \left(1 + \frac{R_4}{R_3}\right) V_2$$

$$= \left(1 + \frac{R_4}{R_3}\right)\left\{ V_2 - \frac{\left(1 + \frac{R_2}{R_1}\right)\left(\frac{R_4}{R_3}\right)}{1 + \frac{R_4}{R_3}} V_1 \right\}$$

$$= \left(1 + \frac{R_4}{R_3}\right)\left\{ V_2 - \frac{\frac{R_4}{R_3} + \frac{R_2 R_4}{R_1 R_3}}{1 + \frac{R_4}{R_3}} V_1 \right\} \quad \cdots\cdots (2.41)$$

式(2.41)において，$R_1/R_2 = R_4/R_3$ という条件があれば，式(2.41)は，

$$V_O = \left(1 + \frac{R_4}{R_3}\right)(V_2 - V_1) \quad \cdots\cdots (2.42)$$

となります．この回路方式は，同傾向のドリフトをもつOPアンプを用いれば，出力側ではこれが打ち消されるという長所があります．

　回路設計例を示すと，**図5.22**の回路において，$R_1 = R_4 = 51\,\mathrm{k}\Omega$，$R_2 = R_3 = 5.1\,\mathrm{k}\Omega$ とすれば，利得 $G = 10$ 倍の高入力インピーダンスの差動増幅器を設計することができます．この回路は，高い内部インピーダンスをもつセンサなどの前置増幅器として利用できます．

第6章

トランジスタとOPアンプを使った回路設計の基礎知識
―― 発振回路,定電圧/定電流回路,フィルタ回路 ――

本章と第7章では,トランジスタやOPアンプを使った応用回路の設計法を学びます.まず本章では,発振回路や定電源回路,フィルタ回路などを解析し,設計法を紹介します.数式がかなり多く出てきますが,忍耐強く目で追いながら,自分で計算して自信をつけましょう.今ではほとんど使われなくなったトランジスタによるマルチバイブレータ回路も,自分で計算して理論と比較してみるのもおもしろいと思います.

1. 発振回路

1.1 LC発振回路――発振の原理

図6.1は,発振器の原理を示したものです.増幅率Aの増幅器によって増幅された出力V_Oが,帰還率βの帰還回路によってβ倍されて入力に再び戻るように構成された帰還増幅回路です.

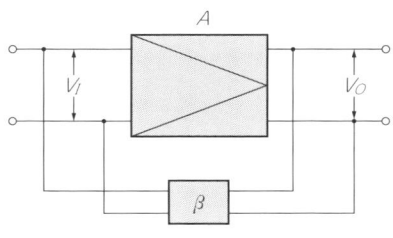

図6.1 発振の原理

第6章

この帰還増幅器が発振するためには，入力V_Iよりも帰還してきた$\beta V_O = \beta A V_I$のほうが大きければ，どんどん増幅されて発振します．ただし，増幅されるといっても，増幅器を構成しているトランジスタ自身が信号が大きくなると飽和してしまうので，無限大に大きくはならず，V_Iと$A\beta V_I$が釣り合ったところで一定の発振を続けます．

発振するための条件を式で表すと，

$$A\beta V_I \geqq V_I \tag{1.1}$$

です．つまり，

$$A\beta \geqq 1 \tag{1.2}$$

であり，発振が安定すると，

$$A\beta V_I = V_I$$
$$A\beta = 1 \tag{1.3}$$

が成立します．

この発振の原因を，ミクロ的に見てみましょう．増幅器の増幅作用は，基本的には電子の運動によって起こりますが，増幅器の中には電子の時間的なゆらぎ，つまり雑音成分が含まれています．

そこで，帰還回路に周波数選択性をもたせておくと，雑音成分の中から特定の周波数成分だけが成長し，平衡状態に達して持続振動となります．これが，発振そのものの原因です．

1.2 LC発振回路 —— LC発振回路の基本

図6.2に示したのは，直流電源を除いたLC発振回路の基本回路と，その等価回路です．ただし，Z_1，Z_2，Z_3はインピーダンスです．

この等価回路において，発振条件を考えます．ただしこの場合，トランジスタは電流制御素子なので，電流を中心に発振条件を考えます．まず，電流増幅率A_Iは，

$$A_I = \frac{I_c}{I_b} = h_{fe} \tag{1.4}$$

です．次に，帰還率β_Iを考えます．ベース電流I_bをコレクタ電流I_cで表すと，

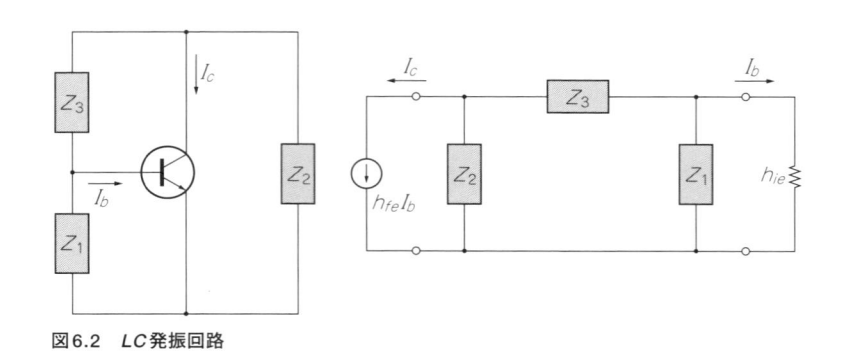

図6.2 LC発振回路

$$I_b = -\frac{Z_2}{Z_2+Z_3+\dfrac{Z_1 h_{ie}}{Z_1+h_{ie}}} I_c \cdot \frac{Z_1}{Z_1+h_{ie}} \quad \cdots\cdots (1.5)$$

となります．したがって，帰還率 β_I は，

$$\beta_I = \frac{I_b}{I_c} = -\frac{Z_2}{Z_2+Z_3+\dfrac{Z_1 h_{ie}}{Z_1+h_{ie}}} \cdot \frac{Z_1}{Z_1+h_{ie}} = -\frac{Z_1 Z_2}{(Z_2+Z_3)(Z_1+h_{ie})+Z_1 h_{ie}} \quad \cdots\cdots (1.6)$$

が得られます．式(1.4)，式(1.6)より発振条件である $A_I \beta_I = 1$ に代入して，

$$h_{fe}\left\{-\frac{Z_1 Z_2}{(Z_2+Z_3)(Z_1+h_{ie})+Z_1 h_{ie}}\right\} = 1$$

$$-h_{fe} Z_1 Z_2 = (Z_2+Z_3)(Z_1+h_{ie})+Z_1 h_{ie}$$

$$h_{fe} Z_1 Z_2 + Z_1(Z_2+Z_3) + (Z_1+Z_2+Z_3)h_{ie} = 0 \quad \cdots\cdots (1.7)$$

の式が得られます．LC発振回路は，Z_1，Z_2，Z_3 が純リアクタンスで構成されているので，第1項，第2項は実数，第3項は虚数です．したがって，実数部と虚数部をそれぞれ0とおいて，

〔利得条件〕

$$h_{fe} Z_1 Z_2 + Z_1(Z_2+Z_3) = 0 \quad \cdots\cdots (1.8)$$

〔周波数条件〕

$$Z_1 + Z_2 + Z_3 = 0 \quad \cdots\cdots (1.9)$$

となります．式(1.8)を利得条件，式(1.9)を周波数条件といいます．

式(1.8)，式(1.9)をさらに変形してみましょう．式(1.8)より

$$Z_3 = -(1+h_{fe})Z_2 \quad \cdots\cdots (1.10)$$

となります．これを式(1.9)に代入して，

$$Z_1 + Z_2 - (1+h_{fe})Z_2 = 0$$

$$Z_1 = h_{fe} Z_2 \quad \cdots\cdots (1.11)$$

となります．まとめてみると，

$$Z_3 = -(1+h_{fe})Z_2$$

$$Z_1 = h_{fe} Z_2 \quad \cdots\cdots (1.12)$$

となります．

式(1.12)より「Z_1 と Z_2 は同符号で，Z_1 は Z_2 の h_{fe} 倍でなくてはなりません．また，Z_2 と Z_3 は異符号で，Z_3 は Z_2 の $(1+h_{fe})$ 倍でなくてはなりません」．

したがって，具体的には次の二つの場合が考えられます．

(1) Z_1，Z_2 がインダクタンスであると，Z_3 はキャパシタンスでなくてはならない．
(2) Z_1，Z_2 がキャパシタンスであると，Z_3 はインダクタンスでなくてはならない．

(1)の場合をハートレー発振回路，(2)の場合をコルピッツ発振回路といいます．

1.3 *LC*発振回路──ハートレー発振回路

図6.3に，ハートレー発振回路を示します．$-M$とは，エミッタを基準にして，ベース電圧とコレクタ電圧が逆位相になるような結合を意味し，図中の●印がこれを示します．

L_1とL_2は，原理的には結合しない独立のコイルですが，コイル自体を小型にし，調整を容易にするために，相互インダクタンスMをもたせてあります．つまり，L_1とL_2を一体のコイルとして作り，適当な点からタップを出して使います．

それぞれのインピーダンスは，

$$Z_1 = j\omega(L_1 + M) \qquad (1.13)$$

$$Z_2 = j\omega(L_2 + M) \qquad (1.14)$$

$$Z_3 = \frac{1}{j\omega C_3} \qquad (1.15)$$

です．利得条件は，

$$h_{fe} = \frac{Z_1}{Z_2} \qquad (1.16)$$

です．式(1.13)，式(1.14)を式(1.16)に代入して，

$$h_{fe} = \frac{j\omega(L_1 + M)}{j\omega(L_2 + M)} = \frac{L_1 + M}{L_2 + M} \qquad (1.17)$$

となります．周波数条件は，

$$Z_1 + Z_2 + Z_3 = 0 \qquad (1.18)$$

ですから，これに式(1.13)，式(1.14)，式(1.15)を代入して，

$$j\omega(L_1 + M) + j\omega(L_2 + M) + \frac{1}{j\omega C_3} = 0$$

$$\omega(L_1 + L_2 + 2M) - \frac{1}{\omega C_3} = 0$$

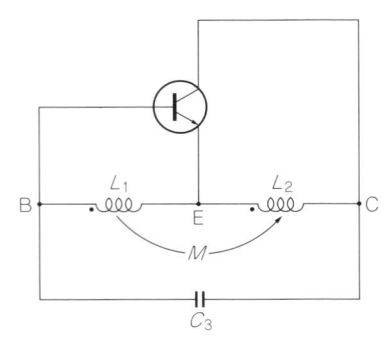

図6.3　ハートレー発振回路

$$\omega^2 = \frac{1}{C_3(L_1 + L_2 + 2M)} \qquad \omega = \frac{1}{\sqrt{C_3(L_1+L_2+2M)}} \quad \cdots\cdots(1.19)$$

となり，発振周波数 f_0 は，

$$f_0 = \frac{\omega}{2\pi} = \frac{1}{2\pi\sqrt{C_3(L_1+L_2+2M)}} \quad \cdots\cdots(1.20)$$

となります．式(1.20)は，ちょうど L_1，L_2，C_3 で構成されているタンク回路の共振周波数となります．

1.4　*LC* 発振回路──コルピッツ発振回路

図6.4は，コルピッツ発振回路の基本回路です．各インピーダンス Z_1，Z_2，Z_3 は，

$$Z_1 = \frac{1}{j\omega C_1} \quad \cdots\cdots(1.21)$$

$$Z_2 = \frac{1}{j\omega C_2} \quad \cdots\cdots(1.22)$$

$$Z_3 = j\omega L_3 \quad \cdots\cdots(1.23)$$

であり，発振条件は，

$$Z_1 + Z_2 + Z_3 = 0 \quad \cdots\cdots(1.24)$$

となります．これに，式(1.21)，式(1.22)，式(1.23)を代入して，

$$\frac{1}{j\omega C_1} + \frac{1}{j\omega C_2} + j\omega L_3 = 0$$

$$\omega = \sqrt{\frac{1}{L_3}\left(\frac{1}{C_1} + \frac{1}{C_2}\right)} \quad \cdots\cdots(1.25)$$

となります．発振周波数 f_0 は，

$$f_0 = \frac{\omega}{2\pi} = \frac{1}{2\pi}\sqrt{\frac{1}{L_3}\left(\frac{1}{C_1}+\frac{1}{C_2}\right)} = \frac{1}{2\pi\sqrt{L_3\cdot\frac{C_1 C_2}{C_1+C_2}}} \quad \cdots\cdots(1.26)$$

となります．また，利得条件は，

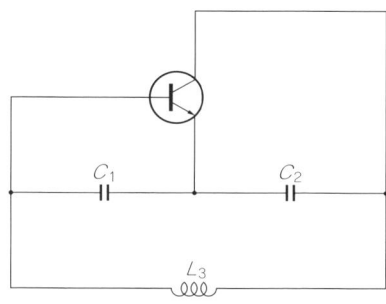

図6.4　コルピッツ発振回路

第6章

$$h_{fe} = \frac{Z_1}{Z_2} \quad \cdots\cdots\cdots\cdots\cdots\cdots\cdots\cdots\cdots\cdots\cdots\cdots\cdots\cdots\cdots\cdots\cdots\cdots\cdots\cdots\cdots\cdots\cdots\cdots\cdots\cdots\cdots\cdots\cdots\cdots \quad (1.27)$$

なので,これに式(1.21),式(1.22)を代入します.

$$h_{fe} = \frac{1/j\omega C_1}{1/j\omega C_2} = \frac{C_2}{C_1} \quad \cdots\cdots\cdots\cdots\cdots\cdots\cdots\cdots\cdots\cdots\cdots\cdots\cdots\cdots\cdots\cdots\cdots\cdots\cdots\cdots\cdots \quad (1.28)$$

となります.C_2/C_1 の比は,

$$C_2 : C_1 = (10 \sim 50) : 1$$

程度に決めるので,式(1.26)の発振周波数 f_0 は C_1 が支配的になってきます.つまり,$C_2 \gg C_1$ では,

$$f_0 \simeq \frac{1}{2\pi\sqrt{L_3 C_1}} \quad \cdots\cdots\cdots\cdots\cdots\cdots\cdots\cdots\cdots\cdots\cdots\cdots\cdots\cdots\cdots\cdots\cdots\cdots\cdots\cdots\cdots\cdots \quad (1.29)$$

となります.

1.5 CR発振回路──微分型移相発振回路

CR発振回路は,インダクタンスを使わずに,帰還回路 β を抵抗とコンデンサだけで構成した発振回路です.とくに,この帰還回路 β のことを移相回路といいます.

ここでは,構成しやすい形として増幅器の入力インピーダンスが無限大とみなせる場合について考えます(図6.5).

図6.6のように,微分回路がはしご状に3段つながった移相回路を微分型移相回路といいます.もし,増幅器の出力インピーダンスが,移相回路のインピーダンスに比べて十分小さければ,出力電圧 e_O の定電圧源が図に示したようにあるとみなせます.また,増幅器の入力インピーダンスが移相回路の最後にある抵抗 R に比べて十分大きければ,図のように移相回路だけ独立させて考えることができます.増幅器の入力電圧 e_I は,

$$e_I = R I_3 \quad \cdots\cdots\cdots\cdots\cdots\cdots\cdots\cdots\cdots\cdots\cdots\cdots\cdots\cdots\cdots\cdots\cdots\cdots\cdots\cdots\cdots\cdots\cdots\cdots\cdots \quad (1.30)$$

です.I_3 は,図6.6に示すようにループ電流を決めて,キルヒホッフの法則により方程式を立てて求めることができます.方程式は,

$$\left.\begin{array}{l}(R - jX)I_1 - RI_2 = e_O \\ -RI_1 + (2R - jX)I_2 - RI_3 = 0 \\ -RI_2 + (2R - jX)I_3 = 0\end{array}\right\} \quad \cdots\cdots\cdots\cdots\cdots\cdots\cdots\cdots \quad (1.31)$$

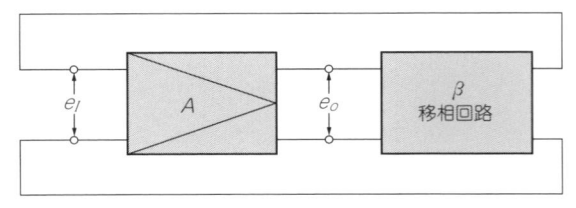

図6.5 CR発振回路の原理

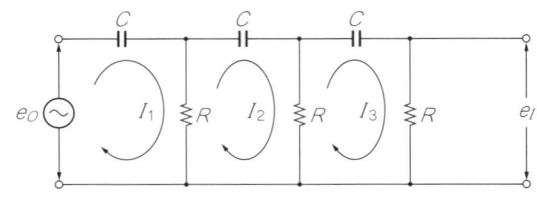

図6.6 微分型移相回路

ただし,

$$X = \frac{1}{\omega C} \quad \cdots (1.32)$$

です．この方程式により，I_3 を求めると，

$$I_3 = \frac{1}{\Delta} \begin{vmatrix} R-jX & -R & e_O \\ -R & 2R-jX & 0 \\ 0 & -R & 0 \end{vmatrix} = \frac{e_O}{\Delta} \begin{vmatrix} -R & 2R-jX \\ 0 & -R \end{vmatrix} = \frac{R^2}{\Delta} e_O \quad \cdots (1.33)$$

です．ただし,

$$\Delta = \begin{vmatrix} R-jX & -R & 0 \\ -R & 2R-jX & -R \\ 0 & -R & 2R-jX \end{vmatrix} \quad \cdots (1.34)$$

です．Δ を具体的に計算してみましょう．

$$\begin{aligned}
\Delta &= (R-jX)(2R-jX)^2 - R^2(2R-jX) - R^2(R-jX) \\
&= (R-jX)\{(4R^2-X^2) - j4XR\} - 3R^3 + j2R^2X \\
&= \{R(4R^2-X^2) - 4RX^2\} - j\{4R^2X + X(4R^2-X^2)\} - 3R^3 + j2R^2X \\
&= R(R^2-5X^2) - jX(6R^2-X^2) \quad \cdots (1.35)
\end{aligned}$$

これを式(1.33)に代入して,

$$I_3 = \frac{R^2}{R(R^2-5X^2) - jX(6R^2-X^2)} e_O \quad \cdots (1.36)$$

となります．入力電圧 e_I は，これを式(1.30)に代入して,

$$e_I = \frac{R^3}{R(R^2-5X^2) - jX(6R^2-X^2)} e_O \quad \cdots (1.37)$$

です．帰還率 β_v は,

$$\beta_v = \frac{e_I}{e_O} = \frac{R^3}{R(R^2-5X^2) - jX(6R^2-X^2)} \quad \cdots (1.38)$$

です．増幅器の増幅度を A_v とすると，発振条件は,

$$A_v \beta_v = 1 \quad \cdots (1.39)$$

です．式(1.38)を式(1.39)に代入して,

$$\frac{A_v R^3}{R(R^2-5X^2) - jX(6R^2-X^2)} = 1$$

$$A_v R^3 = R(R^2-5X^2) - jX(6R^2-X^2) \quad \cdots (1.40)$$

です．増幅度 A_v は実数ですから，右辺の虚数部は0でなければなりません．したがって,

$$X(6R^2-X^2) = 0$$

$$X = \sqrt{6}\,R \quad \cdots (1.41)$$

となりますが，これに式(1.32)を代入して,

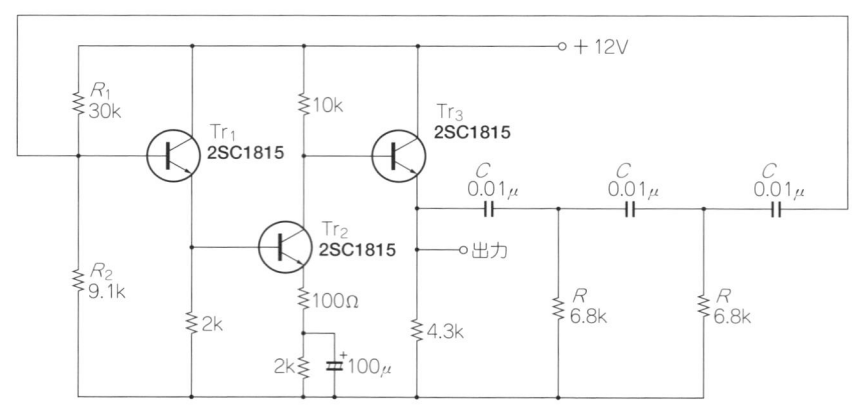

図6.7 微分型移相発振器の実用回路($f_0 \fallingdotseq 1\,\text{kHz}$)

$$\omega = \frac{1}{\sqrt{6}\,CR} \qquad (1.42)$$

となります．発振周波数f_0は，

$$f_0 = \frac{\omega}{2\pi} = \frac{1}{2\sqrt{6}\,\pi CR} \qquad (1.43)$$

です．必要な増幅器の利得A_vは，

$$A_v = \frac{R^2 - 5X^2}{R^2} \qquad (1.44)$$

です．これに式(1.41)を代入して，

$$A_v = \frac{R^2 - 30R^2}{R^2} = -29 \qquad (1.45)$$

となります．微分型移相回路の実用回路を**図6.7**に示します(発振周波数$f_0 \simeq 1\,\text{kHz}$)．

図でTr_2が増幅器として働き，Tr_1，Tr_3はエミッタ・フォロワとして働きます．前述したように，エミッタ・フォロワの特長は，高入力インピーダンス，低出力インピーダンスです．また，R_1とR_2は並列に合成されて，抵抗Rと同じく$6.8\,\text{k}\Omega$になります．この回路の発振周波数は式(1.43)より，

$$f_0 = \frac{1}{2\sqrt{6}\,\pi CR} = \frac{1}{2 \times \sqrt{6} \times 3.14 \times (0.01 \times 10^{-6}) \times (6.8 \times 10^3)} = 955.9 \simeq 1\,\text{kHz} \qquad (1.46)$$

となります．

1.6　*CR*発振回路——積分型移相発振回路

図6.8のように，積分回路をはしご状に3段つないだ移相回路を積分型移相回路といいます．微分型と同じ考え方でループ電流を決めて方程式を立てると，

1.6 CR発振回路——積分型移相発振回路

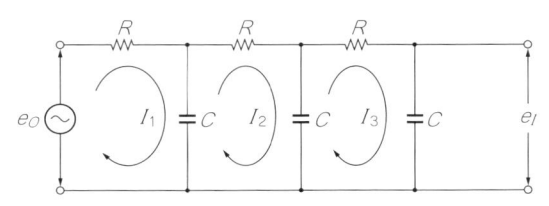

図6.8 積分型移相回路

$$\left.\begin{array}{l}(R-jX)I_1 + jXI_2 = e_O \\ jXI_1 + (R-2jX)I_2 + jXI_3 = 0 \\ jXI_2 + (R-2jX)I_3 = 0\end{array}\right\} \quad\cdots\cdots(1.47)$$

となります.ただし,

$$X = \frac{1}{\omega C} \quad\cdots\cdots(1.48)$$

です.I_3について解くと,

$$I_3 = \frac{1}{\Delta}\begin{vmatrix} R-jX & jX & e_O \\ jX & R-2jX & 0 \\ 0 & jX & 0 \end{vmatrix} = \frac{e_O}{\Delta}\begin{vmatrix} jX & R-2jX \\ 0 & jX \end{vmatrix} = -\frac{X^2}{\Delta}e_O \quad\cdots\cdots(1.49)$$

です.ただし,

$$\Delta = \begin{vmatrix} R-jX & jX & 0 \\ jX & R-2jX & jX \\ 0 & jX & R-2jX \end{vmatrix} \quad\cdots\cdots(1.50)$$

です.Δを計算すると,

$$\begin{aligned}\Delta &= (R-jX)(R-2jX)^2 + X^2(R-jX) + X^2(R-2jX) \\ &= (R-jX)\{(R^2-4X^2)-4jXR\} + 2X^2R - 3jX^3 \\ &= \{R(R^2-4X^2)-4X^2R\} - j\{X(R^2-4X^2)+4XR^2\} + 2X^2R - 3jX^3 \\ &= R(R^2-6X^2) - jX(5R^2-X^2)\end{aligned} \quad\cdots\cdots(1.51)$$

これを式(1.49)に代入して,

$$I_3 = -\frac{X^2}{R(R^2-6X^2)-jX(5R^2-X^2)}e_O \quad\cdots\cdots(1.52)$$

となります.したがって,e_Iは,

$$e_I = -jXI_3 = \frac{jX^3}{R(R^2-6X^2)-jX(5R^2-X^2)}e_O \quad\cdots\cdots(1.53)$$

です.これから帰還率β_vは,

$$\beta_v = \frac{e_I}{e_O} = \frac{jX^3}{R(R^2-6X^2)-jX(5R^2-X^2)} \quad\cdots\cdots(1.54)$$

です.増幅器の増幅率をA_vとすると,発振条件は,

$$A_v \beta_v = 1 \quad \cdots\cdots (1.55)$$

です．これに式(1.54)を代入すると，

$$\frac{jX^3 A_v}{R(R^2 - 6X^2) - jX(5R^2 - X^2)} = 1 \quad \cdots\cdots (1.56)$$

$$jX^3 A_v = R(R^2 - 6X^2) - jX(5R^2 - X^2) \quad \cdots\cdots (1.57)$$

となります．増幅率 A_v は実数ですから，右辺の実数部は0です．したがって，

$$R(R^2 - 6X^2) = 0$$

$$X = \frac{R}{\sqrt{6}} \quad \cdots\cdots (1.58)$$

となります．

これに式(1.48)を代入して，

$$\frac{1}{\omega C} = \frac{R}{\sqrt{6}} \qquad \omega = \frac{\sqrt{6}}{CR}$$

となります．発振周波数 f_0 は，

$$f_0 = \frac{\omega}{2\pi} = \frac{\sqrt{6}}{2\pi CR} \quad \cdots\cdots (1.59)$$

となります．微分型と発振周波数 f_0 を比べてみると，積分型は比較的高い周波数を発振させるのに便利です．増幅率 A_v は式(1.57)より，

$$A_v = -\frac{5R^2 - X^2}{X^2} \quad \cdots\cdots (1.60)$$

となりますが，これに式(1.58)を代入して，

$$A_v = -\frac{5R^2 - R^2/6}{R^2/6} = -29 \quad \cdots\cdots (1.61)$$

となります．

1.7 CR発振回路──OPアンプを使用した移相型CR正弦波発振器

図6.9は，CR型2段および CR_f (反転端子がアース電位)との3段からなる移相回路で，ゼロから無限大まで周波数を変化させると，1段のCR回路で0～90°まで位相が進み，全体として0～270°まで位相が理論上進むことになります．

したがって，ある有限の周波数に対して180°理論上進むことになりますから，反転型OPアンプを用いれば，その周波数で正帰還がかかり発振します．発振周波数は，

$$f_0 = \frac{\omega}{2\pi} = \frac{1}{2\pi\sqrt{3}\,CR} \quad \cdots\cdots (1.62)$$

です．発振条件は，

$$R_f = 12R \quad \cdots\cdots (1.63)$$

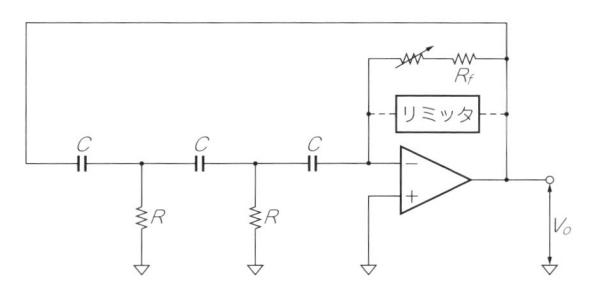

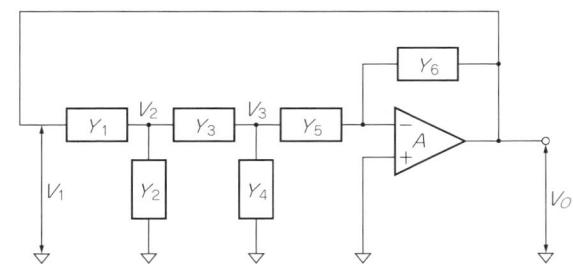

図6.9 移相型CR正弦波発振器

図6.10 アドミタンスに置換

移相型CR正弦波発振回路をアドミタンスに置換すると，**図6.10**のようになります．図から，$A = \infty$，$Z_i = \infty$とすると，次の諸式が得られます．

$$Y_1(V_1 - V_2) = Y_2 V_2 + Y_3(V_2 - V_3) \quad \cdots (1.64)$$

$$Y_3(V_2 - V_3) = (Y_4 + Y_5)V_3 \quad \cdots (1.65)$$

$$Y_5 V_3 = -Y_6 V_O \quad \cdots (1.66)$$

式(1.64)，式(1.65)を整理すると，

$$Y_1 V_1 - Y_1 V_2 = (Y_2 + Y_3)V_2 - Y_3 V_3$$

$$V_1 = \frac{1}{Y_1}\{(Y_1 + Y_2 + Y_3)V_2 - Y_3 V_3\} \quad \cdots (1.67)$$

$$Y_3 V_2 - Y_3 V_3 = (Y_4 + Y_5)V_3$$

$$V_2 = \frac{Y_3 + Y_4 + Y_5}{Y_3} V_3 \quad \cdots (1.68)$$

式(1.67)に式(1.66)，式(1.68)を代入して，

$$V_1 = \frac{1}{Y_1}\left\{(Y_1 + Y_2 + Y_3)\frac{Y_3 + Y_4 + Y_5}{Y_3}V_3 - Y_3 V_3\right\}$$

$$= \frac{1}{Y_1}\left\{\frac{(Y_1 + Y_2 + Y_3)(Y_3 + Y_4 + Y_5)}{Y_3} - Y_3\right\}\cdot\left(-\frac{Y_6}{Y_5}V_O\right)$$

$$= \frac{Y_6}{Y_1 Y_3 Y_5}\{-(Y_1 + Y_2 + Y_3)(Y_3 + Y_4 + Y_5) + Y_3^2\}V_O$$

$$\frac{V_O}{V_1} = \frac{Y_1 Y_3 Y_5}{Y_6\{-(Y_1 + Y_2 + Y_3)(Y_3 + Y_4 + Y_5) + Y_3^2\}}$$

$$= \frac{Y_1 Y_3 Y_5}{Y_6\{-(Y_1 + Y_2)(Y_4 + Y_5) - Y_3(Y_1 + Y_2 + Y_4 + Y_5)\}} \quad \cdots (1.69)$$

式(1.69)に，$Y_1 = Y_3 = Y_5 = j\omega C$，$Y_2 = Y_4 = 1/R$，$Y_6 = 1/R_f$を代入して整理すると，

$$\frac{V_O}{V_1} = \frac{j\omega C \cdot j\omega C \cdot j\omega C}{\dfrac{1}{R_f}\left\{-\left(j\omega C + \dfrac{1}{R}\right)\left(\dfrac{1}{R} + j\omega C\right) - j\omega C\left(j\omega C + \dfrac{1}{R} + \dfrac{1}{R} + j\omega C\right)\right\}}$$

$$= \frac{-j(\omega C)^3}{-\frac{1}{R_f}\left\{\left(j\omega C+\frac{1}{R}\right)^2+j2\omega\left(j\omega C+\frac{1}{R}\right)\right\}} = \frac{j(\omega C)^3}{\frac{1}{R_f}\left(j\omega C+\frac{1}{R}\right)\left(j3\omega C+\frac{1}{R}\right)}$$

$$= \frac{j\omega^3 C^3 R^2 R_f}{(j\omega CR+1)(j3\omega CR+1)} = \frac{j\omega^3 C^3 R^2 R_f}{-3(\omega CR)^2+j4\omega CR+1} \quad \cdots\cdots(1.70)$$

となります．

$V_O/V_1 = 1$ の発振条件（$A\beta = 1$）より，

$$\frac{j\omega^3 C^3 R^2 R_f}{-3(\omega CR)^2+j4\omega CR+1} = 1 \quad \cdots\cdots(1.71)$$

$$j\omega^3 C^3 R^2 R_f = -3(\omega CR)^2+j4\omega CR+1$$

$$1-3(\omega CR)^2+j(4\omega CR-\omega^3 C^3 R^2 R_f)=0 \quad \cdots\cdots(1.72)$$

式(1.72)より，実数部と虚数部をゼロとおくと，

$$1-3(\omega CR)^2 = 0 \quad \cdots\cdots(1.73)$$

$$4\omega CR-\omega^3 C^3 R^2 R_f = 0 \quad \cdots\cdots(1.74)$$

式(1.73)より，

$$3(\omega CR)^2 = 1$$

$$\omega = \frac{1}{\sqrt{3}\,CR} \quad \cdots\cdots(1.75)$$

これより発振周波数 f_0 は，

$$f_0 = \frac{\omega}{2\pi} = \frac{1}{2\pi\sqrt{3}\,CR} \quad \cdots\cdots(1.76)$$

となります．

式(1.74)より，

$$R_f = \frac{4\omega CR}{\omega^3 C^3 R^2} = \frac{4}{(\omega CR)^2}\cdot R \quad \cdots\cdots(1.77)$$

$\omega CR = 1/\sqrt{3}$ なので，これを代入し，

$$R_f = \frac{4}{(1/\sqrt{3})^2}R = 12R \quad \cdots\cdots(1.78)$$

となります．

1.8　ウィーン・ブリッジ正弦波発振回路（OPアンプ使用）

図6.11は，ウィーン・ブリッジ正弦波発振回路を示したものです．図からわかるように，CR素子で周波数を決定する部分と振幅を制限する R_3, R_4 でブリッジを形成しています．

この回路の発振周波数は，

1.8 ウィーン・ブリッジ正弦波発振回路（OPアンプ使用）

$$f_0 = \frac{1}{2\pi\sqrt{R_1 R_2 C_1 C_2}} \quad \cdots (1.79)$$

です．また，発振持続条件は，

$$A = 1 + \frac{R_3}{R_4} = \frac{R_1}{R_2} + \frac{C_2}{C_1} + 1 \quad \cdots (1.80)$$

になります．この式において，$R = R_1 = R_2$，$C = C_1 = C_2$ の関係があれば，

$$f_0 = \frac{1}{2\pi CR} \quad \cdots (1.81)$$

$$A = 1 + \frac{R_3}{R_4} = 3 \quad (R_3 = 2R_4) \quad \cdots (1.82)$$

となります．

この発振周波数と発振条件を計算によって求めてみましょう．
まず，インピーダンス Z_1，Z_2 は，

$$Z_1 = R_1 + \frac{1}{j\omega C_1} \quad \cdots (1.83)$$

$$Z_2 = \frac{R_2 \cdot \frac{1}{j\omega C_2}}{R_2 + \frac{1}{j\omega C_2}} = \frac{R_2}{1 + j\omega C_2 R_2} \quad \cdots (1.84)$$

なので，帰還係数 β は，

$$\begin{aligned}
\beta &= \frac{Z_2}{Z_1 + Z_2} = \frac{\frac{R_2}{1 + j\omega C_2 R_2}}{R_1 + \frac{1}{j\omega C_1} + \frac{R_2}{1 + j\omega C_2 R_2}} \\
&= \frac{R_2}{R_1(1 + j\omega C_2 R_2) + (1/j\omega C_1)(1 + j\omega C_2 R_2) + R_2} \\
&= \frac{R_2}{R_1 + R_2\left(1 + \frac{C_2}{C_1}\right) + j\left(\omega R_1 R_2 C_2 - \frac{1}{\omega C_1}\right)} \quad \cdots (1.85)
\end{aligned}$$

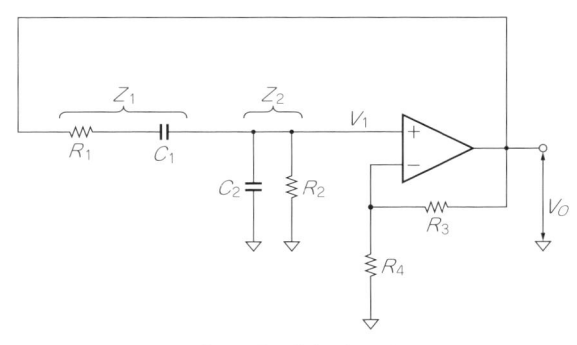

図6.11　ウィーン・ブリッジ正弦波発振回路

です．この非反転増幅器の利得Aは，

$$A = 1 + \frac{R_3}{R_4} \quad \cdots\cdots(1.86)$$

です．発振条件は，

$$A\beta = 1 \quad \cdots\cdots(1.87)$$

式(1.85)，式(1.86)を式(1.87)に代入して，

$$\frac{R_2}{R_1 + R_2\left(1 + \dfrac{C_2}{C_1}\right) + j\left(\omega R_1 R_2 C_2 - \dfrac{1}{\omega C_1}\right)} \frac{R_3 + R_4}{R_4} = 1$$

$$\frac{R_2}{R_1 + R_2\left(1 + \dfrac{C_2}{C_1}\right) + j\left(\omega R_1 R_2 C_2 - \dfrac{1}{\omega C_1}\right)} = \frac{R_4}{R_3 + R_4} \quad \cdots\cdots(1.88)$$

です．この条件式が成立するためには，左辺の分母の虚数項が0でなくてはなりません．つまり，

$$\omega R_1 R_2 C_2 - \frac{1}{\omega C_1} = 0$$

$$\omega = \frac{1}{\sqrt{R_1 R_2 C_1 C_2}} \quad \cdots\cdots(1.89)$$

です．これより発振周波数f_0は，

$$f_0 = \frac{1}{2\pi \sqrt{R_1 R_2 C_1 C_2}} \quad \cdots\cdots(1.90)$$

となります．式(1.89)を式(1.88)に代入して，

$$\frac{R_3}{R_4} = \frac{R_1}{R_2} + \frac{C_2}{C_1} \quad \cdots\cdots(1.91)$$

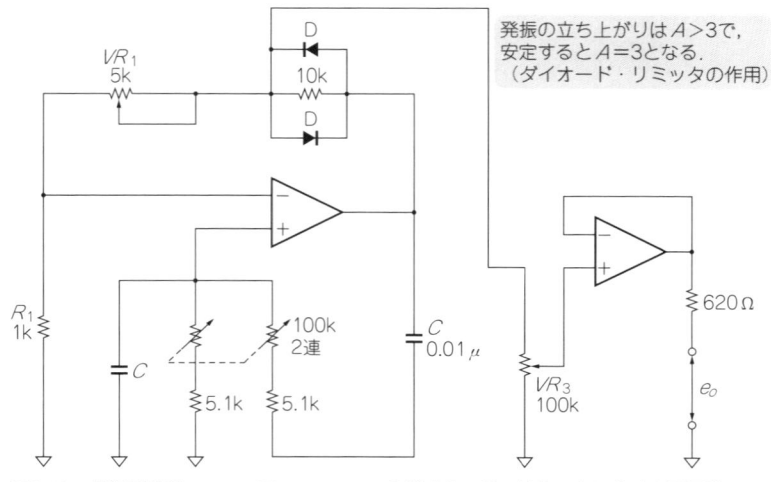

図6.12 発振周波数$f_0 = 150\mathrm{Hz} \sim 3100\mathrm{Hz}$のダイオード・リミッタによる実用回路

$$A = 1 + \frac{R_3}{R_4} = \frac{R_1}{R_2} + \frac{C_2}{C_1} + 1 \quad \cdots (1.92)$$

となります．式(1.90)，式(1.92)において，$R = R_1 = R_2$，$C = C_1 = C_2$ とすると，

$$f_0 = \frac{1}{2\pi CR} \quad \cdots (1.93)$$

$$A = 1 + \frac{R_3}{R_4} = 3 \quad (R_3 = 2R_4) \quad \cdots (1.94)$$

となります．

図6.12に，発振周波数 $f_0 = 150 \sim 3100\,\mathrm{Hz}$ のダイオード・リミッタによる実用回路を示します．

1.9 マルチバイブレータ発振回路（トランジスタ使用）

図6.13に，マルチバイブレータ発振回路を示します．

(1) 発振条件

コンデンサ C_1，C_2 がないとき Tr_1，Tr_2 が飽和することが発振条件です．Tr_1 のコレクタ-エミッタ間飽和電圧を $V_{CE(\mathrm{sat})}$，ベース-エミッタ間電圧を V_{BE1} とすると，Tr_1 のベース電流 I_{B1} は，

$$I_{B1} = \frac{V_{CC} - V_{BE1}}{R_4} \quad \cdots (1.95)$$

です．また，Tr_1 が飽和しているときの Tr_1 のコレクタ電流 I_{C1} は，

$$I_{C1} = \frac{V_{CC} - V_{CE(\mathrm{sat})}}{R_1} \quad \cdots (1.96)$$

です．Tr_1 が飽和するためには，ベース電流をたくさん流し，

$$I_{B1} \geq \frac{I_{C1}}{h_{FE1}}$$

つまり，

$$h_{FE1} \cdot I_{B1} \geq I_{C1} \quad \cdots (1.97)$$

が成立しなければなりません．式(1.95)，式(1.96)を式(1.97)に代入して，

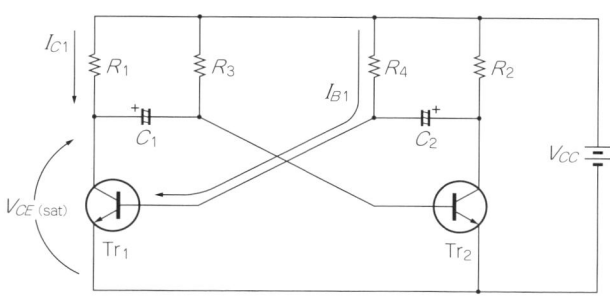

図6.13 マルチバイブレータ発振回路

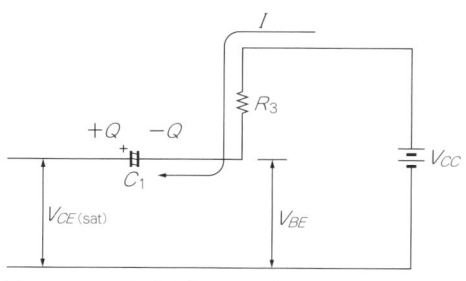

図6.14 マルチバイブレータ発振回路の過渡現象

$$\frac{h_{FE1}(V_{CC} - V_{BE1})}{R_4} \geq \frac{V_{CC} - V_{CE1(\text{sat})}}{R_1} \quad \cdots\cdots(1.98)$$

となります。ここで，$V_{BE1} \simeq V_{CE1} \simeq 0.6\,\text{V}$ なので，

$$\frac{h_{FE1}}{R_4} \geq \frac{1}{R_1}$$

$$R_1 \geq \frac{R_4}{h_{FE1}} \quad \cdots\cdots(1.99)$$

となります。同様にして，Tr_2 が飽和するためには，

$$R_2 \geq \frac{R_3}{h_{FE2}} \quad \cdots\cdots(1.100)$$

が成立しなければなりません。式(1.99)，式(1.100)が同時に成立することが発振条件です。

(2) 発振動作

次に，図6.13のようにコンデンサ C_1，C_2 を入れると，ようすが変わってきます。コンデンサ C_1，C_2 が図とは逆に充電されていると，Tr_1，Tr_2 とも導通しますが，普通はどちらか一方が導通し，他方は導通しません。

たとえば，図に示してあるように電流が流れて Tr_1 が導通したとすると，コンデンサ C_1 によって逆バイアスされて Tr_2 は非導通になります。しかし，このときコンデンサ C_1 は電源 V_{CC} より抵抗 R_3 を通して充電されていくので，Tr_2 のベース電位は徐々に上昇していきます。ベース電位が V_{BE} に達すると急に Tr_2 が導通し，Tr_1 は非導通となって反転します。このような動作を繰り返して発振するわけです。

(3) 発振周期

このように，マルチバイブレータの発振は，C_1，C_2 の充放電によって行われるので，発振周期は C_1R_3，C_2R_4 の時定数に依存します。この発振周期を計算してみましょう。そのために，まず回路図から R_3，C_1，Tr_1 を抜き出して過渡現象を考えてみましょう。抜き出した回路図は，図6.14のようになります。

初期条件は，コンデンサ C_1 が図の極性の方向に $(V_{CC} - V_{BE2})$ が印加されていることが条件です。このコンデンサに，Tr_1 が導通して飽和すると，電源 V_{CC} より，抵抗 R_3 を通して徐々に充電されます。ある瞬間，コンデンサ C_1 に図のような極性で $Q[\text{C}]$ の電荷が蓄えられたとすると，微分方程式

$$V_{CE(\text{sat})} - \frac{Q}{C_1} + IR_3 = V_{CC} \quad \cdots\cdots(1.101)$$

が成立します。ただし，I はコンデンサ C_1 への充電電流です。コンデンサ C_1 に蓄えられている電荷 Q が減少していく割合が充電電流 I に等しいので，

$$I = -\frac{dQ}{dt} \quad \cdots\cdots(1.102)$$

です。式(1.102)を式(1.101)に代入して，

$$\frac{Q}{C_1} + R_3 \frac{dQ}{dt} = -(V_{CC} - V_{CE(\text{sat})}) \quad \cdots\cdots(1.103)$$

となります．式(1.103)の微分方程式の解は，式(1.103)の右辺を0とおいた過渡解Q_tと定常項，
$$Q_s = -C_1(V_{CC} - V_{CE(\text{sat})}) \quad \cdots\cdots (1.104)$$
との和です．つまり，
$$Q = Q_t + Q_s \quad \cdots\cdots (1.105)$$
です．まず，過渡解Q_tを求めます．この微分方程式は，
$$\frac{Q_t}{C_1} + R_3 \frac{dQ_t}{dt} = 0 \quad \cdots\cdots (1.106)$$
です．変形して，
$$\frac{dQ_t}{dt} = -\frac{1}{C_1 R_3} Q_t$$
$$\frac{1}{Q_t} dQ_t = -\frac{1}{C_1 R_3} dt \quad \cdots\cdots (1.107)$$
となります．両辺を積分して，
$$\int \frac{1}{Q_t} dQ_t = -\frac{1}{C_1 R_3} \int dt$$
$$\log_e Q_t = -\frac{1}{C_1 R_3} t + K_1$$
$$Q_t = K_2 \exp\left(-\frac{1}{C_1 R_3} t\right)$$
ただし，$K_2 = \exp(K_1) \quad \cdots\cdots (1.108)$

となります．

式(1.104)，式(1.108)を式(1.105)に代入して，
$$Q = K_2 \exp\left(-\frac{1}{C_1 R_3} t\right) - C_1(V_{CC} - V_{CE(\text{sat})}) \quad \cdots\cdots (1.109)$$
となります．コンデンサC_1の両端の電圧V_Cは，
$$V_C = \frac{Q}{C_1} = \frac{K_2}{C_1} \exp\left(-\frac{1}{C_1 R_3} t\right) - (V_{CC} - V_{CE(\text{sat})}) = K_3 \exp\left(-\frac{1}{C_1 R_3} t\right) - (V_{CC} - V_{CE(\text{sat})}) \quad \cdots\cdots (1.110)$$
です．ここで，係数K_3を決めるため初期条件を代入します．初期条件は，$t = 0$で$V_C = V_{CC} - V_{BE2}$なので，
$$V_{CC} - V_{BE2} = K_3 - (V_{CC} - V_{CE(\text{sat})})$$
$$K_3 = 2V_{CC} - V_{CE(\text{sat})} - V_{BE2} \quad \cdots\cdots (1.111)$$
式(1.111)を式(1.110)に代入すると，
$$V_C = (2V_{CC} - V_{CE(\text{sat})} - V_{BE2}) \exp\left(-\frac{1}{C_1 R_3} t\right) - (V_{CC} - V_{CE(\text{sat})}) \quad \cdots\cdots (1.112)$$
です．Tr_2のベース-エミッタ間電圧V_{BE2}は，
$$V_{BE2} = -V_{CC} + V_{CE1(\text{sat})} = -(2V_{CC} - V_{CE(\text{sat})} - V_{BE2}) \exp\left(-\frac{1}{C_1 R_3} t\right) + V_{CC} \quad \cdots\cdots (1.113)$$

となります.この V_{BE2} の過渡的なようすをグラフにすると,**図6.15**のようになります.

図からわかるように,コンデンサ C_1 が充電されていって V_{BE2} が $V_{BE20}(\simeq 0.6\,\mathrm{V})$ に達すると,Tr_2 が導通になるので,Tr_2 のコレクタ-エミッタ間電圧 V_{CE2} は下がり($V_{CE2} = V_{CE2\,(\mathrm{sat})}$),図のような波形になります.

次に,Tr_1 が導通している間の時間 T_1 を求めます.式(1.113)において,$V_{BE2} = V_{BE20}$ とすると,

$$V_{BE20} = -(2V_{CC} - V_{CE1\,(\mathrm{sat})} - V_{BE20})\exp\left(-\frac{1}{C_1 R_3}T_1\right) + V_{CC}$$

$$(2V_{CC} - V_{CE1\,(\mathrm{sat})} - V_{BE20})\exp\left(-\frac{1}{C_1 R_3}T_1\right) = V_{CC} - V_{BE20}$$

$$\exp\left(-\frac{1}{C_1 R_3}T_1\right) = \frac{V_{CC} - V_{BE20}}{2V_{CC} - V_{CE1\,(\mathrm{sat})} - V_{BE20}}$$

$$-\frac{1}{C_1 R_3}T_1 = \log_e \frac{V_{CC} - V_{BE20}}{2V_{CC} - V_{CE1\,(\mathrm{sat})} - V_{BE20}}$$

$$T_1 = C_1 R_3 \log_e \frac{2V_{CC} - V_{CE1\,(\mathrm{sat})} - V_{BE20}}{V_{CC} - V_{BE20}} \quad \cdots\cdots\cdots\cdots\cdots\cdots (1.114)$$

となります.ここで,$V_{CC} \gg V_{BE20}$,$V_{CC} \gg V_{CE\,(\mathrm{sat})}$ と考えると,

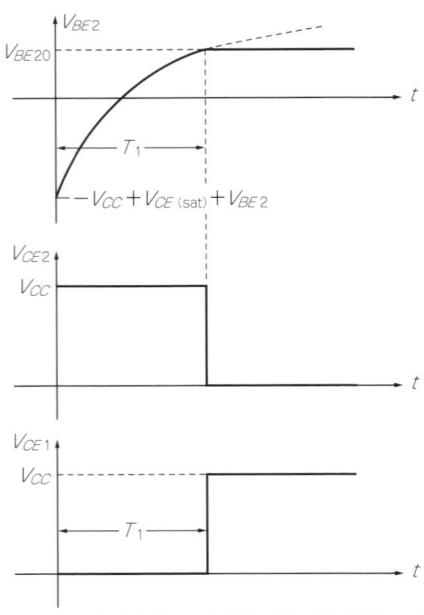

$$T_1 \simeq C_1 R_3 \log_e 2 = 0.693 C_1 R_3 \simeq 0.7 C_1 R_3 \quad \cdots\cdots\cdots\cdots\cdots\cdots (1.115)$$

となります.同様にして,Tr_2 が導通している時間 T_2 は,

図6.15 マルチバイブレータ発振回路の過渡現象のグラフ

1.9 マルチバイブレータ発振回路（トランジスタ使用）

$$T_2 \simeq 0.7 C_2 R_4 \tag{1.116}$$

です．したがって，発振周期 T は，

$$T = T_1 + T_2 = 0.7 C_1 R_3 + 0.7 C_2 R_4 = 0.7(C_1 R_3 + C_2 R_4) \tag{1.117}$$

となります．

ここで，$C_1 = C_2 = C$，$R_3 = R_4 = R$ とすると，式(1.117)は，

$$T = 1.4CR \tag{1.118}$$

となります．

最後に，設計例を図6.16に示します．2SC1815を2本使って，発振周波数が約1kHzのマルチバイブレータ発振回路を設計します（2SC1815の h_{FE} は2本とも約180とする）．

発振周期 T は，

$$T = \frac{1}{f} = 0.001 \text{ sec} \tag{1.119}$$

電源電圧を6Vとして，コレクタ電流を約1mAとすると，おおよその目安として，

$$R = 510 \, \Omega \tag{1.120}$$

とします．式(1.118)よりコンデンサの容量 C は，

$$C = \frac{T}{1.4R} \, [\text{F}] \tag{1.121}$$

です．式(1.119)，式(1.120)を式(1.121)に代入すると，

$$C = \frac{1 \times 10^{-3}}{1.4 \times 510} = 1.4 \times 10^{-6} = 1.4 \, \mu\text{F} \tag{1.122}$$

そこで，$C = 1 \, \mu\text{F}$ とします．この結果に基づいて，R の値を修正します．式(1.118)より R を求めると，

$$R = \frac{T}{1.4C} = \frac{1 \times 10^{-3}}{1.4 \times (1 \times 10^{-6})} = 714.3 \, \Omega \tag{1.123}$$

そこで，

$$R = 680 \, \Omega \tag{1.124}$$

とします．次に，発振条件式(1.99)，式(1.100)を考慮します．発振条件は，

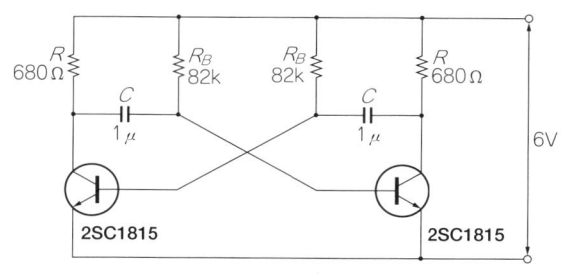

図6.16 マルチバイブレータ発振回路の実用回路

$R_B \leq h_{FE} R$ ……(1.125)

となりますが，h_{FE}，R を代入すると，

$R_B \leq 180 \times 680 = 122.4 \times 10^3 = 122.4 \text{ k}\Omega$ ……(1.126)

となるので，

$R_B = 82 \text{ k}\Omega$ ……(1.127)

とします．

1.10　無安定マルチバイブレータ（OPアンプ使用）

無安定マルチバイブレータの回路を図6.17に，波形を図6.18に示します．この回路の周期 T は，

$$T = 2CR_3 \log_e \left(1 + \frac{2R_1}{R_2}\right) \quad \text{……(1.128)}$$

です．出力電圧の大きさは，ほぼ電源電圧 V_{CC} の値に近いものが得られます．次に，この回路の発振周期を求めてみましょう．今，ある時点で仮に出力電圧が V_{CC} だったとしましょう．図より次の式が得られます．

$$V_P = \frac{R_1}{R_1 + R_2} V_O = \frac{R_1}{R_1 + R_2} V_{CC} \quad \text{……(1.129)}$$

$$V_O = R_3 I + \frac{q}{C} = R_3 I + V_n = V_{CC} \quad \text{……(1.130)}$$

$V_n = q/C = (1/C) \int I dt$ なので，

$$\int I dt = CV_n$$

$$I = C \frac{dV_n}{dt} \quad \text{……(1.131)}$$

式(1.131)を式(1.130)に代入して，

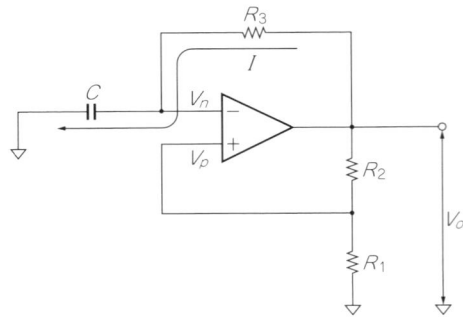

図6.17　無安定マルチバイブレータ

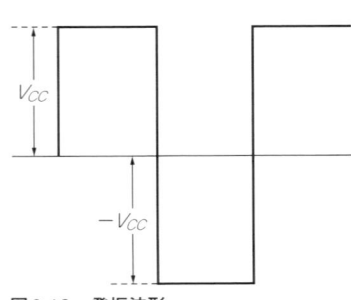

図6.18　発振波形

$$R_3 C \frac{dV_n}{dt} + V_n = V_{CC} \quad \cdots\cdots (1.132)$$

この微分方程式の一般解は，$V_{CC} = 0$ とおいた過渡解 V_{nt} と定常解 $V_{ns} = V_{CC}$ の和です．つまり，

$$V_n = V_{nt} + V_{ns} \quad \cdots\cdots (1.133)$$

となります．まず，式(1.132)の右辺を0とおくと，

$$R_3 C \frac{dV_{nt}}{dt} + V_{nt} = 0 \quad \cdots\cdots (1.134)$$

変数分離すると，

$$\frac{1}{V_{nt}} dV_{nt} = -\frac{1}{R_3 C} dt \quad \cdots\cdots (1.135)$$

となります．積分して，

$$\int \frac{1}{V_{nt}} dV_{nt} = -\frac{1}{R_3 C} \int dt$$

$$\log_e V_{nt} = -\frac{1}{R_3 C} t + K_1$$

$$V_{nt} = K_2 \exp\left(-\frac{1}{R_3 C} t\right) \quad \cdots\cdots (1.136)$$

したがって，一般解は式(1.133)より，

$$V_n = V_{nt} + V_{ns} = K_2 \exp\left(-\frac{1}{R_3 C} t\right) + V_{CC} \quad \cdots\cdots (1.137)$$

となります．ここに，K_2 は積分定数で，初期条件より決まります．初期条件は $t = 0$ のとき $V_n = 0$ となりますから，

$$0 = K_2 + V_{CC}$$

$$K_2 = -V_{CC} \quad \cdots\cdots (1.138)$$

となります．式(1.138)を式(1.137)に代入して，

$$V_n = V_{CC}\left\{1 - \exp\left(-\frac{1}{R_3 C} t\right)\right\} \quad \cdots\cdots (1.139)$$

となります．また，$V_O = A(V_p - V_n)$ の関係がありますから，次の二つの場合が成立します．

　　$(V_p > V_n)$ のとき，V_O は飽和出力電圧 V_{CC}
　　$(V_p < V_n)$ のとき，V_O は飽和出力電圧 $-V_{CC}$

したがって，V_n が漸時増加して $V_n = V_p$ となったとき，V_O は $-V_{CC}$ となり，この状態では，

$$V_p = -\frac{R_1}{R_1 + R_2} V_{CC} \quad \cdots\cdots (1.140)$$

となります．次に，図より $V_p < V_n$ のとき微分方程式は，

$$R_3 C \frac{dV_n}{dt} + V_n = -V_{CC} \quad \cdots\cdots (1.141)$$

です．この微分方程式の解は，

$$V_n = -V_{CC} + K_3 \exp\left(-\frac{1}{CR_3}t\right) \quad (1.142)$$

です．次に初期条件ですが，$V_n = V_p$のとき，すなわちV_OがV_{CC}から$-V_{CC}$に変化する時点を$t = 0$とすれば，そのときのV_nは，

$$V_n = \frac{R_1}{R_1 + R_2}V_{CC} \quad (1.143)$$

となるので，これが初期条件です．この初期条件を式(1.142)に代入すると，

$$\frac{R_1}{R_1 + R_2}V_{CC} = -V_{CC} + K_3$$

$$K_3 = V_{CC} + \frac{R_1}{R_1 + R_2}V_{CC} = \frac{2R_1 + R_2}{R_1 + R_2}V_{CC} \quad (1.144)$$

となります．したがってV_nは，

$$V_n = -V_{CC} + \frac{2R_1 + R_2}{R_1 + R_2}V_{CC}\exp\left(-\frac{1}{CR_3}t\right) = -V_{CC}\left\{1 - \frac{2R_1 + R_2}{R_1 + R_2}\exp\left(-\frac{1}{CR_3}t\right)\right\} \quad (1.145)$$

となります．

この式は$V_p < V_n (V_O = -V_{CC})$のときの式で，$V_n$が漸時減少して$V_n = V_p$になったとき，出力$V_O$は反転して$V_O = V_{CC}$となります．そのときの時間$t$を求めると，

$$-\frac{R_2}{R_1 + R_2}V_{CC} = -V_{CC}\left\{1 - \frac{2R_1 + R_2}{R_1 + R_2}\exp\left(-\frac{1}{CR_3}t\right)\right\}$$

$$\frac{R_2}{R_1 + R_2}V_{CC} = \frac{2R_1 + R_2}{R_1 + R_2}V_{CC}\exp\left(-\frac{1}{CR_3}t\right)$$

$$\exp\left(-\frac{1}{CR_3}t\right) = \frac{R_2}{2R_1 + R_2}$$

$$-\frac{1}{CR_3}t = \log_e\left(\frac{R_2}{2R_1 + R_2}\right)$$

$$t = CR_3\log_e\left(1 + \frac{2R_1}{R_2}\right) \quad (1.146)$$

式(1.146)で，$t = T/2$（Tは周期）とおくと，

$$T = 2CR_3\log_e\left(1 + \frac{2R_1}{R_2}\right) \quad (1.147)$$

となります．

設計法を次に示します．図6.19に示すように，OPアンプTL084を使用して，1 kHzの無安定マルチバイブレータ発振回路を設計します．まず，$R_1 = R_2 = 10\ \mathrm{k\Omega}$とすると，式(1.147)は，

$$T = 2CR_3\log_e 3 \quad (1.148)$$

となります．

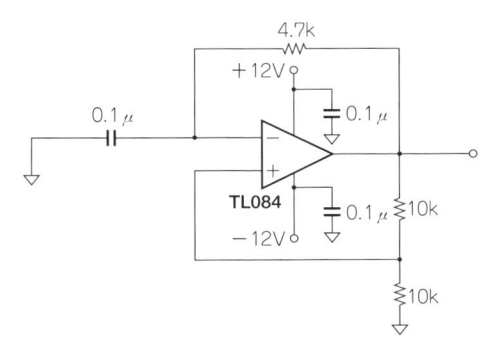

図6.19 周波数1kHzのOPアンプを使用した無安定マルチバイブレータ発振回路

$$\log_e 3 \simeq 1.1 \tag{1.149}$$

なので，

$$T = 2.2CR_3 \tag{1.150}$$

となり，R_3について求めると，

$$R_3 = \frac{T}{2.2C} \tag{1.151}$$

となります．$T = 1 \times 10^{-3}$ sec，$C = 0.1\ \mu\text{F} = 0.1 \times 10^{-6}$ F とすると，式(1.151)は，

$$R_3 = \frac{1 \times 10^{-3}}{2.2 \times (0.1 \times 10^{-6})} = 4545 \times 10^3 \Omega = 4.545\ \text{k}\Omega \tag{1.152}$$

となるので，$R_3 = 4.7$ kΩとします．

1.11 マルチバイブレータ発振器（インバータ使用）

図6.20，図6.21にインバータを使ったマルチバイブレータ発振器の回路を示します．図6.20はインバータが反転する直前，図6.21はインバータが反転した直後のようすです．

Ⓐ点の電位が$V_H/2$より上がると，インバータは反転します．反転した瞬間に抵抗Rには$3V_H/2$の電圧がかかります．

微分方程式を立てても解析できますが，直接，式を求めることもできます．直接求めると，Ⓐ点の電位は初期電圧が$3V_H/2$でCRの時定数で図6.22のように減衰し，V_Aが$V_H/2$を切るとインバータは反転します．したがってV_Aは，

$$V_A = \frac{3}{2}V_H \exp\left(-\frac{1}{CR}t\right) \tag{1.153}$$

$V_A = V_H/2$を代入すると（$t = t_1$とする），

$$\frac{1}{2}V_H = \frac{3}{2}V_H \exp\left(-\frac{1}{CR}t_1\right)$$

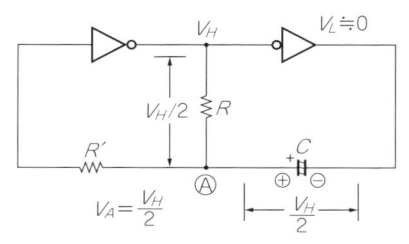

図6.20 マルチバイブレータ発振器
（インバータが反転する直前のようす）

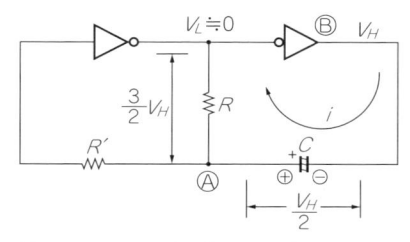

図6.21 マルチバイブレータ発振器
（インバータが反転した直後のようす）

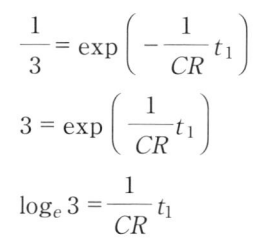

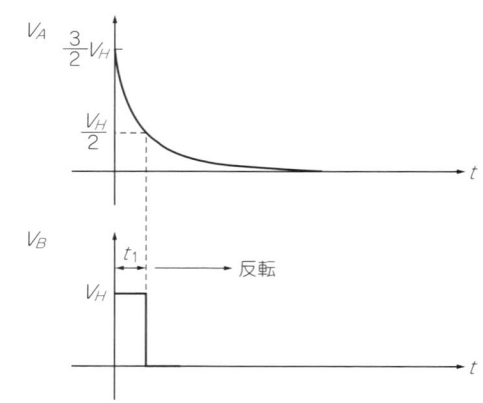

図6.22 マルチバイブレータ発振器の過渡現象

$$\frac{1}{3} = \exp\left(-\frac{1}{CR}t_1\right)$$

$$3 = \exp\left(\frac{1}{CR}t_1\right)$$

$$\log_e 3 = \frac{1}{CR}t_1$$

$$t_1 = CR\log_e 3 \simeq 1.1CR \quad \cdots\cdots(1.154)$$

となります.

同様にして，V_B が $V_L \fallingdotseq 0$ の時間 t_2 を求めます．**図6.23**にインバータが反転する直前を，**図6.24**にインバータが反転した直後のようすを示します.

Ⓐ点の電位が V_H より下がると，インバータは反転します．反転した瞬間に，抵抗 R には $3V_H/2$ の電圧がかかります（**図6.25**）.

Ⓐ点の電位 V_A は，

$$V_A = V_H - \frac{3}{2}V_H \exp\left(-\frac{1}{CR}t\right) \quad \cdots\cdots(1.155)$$

$V_A = V_H/2$ を代入すると（$t = t_2$ とする），

$$\frac{V_H}{2} = V_H - \frac{3}{2}V_H \exp\left(-\frac{1}{CR}t_2\right)$$

$$\frac{3}{2}V_H \exp\left(-\frac{1}{CR}t_2\right) = \frac{1}{2}V_H$$

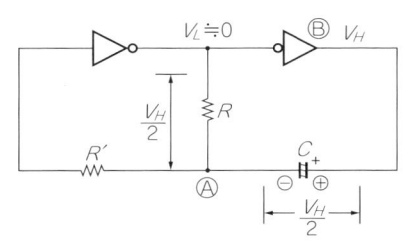

図 6.23 マルチバイブレータ発振器
（インバータが反転する直前のようす）

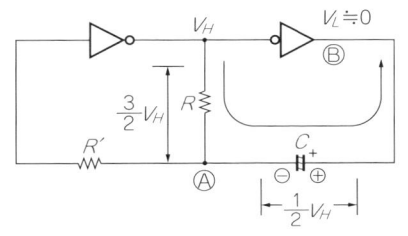

図 6.24 マルチバイブレータ発振器
（インバータが反転した直後のようす）

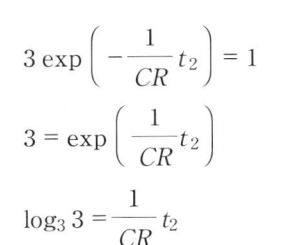

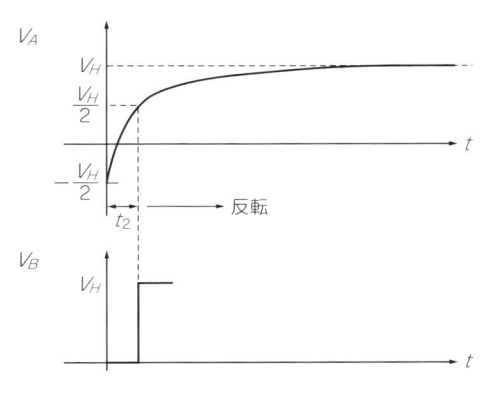

図 6.25 マルチバイブレータ発振器の過渡現象

$$3 \exp\left(-\frac{1}{CR}t_2\right) = 1$$

$$3 = \exp\left(\frac{1}{CR}t_2\right)$$

$$\log_3 3 = \frac{1}{CR}t_2$$

$$t_2 = CR \log_e 3 \simeq 1.1CR \quad \cdots\cdots (1.156)$$

したがって，式(1.154)，式(1.156)より，周期 T は，

$$T = t_1 + t_2 = 1.1CR + 1.1CR = 2.2CR \quad \cdots\cdots (1.157)$$

周波数 f は，

$$f = \frac{1}{T} = \frac{1}{2.2CR} \quad \cdots\cdots (1.158)$$

となります．設計例を**図 6.26**に示します．CMOS インバータ 4069B を使用して，10 kHz のマルチバイブレータ発振器を設計してみましょう．

$f = 10$ kHz とすると周期 T は，

$$T = \frac{1}{f} = \frac{1}{10 \times 10^3} = 1 \times 10^{-4} \sec \quad \cdots\cdots (1.159)$$

です．式(1.157)より抵抗 R を求めると，

$$R = \frac{T}{2.2C} \quad \cdots\cdots (1.160)$$

この式に，式(1.159)と $C = 0.01\ \mu\text{F}$ を代入すると，

第6章

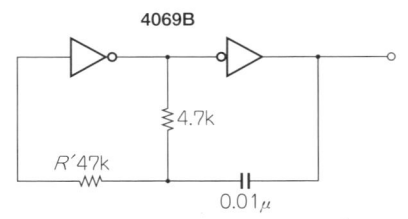

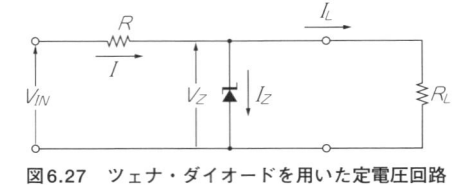

図6.26　周波数10kHzのマルチバイブレータ発振器の設計例

図6.27　ツェナ・ダイオードを用いた定電圧回路

$$R = \frac{1 \times 10^{-4}}{2.2 \times (0.01 \times 10^{-6})} = 4.545 \times 10^3 = 4.545 \text{ k}\Omega \quad \cdots\cdots (1.161)$$

となるので，$R = 4.7$ kΩとします．

また，電源電圧の変動による影響を少なくするために，R'を図6.26のように挿入します．このR'の大きさは，Rの5～10倍くらいとします．そこで，$R' = 47$ kΩとします．

2. 定電圧回路と定電流回路

2.1　ツェナ・ダイオードを用いた定電圧回路（1）

抵抗Rに流れる電流Iは，定電圧ダイオードに流れる電流I_Zと負荷に流れる電流I_Lとの和です．したがって，

$$I = I_Z + I_L \quad \cdots\cdots (2.1)$$

です．これより抵抗Rの値は，

$$R = \frac{V_{IN} - V_Z}{I} \quad \cdots\cdots (2.2)$$

です．ただし，負荷電流I_Lは，

$$I_L = \frac{V_Z}{R_L} \quad \cdots\cdots (2.3)$$

です．

回路設計の例を次に示します．$V_{IN} = 12$ V，$V_Z = 5$ V，$R_L = 1$ kΩとしたときの定電圧回路を設計します．負荷抵抗R_Lに流れる電流I_Lは，

$$I_L = \frac{V_Z}{R_L} = \frac{5}{1 \times 10^3} = 5 \text{ mA}$$

です．

抵抗Rを流れる電流Iは，$I_Z = 5$ mAとして，

$$I = (5 \times 10^{-3}) + (5 \times 10^{-3}) = 10 \times 10^{-3} = 10 \text{ mA}$$

です．したがって，抵抗Rの値は，

$$R = \frac{V_{IN} - V_Z}{I_Z} = \frac{12 - 5}{(10 \times 10^{-3})} = 0.7 \times 10^3 = 0.7 \text{ k}\Omega$$

そこで，$R = 680\,\Omega$とします．

2.2　ツェナ・ダイオードを用いた定電圧回路(2)

より安定な定電圧回路を作りたいときは，図6.28のように構成します．抵抗R_Lに流れる電流をI_L，2段目の定電圧ダイオードに流れる電流をI_{Z2}とすると，抵抗R_2に流れる電流I_2は，

$$I_2 = I_{Z2} + I_L \tag{2.4}$$

です．抵抗R_2の値は，

$$R_2 = \frac{V_{Z1} - V_{Z2}}{I_2} \tag{2.5}$$

です．抵抗R_1に流れる電流I_1は，

$$I_1 = I_{Z1} + I_2 \tag{2.6}$$

ですから，抵抗R_1の値は，

$$R_1 = \frac{V_{IN} - V_{Z1}}{I_1} \tag{2.7}$$

となります．

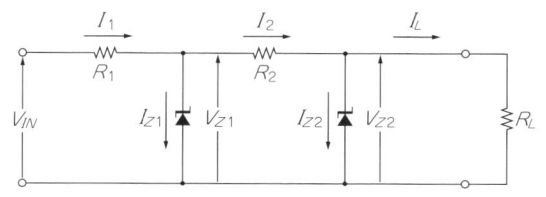

図6.28　ツェナ・ダイオード2段を用いた定電圧回路

2.3　ツェナ・ダイオードとトランジスタを用いた簡単な定電圧電源

ツェナ・ダイオードを用いた定電圧源は，出力電流I_Lの最大値に制限があります．もし，このI_Lをトランジスタを用いて電流増幅すれば，出力電流の最大値は約h_{FE}倍になります．

図6.29に示す回路で，ツェナ電圧をV_Zとすると，出力電圧V_Oは，

$$V_O = V_Z - V_{BE} \tag{2.8}$$

となります．

出力電流をI_Lとすると，ベース電流I_Bは，

$$I_B = \frac{I_L}{h_{FE}} \quad \cdots \cdots \cdots (2.9)$$

です．

抵抗R_Bを流れる電流Iは，ツェナ・ダイオードに流れる電流をI_Zとすると，

$$I = I_Z + I_B \quad \cdots \cdots \cdots (2.10)$$

となります．抵抗R_Bの値は，

$$R_B = \frac{V_I - V_Z}{I} \quad \cdots \cdots \cdots (2.11)$$

です．回路設計例を次に示します．

出力電圧を$V_O = 11.4$ V，出力電流$I_L = 500$ mAの定電圧電源を設計します．式(2.8)より，

$$V_Z = V_O + V_{BE}$$
$$= 11.4 + 0.6 = 12 \text{ V}$$

となりますから，$V_Z = 12$ Vのツェナ・ダイオードを使います．

ベース電流I_Bはトランジスタの電流増幅率$h_{FE} = 120$とすると，

$$I_B = \frac{500 \times 10^{-3}}{120} = 4.17 \times 10^{-3} = 4.17 \text{ mA}$$

ツェナ・ダイオードに流す電流を5 mAとすると，

$$I = (5 \times 10^{-3}) + (4.17 \times 10^{-3}) = 9.17 \times 10^{-3} = 9.17 \text{ mA}$$

入力電圧を15 Vとすると，

$$R_B = \frac{15 - 12}{9.17 \times 10^{-3}} = 327 \text{ Ω} \quad \cdots \cdots \cdots (2.12)$$

となります．そこで，$R = 330$ Ωとします．

トランジスタは，2SD669（ルネサステクノロジ）などが使用できます．ツェナ・ダイオードは，RD-12E（NEC）を用いています．なお，ツェナ・ダイオードと並列に22〜100 μF程度の電解コンデンサを入れて，リプル・フィルタを兼ねれば，さらに性能のよい定電圧回路になるでしょう．

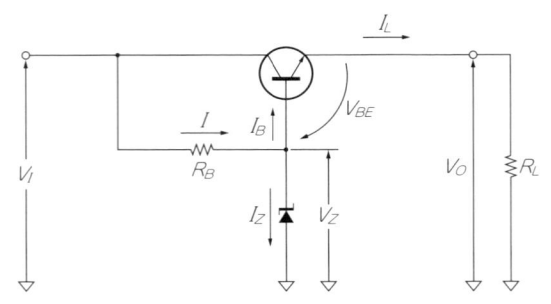

図6.29　ツェナ・ダイオードとトランジスタを用いた簡単な定電圧電源

2.4 リプル・フィルタ

リプル・フィルタの回路を図6.30に，その等価回路を図6.31に示します．リプルは，出力に現れる直流以外の成分です．リプル・フィルタは，整流したあとの交流成分を除去する場合などに使用します．入力リプル電圧をΔV_Iとするとき，出力リプル電圧を計算します（交流分に注目する）．

$$\Delta V_O = \frac{\dfrac{h_{fe}R_L \dfrac{1}{j\omega C}}{h_{fe}R_L + \dfrac{1}{j\omega C}}}{R_B + \dfrac{h_{fe}R_L \dfrac{1}{j\omega C}}{h_{fe}R_L + \dfrac{1}{j\omega C}}} \Delta V_I = \frac{\dfrac{h_{fe}R_L}{1 + j\omega C h_{fe} R_L}}{R_B + \dfrac{h_{fe}R_L}{1 + j\omega C h_{fe} R_L}} \Delta V_I = \frac{h_{fe}R_L}{R_B(1 + j\omega C h_{fe} R_L) + h_{fe}R_L} \Delta V_I$$

$$= \frac{h_{fe}R_L}{R_B + h_{fe}R_L + j\omega C h_{fe} R_L R_B} \Delta V_I = \frac{1}{\left(\dfrac{R_B}{h_{fe}R_L} + 1\right) + j\omega C R_B} \Delta V_I \qquad \cdots\cdots (2.13)$$

この式からわかるように，R_BとCが大きいほどリプル電圧は小さくなります．R_Bはトランジスタのh_{fe}が大きければ大きくできるので，それだけリプル除去の効果が上がるようになります．

設計するときは，R_BとCの値をあまり大きくすると過渡現象を起こすので，Cを22～100μF程度とし，R_Bを可変抵抗として出力電圧を調節します．あるいは，コンデンサCと並列にツェナ・ダイオー

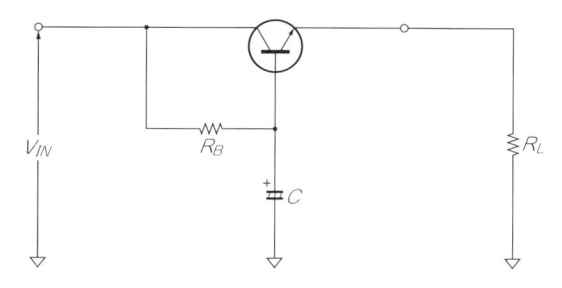

図6.30 リプル・フィルタ

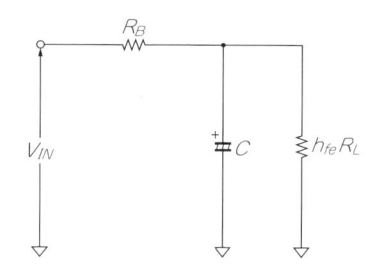

図6.31 リプル・フィルタの等価回路

ドを入れて出力電圧を安定させます．

2.5 定電流ダイオードを利用した定電圧回路

図6.32に，定電流ダイオードを使った定電圧回路を示します．定電流ダイオードによって電流の変動を抑えられるので，より安定な定電圧回路となります（ツェナ・ダイオードのツェナ電圧V_Zもツェ

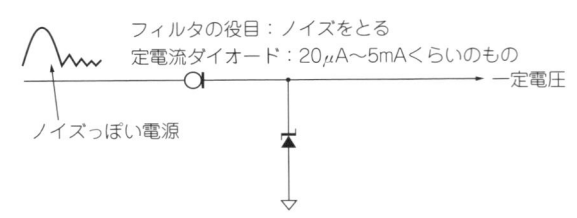

図6.32 定電流ダイオードを利用した定電圧回路

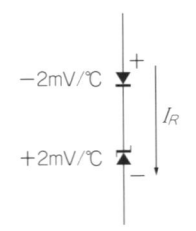

図6.33 温度補償型ツェナ・ダイオード

ナ・ダイオードに流れる電流I_Zの大きさによって変動する).

また，互いに逆の温度係数をもつダイオードとツェナ・ダイオードを組み合わせると，温度変化に対して安定なツェナ・ダイオードをつくることができます(図6.33).

2.6　ツェナ電圧 V_Z と同電位の定電圧回路

図6.34に，ツェナ・ダイオードのツェナ電圧と同電位になる定電圧回路を示します．ツェナ・ダイオードと直列にダイオードを入れて定電圧回路を構成すると，トランジスタのベース-エミッタ間電圧$V_{BE}(=0.6\,\text{V})$が，ダイオードの順方向電圧$V_F(=0.6\,\text{V})$によってキャンセルされて，出力にはツェナ電圧V_Zとほぼ同電位の電圧が出てきます．

$$V_O = (V_F + V_Z) - V_{BE} = (0.6 + V_Z) - 0.6 = V_Z \tag{2.14}$$

となります．

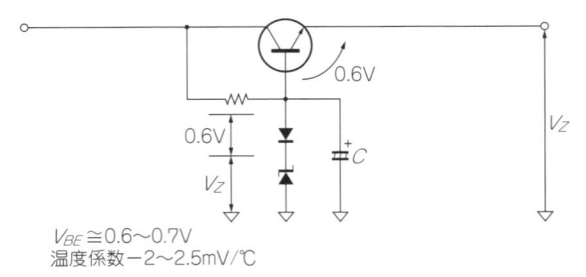

図6.34 ツェナ電圧 V_Z と同電位の定電圧回路

コンデンサCは，リプル・フィルタを構成するための役目をします．

2.7　1段の電圧-電流変換回路

図6.35に，1段の電圧-電流変換回路を示します．

$$\frac{R_f}{R_1} = \frac{R_2 + R_3}{R_1'} \tag{2.15}$$

の関係が成立すれば，負荷抵抗R_Lに無関係に，

$$I_L = -\frac{R_4}{R_1 R_3} V_1 \quad \cdots\cdots\cdots\cdots\cdots\cdots\cdots\cdots\cdots\cdots\cdots\cdots\cdots\cdots\cdots\cdots\cdots\cdots\cdots\cdots\cdots\cdots\cdots\cdots\cdots\cdots\cdots\cdots\cdots \quad (2.16)$$

なる電流が流れます．この回路が定電流特性を示すことを説明しましょう．

図において，R_1'とR_2の接続点nの電位をV_nとすると，出力電圧V_Oは図から，

$$V_O = -\frac{R_f}{R_1} V_I + \left(1 + \frac{R_f}{R_1}\right) V_n \quad \cdots\cdots\cdots\cdots\cdots\cdots\cdots\cdots\cdots\cdots\cdots\cdots\cdots\cdots\cdots\cdots\cdots\cdots\cdots \quad (2.17)$$

となります（重ねの理を適用）．

また，R_3を流れる電流をI_Oとすれば，OPアンプ自体の入力インピーダンスは無限大と仮定するので，V_Oは，

$$V_O = \left\{R_3 + \frac{(R_1' + R_2)R_L}{R_1' + R_2 + R_L}\right\} I_O \quad \cdots\cdots\cdots\cdots\cdots\cdots\cdots\cdots\cdots\cdots\cdots\cdots\cdots\cdots\cdots\cdots \quad (2.18)$$

となります．次に，負荷R_Lに流れる負荷電流I_Lは，

$$I_L = \frac{R_1' + R_2}{R_1' + R_2 + R_L} I_O \quad \cdots\cdots\cdots\cdots\cdots\cdots\cdots\cdots\cdots\cdots\cdots\cdots\cdots\cdots\cdots\cdots\cdots\cdots\cdots\cdots \quad (2.19)$$

式(2.19)を式(2.18)に代入して，

$$V_O = \left\{R_3 + \frac{(R_1' + R_2)R_L}{R_1' + R_2 + R_L}\right\} \frac{R_1' + R_2 + R_L}{R_1' + R_2} I_L \quad \cdots\cdots\cdots\cdots\cdots\cdots\cdots \quad (2.20)$$

式(2.17)，式(2.20)より，

$$-\frac{R_f}{R_1} V_I + \left(1 + \frac{R_f}{R_1}\right) V_n = \left\{R_3 + \frac{(R_1' + R_2)R_L}{R_1' + R_2 + R_L}\right\} \frac{R_1' + R_2 + R_L}{R_1' + R_2} I_L \quad \cdots \quad (2.21)$$

となります．これより，I_Lを求めると，

$$I_L = \frac{R_1' + R_2}{R_1' + R_2 + R_L} \times \frac{-\dfrac{R_f}{R_1} V_I + \left(1 + \dfrac{R_f}{R_1}\right) V_n}{R_3 + \dfrac{(R_1' + R_2)R_L}{R_1' + R_2 + R_L}} \quad \cdots\cdots\cdots\cdots\cdots\cdots\cdots \quad (2.22)$$

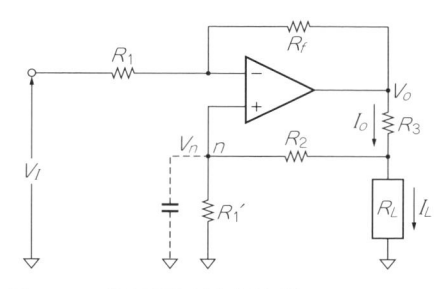

図6.35　1段の電圧−電流変換回路

となります．また V_n は，

$$V_n = \frac{R_1'}{R_1' + R_2} R_L I_L \quad\cdots\cdots(2.23)$$

式(2.23)を式(2.22)に代入して整理すると，

$$I_L = \frac{R_1' + R_2}{R_1' + R_2 + R_L} \times \frac{-\frac{R_f}{R_1}V_I + \left(1 + \frac{R_f}{R_1}\right)\left(\frac{R_1'}{R_1' + R_2} R_L I_L\right)}{R_3 + \frac{(R_1' + R_2)R_L}{R_1' + R_2 + R_L}}$$

$$= (R_1' + R_2) \times \frac{\left\{-\frac{R_f}{R_1}V_I + \left(1 + \frac{R_f}{R_1}\right)\left(\frac{R_1'}{R_1' + R_2} R_L I_L\right)\right\}}{R_3(R_1' + R_2 + R_L) + (R_1' + R_2)R_L}$$

$$= \frac{-R_f(R_1' + R_2)V_I + R_1' R_L I_L (R_1 + R_f)}{R_1 \{R_3(R_1' + R_2 + R_L) + (R_1' + R_2)R_L\}}$$

$$I_L R_1 \{R_3(R_1' + R_2 + R_L) + (R_1' + R_2)R_L\} = -R_f(R_1' + R_2)V_I + R_1' R_L I_L (R_1 + R_f)$$

$$I_L [R_1 R_3(R_1' + R_2 + R_L) + R_1 R_L (R_1' + R_2) - R_1' R_L (R_1 + R_f)] = -R_f(R_1' + R_2)V_I$$

$$I_L [R_L \{R_1(R_1' + R_2 + R_3) - R_1'(R_1 + R_f)\} + R_1 R_3(R_1' + R_2)] = -R_f(R_1' + R_2)V_I$$

$$I_L = \frac{-R_f(R_1' + R_2)V_I}{R_L \{R_1(R_1' + R_2 + R_3) - R_1'(R_1 + R_f)\} + R_1 R_3(R_1' + R_2)} \quad\cdots\cdots(2.24)$$

となり，式(2.24)の分母の R_L の｛ ｝の中の項がゼロであれば，I_L は R_L に無関係になることがわかります．したがって，

$$R_1(R_1' + R_2 + R_3) - R_1'(R_1 + R_f) = 0$$

$$R_1(R_2 + R_3) - R_1' R_f = 0$$

$$\frac{R_f}{R_1} = \frac{R_2 + R_3}{R_1'} \quad\cdots\cdots(2.25)$$

が得られます．この式(2.25)を式(2.24)に代入すれば，

$$I_L = \frac{-R_f(R_1' + R_2)}{R_1 R_3(R_1' + R_2)} V_I = -\frac{R_f}{R_1 R_3} V_I \quad\cdots\cdots(2.26)$$

となります．

設計例を図6.36に示します．5 mAの定電流回路を設計してみましょう．まず，$R_1 = 10\ \text{k}\Omega$，$R_f = 20\ \text{k}\Omega$，$V_I = 2\ \text{V}$ と設定します．

式(2.26)において，これらの値を代入すると，

$$5 \times 10^{-3} = \frac{(20 \times 10^3)}{(10 \times 10^3) \times R_3} \times 2$$

これより抵抗 R_3 は，

$$R_3 = \frac{20 \times 10^3}{(10 \times 10^3) \times (5 \times 10^{-3})} \times 2 = 800\ \Omega$$

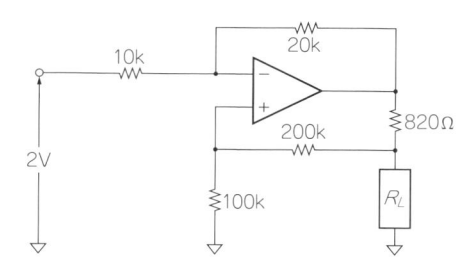

図6.36　5mAの定電流回路の設計例

となるので，$R_3 = 820\,\Omega$ とします．

次に，条件式(2.25)において，わかっている値を代入すると，

$$\frac{(20 \times 10^3)}{(10 \times 10^3)} = \frac{R_2 + 820}{R_1'}$$

となります．そこで，$R_2 = 200\,\text{k}\Omega$，$R_1' = 100\,\text{k}\Omega$ とします．ここで注意することは，負荷 R_L の値が大きくなっていくと，定電流特性のため負荷 R_L の両端の電圧も大きくなっていきますが，出力 V_O は電源電圧 V_{CC} 以上にはならないため，負荷 R_L の大きさにはおのずと制限があることです．

2.8　2段の電圧-電流変換回路(1)

図6.37において，

$$1 + \frac{R_3}{R_2} = \frac{R_f R_5}{R_2 R_4} \quad \cdots\cdots\cdots\cdots\cdots\cdots\cdots\cdots\cdots\cdots\cdots\cdots\cdots\cdots\cdots\cdots\cdots\cdots\cdots\cdots\cdots\cdots\cdots (2.27)$$

の関係があれば，負荷 R_L に流れる電流 I_L は，R_L に無関係に，

$$I_L = \frac{V_I R_f R_5}{R_1 R_3 R_4} \quad \cdots\cdots\cdots\cdots\cdots\cdots\cdots\cdots\cdots\cdots\cdots\cdots\cdots\cdots\cdots\cdots\cdots\cdots\cdots\cdots\cdots\cdots\cdots\cdots\cdots (2.28)$$

となります．

さらに，この式において $R_1 = R_f = R_4 = R_5$ の関係があれば，次のような単純な式で示されます．

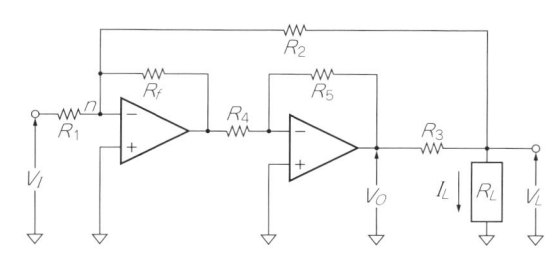

図6.37　2段の電圧-電流変換回路(1)

$$I_L = \frac{V_I}{R_3} \quad \cdots\cdots (2.29)$$

それでは，入力端子に反転端子を用いたOPアンプ2段による電圧-電流変換回路について述べ，上式の関係を導出したいと思います．図からわかるように，V_LはR_2を通して1段目のOPアンプに帰還しているので，次の式が成り立ちます（加算回路と考える）．

$$V_O = \left(-\frac{R_f}{R_1}V_I\right)\left(-\frac{R_5}{R_4}\right) + \left(-\frac{R_f}{R_2}V_L\right)\left(-\frac{R_5}{R_4}\right) = \left(\frac{R_f}{R_1}V_I + \frac{R_f}{R_2}V_L\right)\left(\frac{R_5}{R_4}\right) \quad \cdots\cdots (2.30)$$

また，電流に注目すると，

$$\frac{V_O - V_L}{R_3} - \frac{V_L}{R_L} = \frac{V_L}{R_2} \quad \cdots\cdots (2.31)$$

（∵ n点はアース電位）

$R_L R_3$を両辺にかけて，

$$(V_O - V_L)R_L - V_L R_3 = \left(\frac{R_3 R_L}{R_2}\right)V_L$$

$$V_O R_L = V_L \left(\frac{R_3 R_L}{R_2} + R_L + R_3\right)$$

$$V_O = V_L \left(1 + \frac{R_3}{R_2} + \frac{R_3}{R_L}\right) \quad \cdots\cdots (2.32)$$

式(2.30)と式(2.32)より，

$$V_L \left(1 + \frac{R_3}{R_2} + \frac{R_3}{R_L}\right) = \left(\frac{R_f}{R_1}V_I + \frac{R_f}{R_2}V_L\right)\left(\frac{R_5}{R_4}\right)$$

$$V_L \left(1 + \frac{R_3}{R_2} + \frac{R_3}{R_L} - \frac{R_f R_5}{R_2 R_4}\right) = \frac{R_f R_5}{R_1 R_4}V_I$$

$$V_L = \frac{\dfrac{R_f R_5}{R_1 R_4}V_I}{1 + \dfrac{R_3}{R_2} + \dfrac{R_3}{R_L} - \dfrac{R_f R_5}{R_2 R_4}} \quad \cdots\cdots (2.33)$$

$$I_L = \frac{V_L}{R_L} = \frac{\dfrac{R_f R_5}{R_1 R_4}V_I}{R_3 + R_L\left(1 + \dfrac{R_3}{R_2} - \dfrac{R_f R_5}{R_2 R_4}\right)} \quad \cdots\cdots (2.34)$$

式(2.34)において，

$$1 + \frac{R_3}{R_2} = \frac{R_f R_5}{R_2 R_4} \quad \cdots\cdots (2.35)$$

の条件があれば，式(2.34)は，

$$I_L = \frac{R_f R_5}{R_1 R_3 R_4} V_I \quad \cdots\cdots (2.36)$$

となり，R_Lに無関係になります．式(2.36)において，$R_1 = R_f = R_4 = R_5$の関係があれば，I_Lは次のような単純な式で表されます．

$$I_L = \frac{V_I}{R_3} \quad \cdots\cdots (2.37)$$

2.9 2段の電圧-電流変換回路(2)

入力インピーダンスを高くするために，入力端子として非反転端子を用いた**図6.38**のようなOPアンプ2段の電圧-電流変換回路について述べましょう．

重ねの理より，

$$V_O = \left(\frac{R_2 + R_f}{R_2}\right)\left(-\frac{R_5}{R_4}\right) V_I + \left(-\frac{R_f}{R_2}\right)\left(-\frac{R_5}{R_4}\right) V_L = \frac{R_f R_5}{R_2 R_4} V_L - \frac{R_5(R_2 + R_f)}{R_2 R_4} V_I \quad \cdots (2.38)$$

電流に注目すると，

$$\frac{V_O - V_L}{R_3} = \frac{V_L}{R_L} + \frac{V_L - V_I}{R_2}$$

$$\left(\frac{1}{R_L} + \frac{1}{R_2} + \frac{1}{R_3}\right) V_L = \frac{V_I}{R_2} + \frac{V_O}{R_3}$$

$$V_O = \left(\frac{R_3}{R_L} + \frac{R_3}{R_2} + 1\right) V_L - \frac{R_3}{R_2} V_I \quad \cdots\cdots (2.39)$$

式(2.38)と式(2.39)より，

$$\left(\frac{R_3}{R_L} + \frac{R_3}{R_2} + 1\right) V_L - \frac{R_3}{R_2} V_I = \frac{R_f R_5}{R_2 R_4} V_L - \frac{R_5(R_2 + R_f)}{R_2 R_4} V_I$$

$$\left(\frac{R_3}{R_L} + \frac{R_3}{R_2} + 1 - \frac{R_f R_5}{R_2 R_4}\right) V_L = \left(\frac{R_3}{R_2} - \frac{R_5(R_2 + R_f)}{R_2 R_4}\right) V_I$$

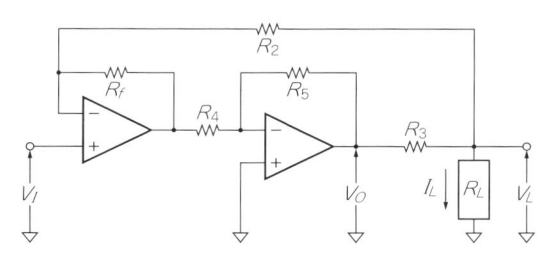

図6.38 2段の電圧・電流変換回路(2)

$$V_L = \frac{\dfrac{R_3}{R_2} - \dfrac{R_5(R_2+R_f)}{R_2 R_4}}{\dfrac{R_3}{R_L} + \dfrac{R_3}{R_2} + 1 - \dfrac{R_f R_5}{R_2 R_4}} V_I \quad \cdots (2.40)$$

分母，分子に $R_L R_2 R_4$ をかけて，

$$V_L = \frac{R_L R_3 R_4 - R_L R_5 (R_2 + R_f)}{R_2 R_3 R_4 + R_3 R_4 R_L + R_L R_2 R_4 - R_5 R_f R_L} V_I \quad \cdots (2.41)$$

電流 I_L は，

$$I_L = \frac{V_L}{R_L} = \frac{R_3 R_4 - R_5(R_2 + R_f)}{R_2 R_3 R_4 + R_3 R_4 R_L + R_L R_2 R_4 - R_5 R_f R_L} V_I$$

分母，分子を $R_2 R_4$ で割って，

$$I_L = \frac{\dfrac{R_3}{R_2} - \dfrac{R_5}{R_4}\left(1 + \dfrac{R_f}{R_2}\right)}{R_3 + R_L\left(1 + \dfrac{R_3}{R_2} - \dfrac{R_5 R_f}{R_2 R_4}\right)} V_I \quad \cdots (2.42)$$

式(2.42)において，

$$1 + \frac{R_3}{R_2} = \frac{R_5 R_f}{R_2 R_4}, \quad R_f = R_4 = R_5 \quad \cdots (2.43)$$

の関係が成り立つならば，式(2.42)は，

$$I_L = \frac{1}{R_3}\left\{\frac{R_3}{R_2} - \frac{R_5}{R_4}\left(1 + \frac{R_f}{R_1}\right)\right\} V_I \quad \cdots (2.44)$$

$R_4 = R_5$ なので，

$$I_L = \frac{1}{R_3}\left\{\frac{R_3}{R_2} - \frac{R_5 R_f}{R_2 R_4} - 1\right\} V_I$$

$$\frac{R_3}{R_2} - \frac{R_5 R_f}{R_2 R_4} = -1 \quad \cdots (2.45)$$

なので，

$$I_L = -\frac{2}{R_3} V_I \quad \cdots (2.46)$$

となります．

2.10 定電流回路

定電流回路とは，負荷があるかどうかにかかわらず，一定の電流を流す回路です．図6.39は，トランジスタを2個使った定電流回路です．図において電流を I_O とすると，

$$V_Z = I_O R_2 + V_{BE} \quad \cdots (2.47)$$

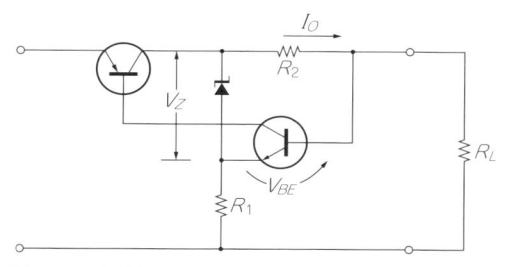

図6.39　定電流回路

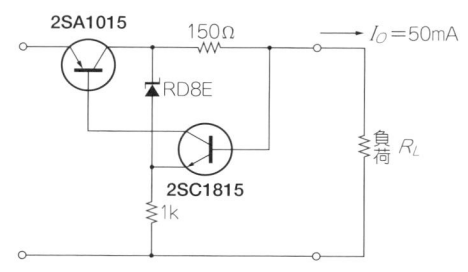

図6.40　I_O = 50 mA の定電流回路の設計例

が成立します．したがって電流 I_O は，

$$I_O = \frac{V_Z - V_{BE}}{R_2} \quad \cdots\cdots (2.48)$$

です．また，電流 I_O を決めて，抵抗 R_2 を求めるときは，

$$R_2 = \frac{V_Z - V_{BE}}{I_O} \quad \cdots\cdots (2.49)$$

を用います．

　設計例を次に示します．50 mA の定電流回路を設計してみましょう（図6.40）．V_Z = 8 V として，V_{BE} = 0.6 V とすると，抵抗 R_2 は，

$$R_2 = \frac{8.0 - 0.6}{50 \times 10^{-3}} = 148\ \Omega$$

そこで，R_2 = 150 Ω とします．R_1 は適当に 1 kΩ くらいとします（実験によれば，R_1 は 200 Ω～330 Ω くらいにしたほうがよいかもしれない）．

3. フィルタ

3.1　RCローパス・フィルタ

　1次型 RC ローパス・フィルタの基本回路と周波数特性を図6.41，図6.42に示します．回路の働きを定性的に見てみましょう．回路の出力電圧は，入力電圧を抵抗 R とコンデンサ C のインピーダンスで分圧したものです．周波数が低いときは，コンデンサのインピーダンスが大きくなり，出力電圧が高くなります．一方，周波数が高いときは，コンデンサのインピーダンスが小さくなり，出力電圧は低くなります．

　次に，この特性を定量的に扱ってみましょう．基本回路において，出力電圧 V_O は，

第6章

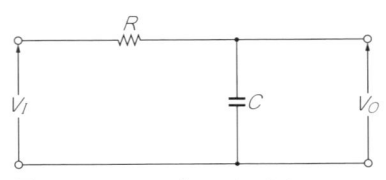

図6.41 RCローパス・フィルタ

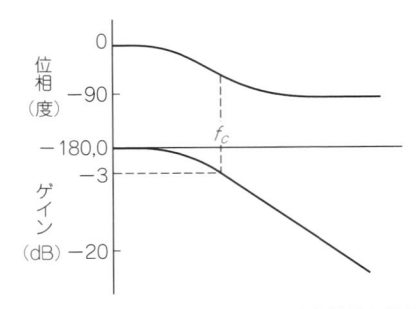

図6.42 RCローパス・フィルタの周波数特性と位相特性

$$V_O = \frac{\frac{1}{j\omega C}}{R + \frac{1}{j\omega C}} V_I = \frac{1}{1 + j\omega CR} V_I \quad \cdots (3.1)$$

これより,ゲイン G は,

$$G = \frac{V_O}{V_I} = \frac{1}{1 + j\omega CR} \quad \cdots (3.2)$$

ゲイン G の絶対値 $|G|$ をとると,

$$|G| = \frac{1}{\sqrt{1 + (\omega CR)^2}} \quad \cdots (3.3)$$

となります.対数をとるとゲイン g は,

$$g = 20 \log |G|$$
$$= -20 \log \sqrt{1 + (\omega CR)^2} \quad \cdots (3.4)$$

となります.

$$\omega = 2\pi f$$
$$f_c = \frac{1}{2\pi CR} \quad \cdots (3.5)$$

とおくと,

$$g = -20 \log \sqrt{1 + \left(\frac{f}{f_c}\right)^2} \quad \cdots (3.6)$$

となります. $f = f_c$ とすると,

$$g = -20 \log \sqrt{2} \simeq -3 \text{ dB} \quad \cdots (3.7)$$

となります.ここで, f_c を低域しゃ断周波数といいます.

$f \ll f_c$ とすると,

$$g \simeq 0 \quad \cdots (3.8)$$

$f \gg f_c$ とすると,

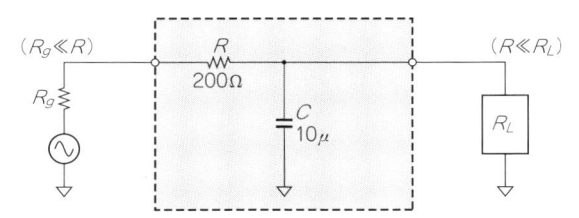

図6.43 カットオフ周波数 f_c =100 Hz の RC ローパス・フィルタ

$$g \simeq -20\log\sqrt{\left(\frac{f}{f_c}\right)^2} = -20\log f + 20\log f_c \quad \cdots (3.9)$$

式(3.2)より位相 ϕ は，

$$\phi = -\tan^{-1}(\omega CR) \quad \cdots (3.10)$$

となります．

次に，ローパス・フィルタの設計例を図6.43に示します．抵抗 R は，信号源インピーダンス R_g の10倍以上に選びます．

$$R \geq 10R_g$$

一方，低域しゃ断周波数(カットオフ周波数) f_c より，コンデンサ C は，

$$C = \frac{1}{2\pi f_c R} \quad \cdots (3.11)$$

と求まります．

負荷インピーダンス Z_L が抵抗 R の10倍以上の場合は，インピーダンス変換回路は不要ですが，それ以下の場合はインピーダンス変換回路を用います．インピーダンス変換回路には，エミッタ・フォロワやボルテージ・フォロワがあります．

たとえば，信号源インピーダンス，負荷インピーダンスを考慮して，$R=200\,\Omega$ としましょう．そして，カットオフ周波数100 Hz の RC フィルタを設計します．コンデンサ C の値は，式(3.11)より，

$$C = \frac{1}{2\pi f_c R} = \frac{1}{2 \times 3.14 \times 100 \times 200} = 7.9 \times 10^{-6} = 7.9\,\mu\text{F} \quad \cdots (3.12)$$

となるので，$C=10\,\mu\text{F}$ とします．

3.2 ハイパス・フィルタ

1次型 RC ハイパス・フィルタの基本回路と周波数特性を図6.44，図6.45に示します．この回路は1次型 RC ローパス・フィルタ回路の C と R を逆に接続した回路で，動作原理もローパス・フィルタと逆になります．出力電圧 V_O は，

$$V_O = \frac{R}{R + \frac{1}{j\omega C}} V_I = \frac{1}{1 + \frac{1}{j\omega CR}} V_I \quad \cdots (3.13)$$

これよりゲイン G は,

$$G = \frac{V_O}{V_I} = \frac{1}{1 + \frac{1}{j\omega CR}} \quad \cdots (3.14)$$

ゲイン G の絶対値 $|G|$ をとると,

$$|G| = \frac{1}{\sqrt{1 + \left(\frac{1}{\omega CR}\right)^2}} \quad \cdots (3.15)$$

となります. 対数をとるとゲイン g は,

$$g = 20 \log|G| = -20 \log \sqrt{1 + \left(\frac{1}{\omega CR}\right)^2} \quad \cdots (3.16)$$

となります.

$$\omega = 2\pi f$$
$$f_c = \frac{1}{2\pi CR} \quad \cdots (3.17)$$

とおくと,

$$g = -20 \log \sqrt{1 + \left(\frac{f_c}{f}\right)^2} \quad \cdots (3.18)$$

$f = f_c$ とすると,

$$g = -20 \log \sqrt{2} = -3 \text{ dB} \quad \cdots (3.19)$$

となります. ここで, f_c を高域しゃ断周波数といいます.

$f \gg f_c$ とすると,

$$g \simeq 0 \quad \cdots (3.20)$$

$f \ll f_c$ とすると,

$$g \simeq -20 \log \left(\frac{f_c}{f}\right) = -20 \log f_c + 20 \log f \quad \cdots (3.21)$$

式(3.14)より位相 ϕ は,

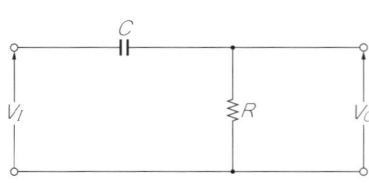

図6.44 *RC*ハイパス・フィルタ

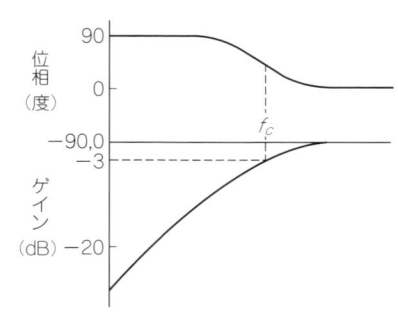

図6.45 *RC*ハイパス・フィルタの周波数特性と位相特性

$$\phi = \tan^{-1} \frac{1}{\omega CR} \quad \cdots\cdots (3.22)$$

となります．

3.3 アクティブ・フィルタ——1次のローパス・フィルタ

　もっとも簡単なローパス・フィルタ（低域フィルタ）は，図6.46に示すように反転増幅器の帰還回路にCRの並列回路を使用する形です．電圧利得$|G|$は，

$$|G| = \frac{1}{\sqrt{1 + \left(\frac{f}{f_c}\right)^2}} \quad \cdots\cdots (3.23)$$

です．ただし，f_cは低域しゃ断周波数で，

$$f_c = \frac{1}{2\pi CR} \quad \cdots\cdots (3.24)$$

です．この点で$|G|$は，$1/\sqrt{2}$（すなわち-3 dB）となり，それ以上高い周波数では，-20 dB/decade（＝周波数が10倍になると-20 dB変化）の傾斜で減衰していきます．

　それでは，上記の関係式を導出してみましょう．図6.46の電圧利得Gは，

$$G = -\frac{1}{R_S}\left(\frac{\frac{R}{j\omega C}}{R + \frac{1}{j\omega C}}\right) = -\frac{R}{R_S} \cdot \frac{1}{1 + j\omega CR} \quad \cdots\cdots (3.25)$$

で与えられます．ここで，$R = R_S$とすれば，

$$G = -\frac{1}{1 + j\omega CR} \quad \cdots\cdots (3.26)$$

となります．絶対値をとると，

$$|G| = \frac{1}{|1 + j\omega CR|} = \frac{1}{\sqrt{1 + (\omega CR)^2}} = \frac{1}{\sqrt{1 + (2\pi fCR)^2}}$$

です．ここで，

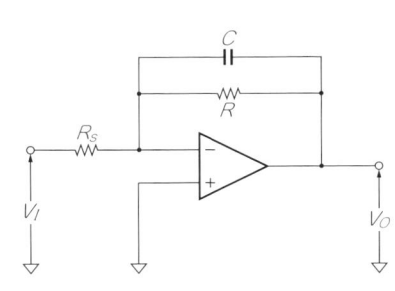

図6.46　OPアンプを使用した1次のローパス・フィルタ

$$f_c = \frac{1}{2\pi CR} \quad\cdots\cdots(3.27)$$

とおくと,

$$|G| = \frac{1}{\sqrt{1+\left(\dfrac{f}{f_c}\right)^2}}$$

です.
(i) $f = f_c$ のとき

$$|G| = \frac{1}{\sqrt{2}} \quad\cdots\cdots(3.28)$$

対数をとると,

$$g = 20\log|G| \simeq -3\,\text{dB}$$

(ii) $f \ll f_c$ のとき

$$|G| \simeq 1$$
$$g = 20\log|G| = 0\,\text{dB}$$

(iii) $f \gg f_c$ のとき

$$|G| \simeq \frac{1}{\sqrt{\left(\dfrac{f}{f_c}\right)^2}} = \frac{f_c}{f}$$

$$g = 20\log\left(\frac{f_c}{f}\right) = 20\log f_c - 20\log f\,[\text{dB}]$$

グラフで表すと,図6.47のようになります.

回路設計例を次に示します.カットオフ周波数 $f_c = 1\,\text{kHz}$ のローパス・フィルタを設計してみましょう.$C = 0.01\,\mu\text{F}$ として式(3.25)より,抵抗 R は,

$$R = \frac{1}{2\pi f_c C} = \frac{1}{2\times 3.14\times 1000\times (0.01\times 10^{-6})} = 15.924\times 10^3 \simeq 16\,\text{k}\Omega$$

となるので,$R = 15\,\text{k}\Omega$ とします.ゲイン(利得)を2倍とすると,$R_S = R/2 = (15\times 10^3)/2 = 7.5\,\text{k}\Omega$ となります(図6.48).

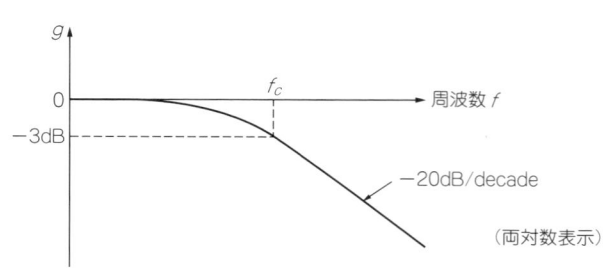

図6.47 1次のローパス・フィルタの周波数特性

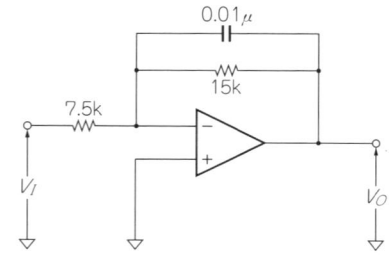

図6.48 1次のローパス・フィルタの設計例
(カットオフ周波数 $f_c = 1\,\text{kHz}$,利得 $G = 2$)

3.4 アクティブ・フィルタ——2次のローパス・フィルタ

図6.49は,ボルテージ・フォロワを用いた2次のローパス・フィルタです.この回路の電圧利得$|G|$を結果だけ示すと,

$$|G| = \frac{1}{\sqrt{1 + \left(\frac{f}{f_c}\right)^4}} \quad \cdots\cdots (3.29)$$

となります.カットオフ周波数f_cは,

$$f_c = \frac{1}{\sqrt{2}\,\pi CR} \quad \cdots\cdots (3.30)$$

です.この回路の周波数特性は,図6.50のとおりです〔かなり複雑になるが,式(3.29),式(3.30)は回路方程式を立てることにより得られる〕.

次に,カットオフ周波数$f_c = 1\,\text{kHz}$の2次のローパス・フィルタを設計してみましょう(図6.51).式(3.30)において,$C = 0.01\,\mu\text{F}$とすると,抵抗Rは,

$$R = \frac{1}{\sqrt{2}\,\pi f_c C} = \frac{1}{1.414 \times 3.14 \times 1000 \times (0.01 \times 10^{-6})} = 22.5 \times 10^3 = 22.5\,\text{k}\Omega \quad \cdots\cdots (3.31)$$

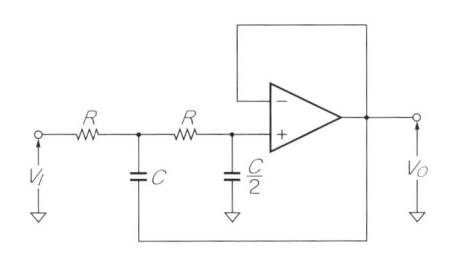

図6.49 2次のローパス・フィルタ

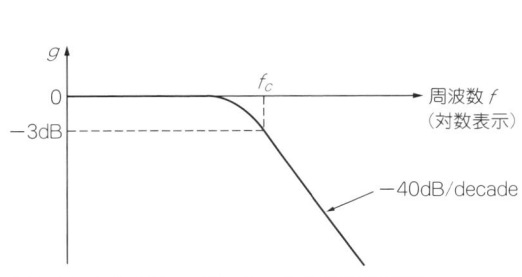

図6.50 2次のローパス・フィルタの周波数特性

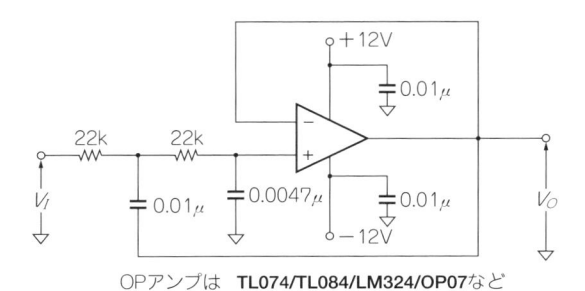

図6.51 2次のローパス・フィルタの設計例
(カットオフ周波数$f_c = 1\,\text{kHz}$,利得$G = 1$)

OPアンプは TL074/TL084/LM324/OP07など

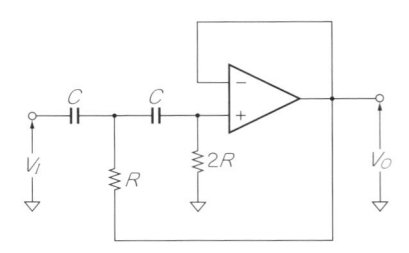

図6.52 2次のハイパス・フィルタ

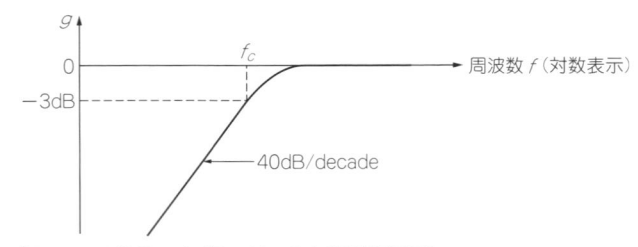

図6.53 2次のハイパス・フィルタの周波数特性

となるので，$R = 22\,\text{k}\Omega$ とします．$C/2$ は，$0.0047\,\mu\text{F}$ としたらよいでしょう．OPアンプはどのOPアンプでも使用できます．ただし，単一電源ではなく，正負電源を使用します〔図6.51で素子側から電源側を見たインピーダンスを $0\,\Omega$ とするため，$0.01\,\mu\text{F}$ のコンデンサ（フィルム・コンデンサ，積層セラミック・コンデンサなど）を入れる．誤動作防止のため〕．

3.5　アクティブ・フィルタ──2次のハイパス・フィルタ

図6.52は，ボルテージ・フォロワを用いた2次のハイパス・フィルタです．この回路の電圧利得 $|G|$ を，結果だけ示すと，

$$|G| = \frac{1}{\sqrt{1 + \left(\frac{f_c}{f}\right)^4}} \quad \cdots\cdots (3.32)$$

となります．カットオフ周波数 f_c は，

$$f_c = \frac{1}{2\sqrt{2}\,\pi CR} \quad \cdots\cdots (3.33)$$

この回路の周波数特性は，図6.53のとおりです（設計法は2次のローパス・フィルタと同じ）．

第7章 OPアンプを使った応用回路

　本章では，OPアンプの応用回路を紹介します．最近は，OPアンプを使って波形処理をすることは少なくなりましたが，正弦波発振回路，方形波発振回路，三角波発振回路など，多種多様な回路を形作ることができます．また，内部インピーダンスの大きいセンサ用の高入力インピーダンスの差動増幅器なども設計できます．

　解析することは難しいですが，ここで紹介する方法を用いて抵抗やコンデンサなどの定数を求め，ぜひ実験してみてください．

1. OPアンプ応用回路

1.1 反転型交流増幅回路

　図7.1は，交流の増幅回路です．信号は反転して出力されます．直流的には，コンデンサC_2は切り離せるので，直流ゲインG_dは，

$$G_d = -\frac{R_f // (R_1' + R_2)}{R_1} \quad \cdots\cdots (1.1)$$

となります．

　交流的にはコンデンサC_2により短絡しているので，R_1'，R_2はアース電位に落ちます．したがって，このときのゲインは，R_1，R_fで決まり，

$$G_a = -\frac{R_f}{R_1} \quad \cdots\cdots (1.2)$$

第7章

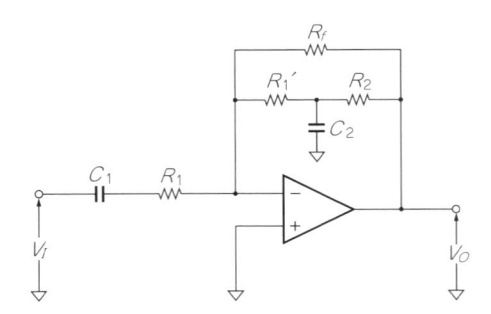

図7.1　反転型交流増幅回路

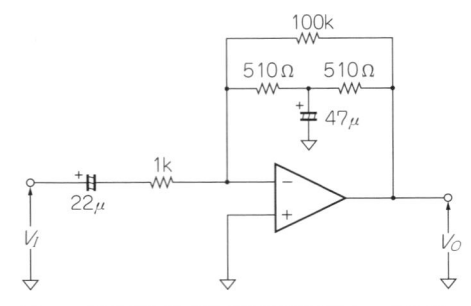

図7.2　反転型交流増幅回路の設計例（$G_a = 100$倍）

となります．

設計例を，**図7.2**に示します．交流利得 $G_a = 100$，直流利得 $G_d = 1$ の回路を設計してみましょう（G_d を大きくすると大きなオフセットが出力に生じる）．

$R_1' + R_2 \ll R_f$ の関係があるとすると，直流ゲイン G_d は R_f に無関係となり，

$$G_d \simeq -\frac{R_1' + R_2}{R_1} \quad\quad\quad (1.3)$$

となります．式(1.3)と式(1.2)に注目し，$R_1' = R_2 = 510\,\Omega$，$R_1 = 1\,\text{k}\Omega$，$R_f = 100\,\text{k}\Omega$ とします．一方，コンデンサ C_2 の値は，R_1'，R_2 の抵抗値を考慮して決定します．

$R_1' = R_2 = R$ とすると，

$$C_2 \geq \frac{1}{2\pi f_c R} \quad\quad\quad (1.4)$$

から計算します（ただし，f_c は交流の低域限界周波数）．

ここで，$f_c = 20\,\text{Hz}$ とします．

$$C_2 \geq \frac{1}{2 \times 3.14 \times 20 \times 510} = 15.6 \times 10^{-6} = 15.6\,\mu\text{F}$$

そこで，$C_2 = 47\,\mu\text{F}$ とします．コンデンサ C_1 も同様に，

$$C_1 \geq \frac{1}{2\pi f_c R_1} \quad\quad\quad (1.5)$$

から計算します．

$$C_1 = \frac{1}{2 \times 3.14 \times 20 \times 1000} = 7.9 \times 10^{-6} = 7.9\,\mu\text{F}$$

となるので，$C_1 = 22\,\mu\text{F}$ とします．

1.2　非反転型交流増幅回路

図7.3に示したのは，非反転型交流増幅回路です．直流的にはコンデンサ C_2 は切り離せるので，この

回路はボルテージ・フォロワを構成しています．したがって，直流ゲイン G_d は，

$$G_d = 1 \quad\quad\quad\quad\quad\quad\quad\quad\quad\quad\quad\quad\quad\quad\quad\quad\quad\quad\quad\quad (1.6)$$

となります．

交流的には，OPアンプの反転端子からコンデンサ C_2 で，抵抗 R_1 と R_2 の接続点に帰還しています．これをブートストラップ手法といいます．交流ゲイン G_a は，抵抗 R_2 と R_3 によって決まり，

$$G_a = 1 + \frac{R_3}{R_2} \quad\quad\quad\quad\quad\quad\quad\quad\quad\quad\quad\quad\quad\quad\quad\quad (1.7)$$

となります．

次に，回路設計例を図7.4に示します．ここでは，交流利得 $G_a = 100$ の回路を設計してみます．$R_2 = 1\,\mathrm{k\Omega}$，$R_3 = 100\,\mathrm{k\Omega}$ とすると，式(1.7)より，

$$G_a = 1 + \frac{R_3}{R_2} = 1 + \frac{100 \times 10^3}{1 \times 10^3} = 101\,倍$$

となり，約100倍の増幅回路ができます．R_1 は，適当に $1\,\mathrm{k\Omega}$ とします．抵抗 R_1 はブートストラップ手法により，両端の電位差が交流的にゼロ電位に保たれ，電流が流れないので（C_2 による），入力側から見た入力インピーダンスは非常に大きくなります．したがって，C_1 は適当に $C_1 = 1\,\mu\mathrm{F}$ とします．

また，C_2 は $R_2 + R_3$ の大きさによって決定され，交流の低域限界周波数を f_c とすると（$f_c = 20\,\mathrm{Hz}$），

$$C_2 \geq \frac{1}{2\pi f_c (R_2 + R_3)} = \frac{1}{2 \times 3.14 \times (1 + 100) \times 10^3} = 0.079 \times 10^{-6} = 0.079\,\mu\mathrm{F}$$

となります．そこで，$C_2 = 1\,\mu\mathrm{F}$ とします．

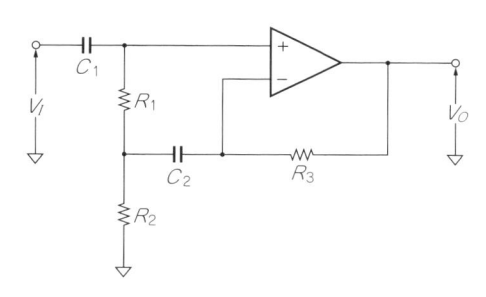

図7.3　非反転型交流増幅回路

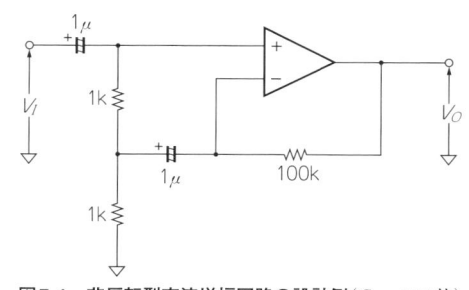

図7.4　非反転型交流増幅回路の設計例（$G_a = 100$倍）

1.3　反転型分圧帰還回路

分圧帰還回路は，広範囲に利得を可変したい場合などに用いられます（図7.5）．出力電圧 V_O を抵抗 R_3，R_4 で分圧し，R_2 で負帰還をかけています．R_2 を $R_2 \gg R_3 + R_4$ になるように十分高く選ぶと，利得 G は，

$$G = \frac{V_O}{V_I} \simeq -\frac{R_2}{R_1}\left(1 + \frac{R_3}{R_4}\right) \quad\quad\quad\quad\quad\quad\quad\quad\quad\quad (1.8)$$

第7章

電流 I_1 は，$V_s \simeq 0$ なので，

$$I_1 = \frac{V_I}{R_1} \quad\cdots\cdots(1.9)$$

電圧 V_4 は，

$$V_4 = -I_2 R_2 = -I_1 R_2 = -\frac{V_I}{R_1} \cdot R_2 = -\frac{R_2}{R_1} \cdot V_I \quad\cdots\cdots(1.10)$$

電流 I_4 は，

$$I_4 = -\frac{V_4}{R_4} = -\left(-\frac{R_2}{R_1}V_I\right)\frac{1}{R_4} = \frac{R_2}{R_1 R_4} V_I \quad\cdots\cdots(1.11)$$

電流 I_3 は，

$$I_3 = I_2 + I_4 = \frac{V_I}{R_1} + \frac{R_2}{R_1 R_4} V_I = \frac{1}{R_1}\left(1 + \frac{R_2}{R_4}\right) V_I \quad\cdots\cdots(1.12)$$

電圧 V_3 は，

$$V_3 = -I_3 R_3 = -\frac{1}{R_1}\left(1 + \frac{R_2}{R_4}\right) V_I \cdot R_3 = -\frac{R_3}{R_1}\left(1 + \frac{R_2}{R_4}\right) V_I \quad\cdots\cdots(1.13)$$

となります．

出力電圧 V_O は，式(1.10)，式(1.13) より，

$$V_O = V_3 + V_4 = -\frac{R_3}{R_1}\left(1 + \frac{R_2}{R_3}\right) V_I - \frac{R_2}{R_1} V_I = -\frac{R_2}{R_1}\left(1 + \frac{R_3}{R_2} + \frac{R_3}{R_4}\right) V_I \quad\cdots\cdots(1.14)$$

となります．ここで，$R_2 \gg R_3$ とすると，第2項は省略できて，

$$V_O \simeq -\frac{R_2}{R_1}\left(1 + \frac{R_3}{R_4}\right) V_I \quad\cdots\cdots(1.15)$$

となります．

1.4 反転型分圧帰還回路（別法）

反転型分圧帰還回路を，簡単な方法を用いて計算してみましょう（**図7.6**）．電圧 V_a は，

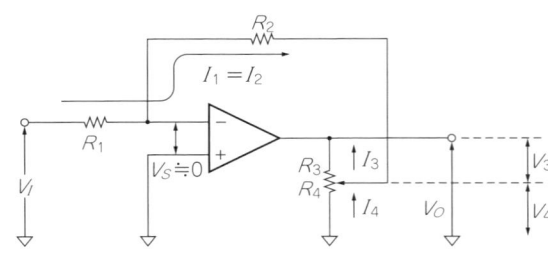

図7.5 反転型分圧帰還回路

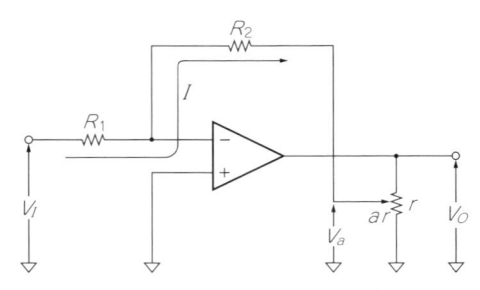

図7.6 反転型分圧帰還回路（別法）

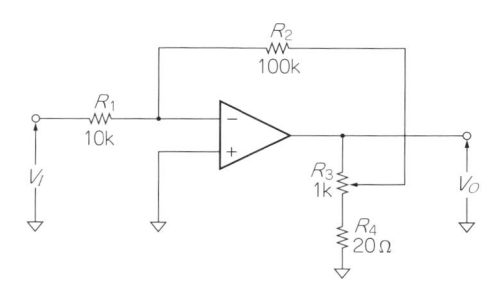

図7.7 反転型分圧帰還回路の設計例（利得 $G = 10$ 倍〜510 倍まで可変可能）

$$V_a = -\frac{R_2}{R_1} V_I \quad \cdots\cdots (1.16)$$

です．ここで，$r \ll R_2$ とすると，V_O は，

$$V_O = \frac{r}{ar} V_a = \frac{1}{a} V_a \quad \cdots\cdots (1.17)$$

となります．式(1.16)を式(1.17)に代入して，

$$V_O = \frac{1}{a}\left(-\frac{R_2}{R_1} V_I\right) = -\frac{R_2}{R_1} \frac{1}{a} V_I \quad \cdots\cdots (1.18)$$

となります．ここで，$ar = R_4$，$r = R_3 + R_4$ とすると，

$$V_O = -\frac{R_2}{R_1} \frac{r}{ar} V_I = -\frac{R_2}{R_1}\left(1 + \frac{R_3}{R_4}\right) V_I \quad \cdots\cdots (1.19)$$

となって，式(1.15)と同じ結果が得られます．

次に，設計例を示します．図7.7において，$100\,\mathrm{k\Omega} \gg 1\,\mathrm{k\Omega} + 20\,\Omega$ なので，$R_2 \gg R_3 + R_4$ の条件を十分満たしていることがわかります．式(1.19)において，利得可変範囲を計算してみましょう．

$R_3 = 0$ のときは，

$$G = -\frac{R_2}{R_1} = -\frac{100 \times 10^3}{10 \times 10^3} = -10 \text{ 倍}$$

$R_3 = 1\,\mathrm{k\Omega}$，$R_4 = 20\,\Omega$ のときは，

$$G = -\frac{R_2}{R_1}\left(1 + \frac{R_3}{R_4}\right) = -\frac{100 \times 10^3}{10 \times 10^3}\left(1 + \frac{1 \times 10^3}{20}\right) = -510 \text{ 倍}$$

となり，$G = 10$ 倍〜510 倍まで広範囲に可変できることがわかります．

1.5 連続利得可変回路

これは，利得を正から負にわたって連続的に変えられる増幅器です（図7.8）．この回路を解析するには，図7.9に示すように「重ねの理」を利用します．

出力 V_O は，

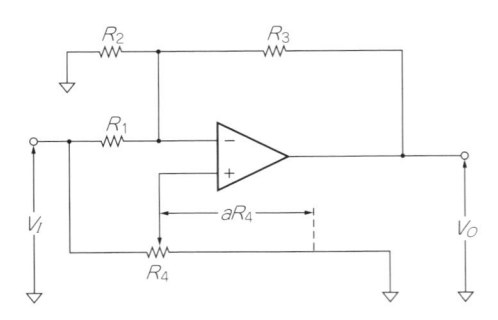

図7.8 連続利得可変回路

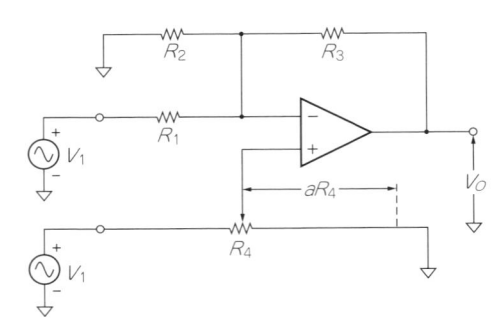

図7.9 連続利得可変回路の解析(「重ねの理」を利用)

$$V_O = -\frac{R_3}{R_1}V_I + \left(1 + \frac{R_3}{R_1//R_2}\right)aV_I = -\frac{R_3}{R_1}V_I + \left[1 + R_3\left(\frac{R_1+R_2}{R_1R_2}\right)\right]aV_I$$

$$= \left[-\frac{R_3}{R_1} + \left(1 + \frac{R_3}{R_2} + \frac{R_3}{R_1}\right)a\right]V_I \quad \cdots\cdots (1.20)$$

となります.したがって,利得Gは,

$$G = -\frac{R_3}{R_1} + a\left(1 + \frac{R_3}{R_2} + \frac{R_3}{R_1}\right) \quad \cdots\cdots (1.21)$$

となります.

設計例を,**図7.10**に示します.利得Gを表す式(1.21)において,$R_1 = 1\,\text{k}\Omega$,$R_3 = 10\,\text{k}\Omega$,$R_2 = 1\,\text{k}\Omega$とします.aは0〜1の範囲なので,利得可変範囲は,

$a = 0$のとき,

$$G = -\frac{R_3}{R_1} = -\frac{(10 \times 10^3)}{(1 \times 10^3)} = -10\,\text{倍} \quad \cdots\cdots (1.22)$$

$a = 1$のとき,

$$G = -\frac{R_3}{R_1} + 1 \times \left(1 + \frac{R_3}{R_2} + \frac{R_3}{R_1}\right) = -\frac{(10 \times 10^3)}{(1 \times 10^3)} + \left(1 + \frac{(10 \times 10^3)}{(1 \times 10^3)} + \frac{(10 \times 10^3)}{(1 \times 10^3)}\right) = 11\,\text{倍} \quad \cdots\cdots (1.23)$$

となり,$G = -10$倍〜$+11$倍まで可変できることがわかります.

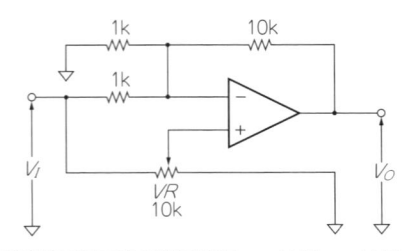

図7.10 連続利得可変回路の設計例($G = -10$倍〜$+11$倍まで可変可能)

1.6 インスツルメンテーション・アンプ

インスツルメンテーション・アンプは，入力インピーダンスが高く，差動入力のためノイズに強いという特徴があります(図7.11)．このため，内部インピーダンスが高いセンサの入力部に用いられたりします[注1]．

図7.11において，「重ね合わせの理」より，

$$V_3' = \left(1 + \frac{R_2}{R_1}\right) V_1 + \left(-\frac{R_2}{R_1}\right) V_2 \quad \cdots (1.24)$$

$$V_4' = \left(1 + \frac{R_3}{R_1}\right) V_2 + \left(-\frac{R_3}{R_1}\right) V_1 \quad \cdots (1.25)$$

後段のOPアンプは利得1($R = R$)なので，V_Oは$V_4' - V_3'$となります．

$$V_O = V_4' - V_3' = \left(1 + \frac{R_3}{R_1}\right) V_2 + \left(-\frac{R_3}{R_1}\right) V_1 - \left(1 + \frac{R_2}{R_1}\right) V_1 - \left(-\frac{R_2}{R_1}\right) V_2$$

$$= \left(1 + \frac{R_2 + R_3}{R_1}\right) V_2 - \left(1 + \frac{R_2 + R_3}{R_1}\right) V_1 = \left(1 + \frac{R_2 + R_3}{R_1}\right) (V_2 - V_1) \quad \cdots (1.26)$$

$R_2 = R_3$ ならば，

$$V_O = \left(1 + \frac{2R_2}{R_1}\right) (V_2 - V_1) \quad \cdots (1.27)$$

となります．

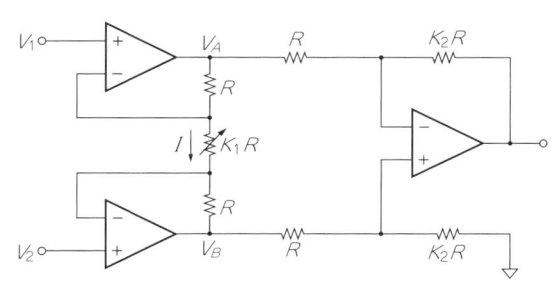

1.7 インスツルメンテーション・アンプ(別法)

インスツルメンテーション・アンプ(高入力インピーダンス減算回路)を，別な方法で回路解析してみましょう．

図7.12においてK_1Rに流れる電流Iは，

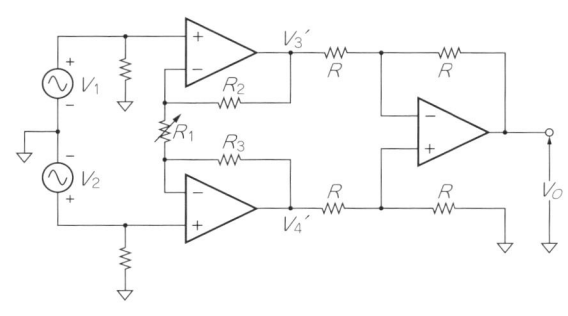

図7.11 インスツルメンテーション・アンプ

図7.12 インスツルメンテーション・アンプ(別法)

注1：インスツルメンテーション・アンプは，差動入力端子から抵抗でアースに落とさないと正常に動作しないことがある．

$$I = \frac{V_1 - V_2}{K_1 R} \quad \cdots (1.28)$$

です．㊀入力端子には電流は流れないので電圧 V_A，V_B は，

$$V_A = V_1 + IR \quad \cdots (1.29)$$

$$V_B = V_2 - IR \quad \cdots (1.30)$$

です．式(1.29)，式(1.30)に式(1.28)を代入して，

$$V_A = V_1 + \frac{V_1 - V_2}{K_1 R} \cdot R = \left(1 + \frac{1}{K_1}\right) V_1 - \frac{1}{K_1} V_2 \quad \cdots (1.31)$$

$$V_B = V_2 - \frac{V_1 - V_2}{K_1 R} \cdot R = \left(1 + \frac{1}{K_1}\right) V_2 - \frac{1}{K_1} V_1 \quad \cdots (1.32)$$

となります．出力電圧 V_O は，

$$\begin{aligned}
V_O &= K_2(V_B - V_A) = K_2 \left[\left(1 + \frac{1}{K_1}\right) V_2 - \frac{1}{K_1} V_1 - \left(1 + \frac{1}{K_1}\right) V_1 + \frac{1}{K_1} V_2 \right] \\
&= K_2 \left[\left(1 + \frac{1}{K_1}\right)(V_2 - V_1) + \frac{1}{K_1}(V_2 - V_1) \right] = K_2 \left[1 + \frac{2}{K_1} \right] (V_2 - V_1) \quad \cdots (1.33)
\end{aligned}$$

となります．

次に，設計例を**図7.13**に示します．式(1.33)より利得 G は，

$$G = K_2 \left[1 + \frac{2}{K_1} \right] \quad \cdots (1.34)$$

で計算でき，$K_2 = 10$，$K_1 = 0.1 \sim 1$ とすると，

$K_1 = 1$ のとき，

$$G = 10 \times \left[1 + \frac{2}{1} \right] = 30 \text{倍}$$

$K_1 = 0.1$ のとき，

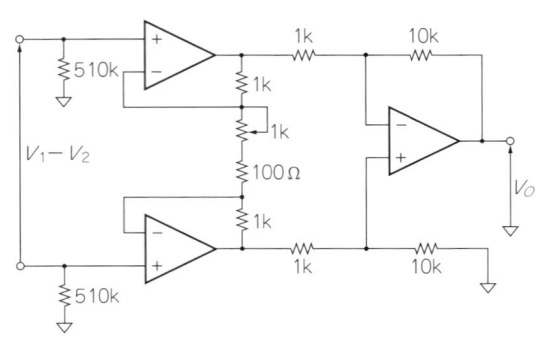

図7.13 インスツルメンテーション・アンプの設計例(利得 $G = 30$ 倍～210倍まで調整可能)

$$G = 10 \times \left[1 + \frac{2}{0.1}\right] = 210 \text{ 倍}$$

つまり，$G = 30$ 倍〜210 倍まで調整が可能です．

1.8 シュミット回路(ヒステリシス・コンパレータ)

図7.14にヒステリシス・コンパレータ回路を，図7.15にその特性図を示します．入力電圧 V_{IN} が V_{TH} のとき，ヒステリシス・コンパレータが立ち上がったとすると(図7.16)，

$$\frac{V_{TH} - V_{REF}}{R_1} = \frac{V_{REF} - 0}{R_f}$$

$$V_{TH} - V_{REF} = \frac{R_1}{R_f} V_{REF}$$

$$V_{TH} = V_{REF} + \frac{R_1}{R_f} V_{REF} = \left(1 + \frac{R_1}{R_f}\right) V_{REF} \quad \cdots\cdots\cdots\cdots\cdots\cdots\cdots\cdots\cdots\cdots\cdots\cdots (1.35)$$

となります．

次に，立ち下がり電圧を計算します(図7.17)．入力電圧 V_{IN} が V_{TL} のときに立ち下がったとすると，

$$\frac{V_H - V_{REF}}{R_f} = \frac{V_{REF} - V_{TL}}{R_1}$$

$$V_{REF} - V_{TL} = \frac{R_1}{R_f} (V_H - V_{REF})$$

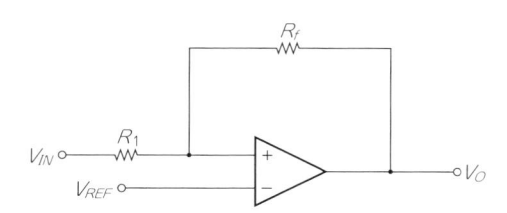

図7.14 ヒステリシス・コンパレータの回路

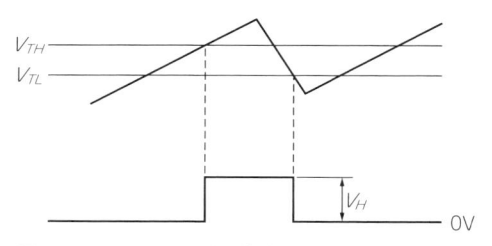

図7.15 図7.14の回路の特性

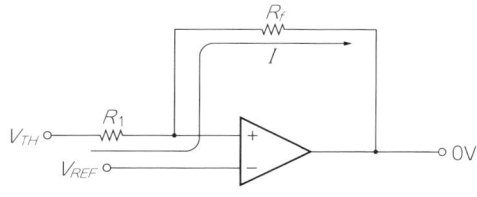

図7.16 ヒステリシス・コンパレータ回路の解析(1)

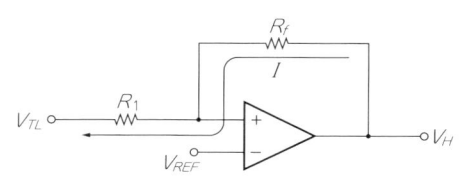

図7.17 ヒステリシス・コンパレータ回路の解析(2)

第7章

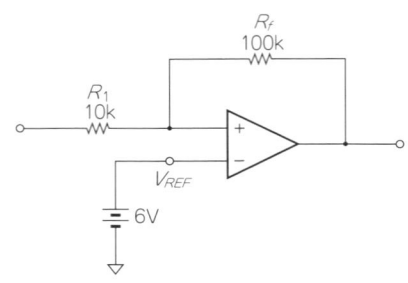

図7.18 ヒステリシス・コンパレータ回路の実例

$$V_{TL} = V_{REF} - \frac{R_1}{R_f}(V_H - V_{REF}) = V_{REF}\left(1 + \frac{R_1}{R_f}\right) - \frac{R_1}{R_f}V_H \cdots\cdots(1.36)$$

となります．

次に，ヒステリシス電圧 V_{HT} を計算します．

$$V_{HT} = V_{TH} - V_{TL} = V_{REF}\left(1 + \frac{R_1}{R_f}\right) - \left\{V_{REF}\left(1 + \frac{R_1}{R_f}\right) - \frac{R_1}{R_f}V_H\right\} = \frac{R_1}{R_f}V_H \cdots\cdots(1.37)$$

最後に，ヒステリシス・コンパレータ回路の例を図7.18に示します．図7.18において，$R_1 = 10\ \text{k}\Omega$，$R_f = 100\ \text{k}\Omega$，$V_{REF} = 6\ \text{V}$，電源電圧 $V_{CC} = 12\ \text{V}$ としましょう．

立ち上がり電圧 V_{TH} は，$V_H \simeq 12\ \text{V}$ を考慮して，

$$V_{TH} = \left(1 + \frac{R_1}{R_f}\right)V_{REF} = \left(1 + \frac{(10 \times 10^3)}{(100 \times 10^3)}\right) \times 6 = 6.6\ \text{V}$$

です．また，立ち下がり電圧 V_{TL} は，

$$V_{TL} = V_{REF}\left(1 + \frac{R_1}{R_f}\right) - \frac{R_1}{R_f}V_H = 6 \times \left(1 + \frac{(10 \times 10^3)}{(100 \times 10^3)}\right) - \frac{(10 \times 10^3)}{(100 \times 10^3)} \times 12 = 5.4\ \text{V}$$

です．一方，ヒステリシス電圧 V_{HT} は，

$$V_{HT} = \frac{R_1}{R_f}V_H = \frac{(10 \times 10^3)}{(100 \times 10^3)} \times 12 = 1.2\ \text{V}$$

となります．

1.9 単安定マルチバイブレータ（モノマルチ）

図7.19，図7.20は，単安定マルチバイブレータの回路図とその波形を示したものです．この回路構成は，無安定マルチバイブレータにおいて，反転端子のコンデンサ C_1 にダイオードを接続し，一方の C_2 を非反転入力端子に接続して微分回路を構成したものです．もし，ダイオードDが接続されなければ，無安定マルチバイブレータとして動作します．

いま，図7.19において，仮に出力電圧 V_O が V_{CC} になったとすると，非反転端子の電圧 V_P は，R_1，

1.9 単安定マルチバイブレータ(モノマルチ)

R_2で分圧された$V_{CC}R_1/(R_1+R_2)$となります．一方，反転端子の電圧V_nは，ダイオードDが接続されているので，順方向の電圧V_fでクリップされます．したがって，OPアンプの差動入力はV_P-V_fとなるので，R_1とR_2の値を適当に選べば，V_Oはいつまでも電源電圧V_{CC}を維持します．

次に，C_2端子に負のトリガ・パルスが加わると，非反転端子電圧がV_fより降下し，その瞬間にV_Oは$-V_{CC}$に反転します．このとき，非反転端子電圧V_Pは，$-V_{CC}R_1/(R_1+R_2)$となって，$V_O=-V_{CC}$となり，トリガ・パルスが消滅しても，反転電圧を維持します．

この期間，反転端子の電圧はV_fから$-V_{CC}$に向かって漸次C_1R_3の時定数で充電され，V_Pと電圧が等しくなったとき，反転して最初の状態に復帰し，単安定マルチバイブレータとして動作します．単安定マルチバイブレータのパルス幅Tは，

$$T = C_1 R_3 \log_e \left(\frac{R_1 + R_2}{R_2} \right) \quad \cdots \cdots (1.38)$$

です．そこで，パルス幅Tを誘導してみましょう．

図**7.21**より，$T=t$における$V_n(t)$を求めてみましょう．図において微分方程式を立てると，

$$\frac{q}{C_1} + IR_3 = V_{CC} \quad \cdots \cdots (1.39)$$

$$V_n = -\frac{q}{C_1} \quad \cdots \cdots (1.40)$$

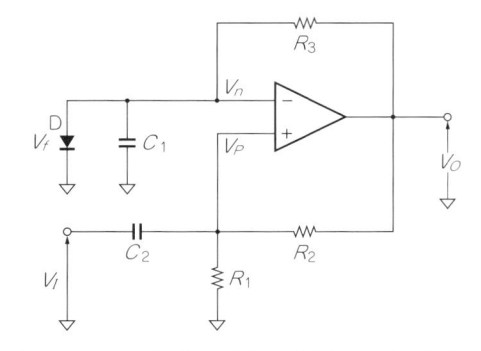

図7.19　OPアンプを使用した単安定マルチバイブレータ

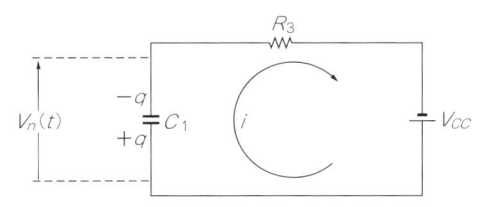

図7.21　単安定マルチバイブレータ回路の解析

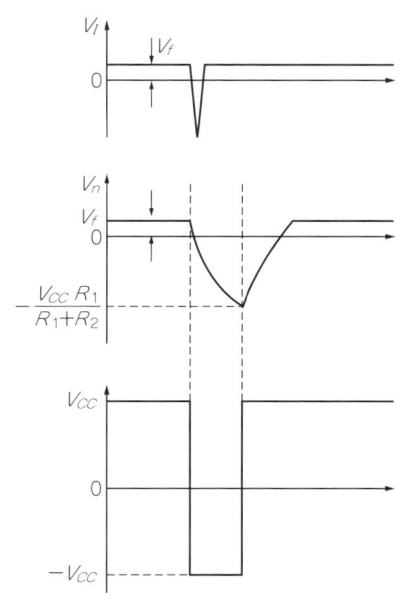

図7.20　単安定マルチバイブレータの波形

$$I = \frac{dq}{dt} \quad \text{...} (1.41)$$

となります.式(1.41)を式(1.39)に代入して,

$$\frac{q}{C_1} + R_3 \frac{dq}{dt} = V_{CC} \quad \text{...} (1.42)$$

式(1.40)より,$q = -C_1 V_n$を代入して,

$$-V_n - C_1 R_3 \frac{dV_n}{dt} = V_{CC}$$

$$C_1 R_3 \frac{dV_n}{dt} + V_n = -V_{CC} \quad \text{...} (1.43)$$

となります.この微分方程式の一般解は,$-V_{CC} = 0$とした解V_{nt}と特解$V_{ns} = -V_{CC}$との和となり,

$$V_n = V_{nt} + V_{ns} \quad \text{...} (1.44)$$

です.式(1.43)において,$-V_{CC} = 0$とおくと,

$$C_1 R_3 \frac{dV_{nt}}{dt} + V_{nt} = 0 \quad \text{..} (1.45)$$

となります.変数分離して,

$$\frac{1}{V_{nt}} dV_{nt} = -\frac{1}{C_1 R_3} dt \quad \text{...} (1.46)$$

となります.これを積分して,

$$\int \frac{1}{V_{nt}} dV_{nt} = -\frac{1}{C_1 R_3} \int dt$$

$$\log_e V_{nt} = -\frac{1}{C_1 R_3} t + K_1$$

$$V_{nt} = K_2 \exp\left(-\frac{1}{C_1 R_3} t\right) \quad \text{..} (1.47)$$

ただし,$K_2 = \exp K_1$

となります.したがって一般解は,式(1.44)より,

$$V_n = V_{nt} + V_{ns} = K_2 \exp\left(-\frac{1}{C_1 R_3} t\right) - V_{CC} \quad \text{...............} (1.48)$$

となります.ここで初期条件を代入します.初期条件は,$t = 0$で$V_n = V_f$です.

$$V_f = K_2 - V_{CC}$$

$$K_2 = V_f + V_{CC} \quad \text{...} (1.49)$$

式(1.49)を式(1.48)に代入して,

$$V_n = (V_f + V_{CC}) \exp\left(-\frac{1}{C_1 R_3} t\right) - V_{CC} = -(V_f + V_{CC}) + (V_f + V_{CC}) \exp\left(-\frac{1}{C_1 R_3} t\right) + (V_f + V_{CC}) - V_{CC}$$

$$= -(V_f + V_{CC}) \left\{ 1 - \exp\left(-\frac{1}{C_1 R_3} t\right) \right\} + V_f \quad \text{..................} (1.50)$$

1.9 単安定マルチバイブレータ(モノマルチ)

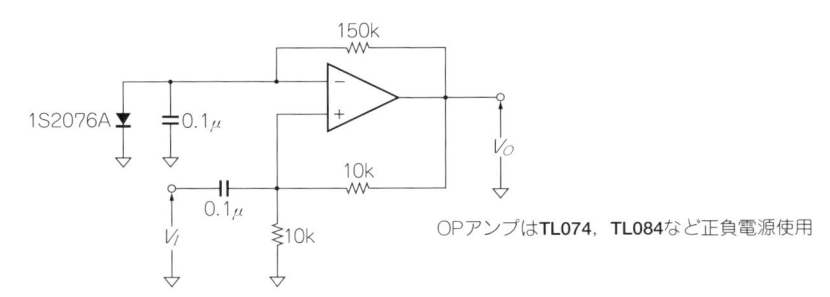

図7.22 単安定マルチバイブレータの設計例 (パルス幅：$T = 10$ ms)

が得られます．式(1.50)において，$t = T$のとき，

$$V_n(T) = -\frac{R_1}{R_1 + R_2} V_{CC}$$

$$-\frac{R_1}{R_1 + R_2} V_{CC} = -(V_f + V_{CC})\left\{1 - \exp\left(-\frac{1}{C_1 R_3} T\right)\right\}$$

$$V_{CC}\left(1 - \frac{R_1}{R_1 + R_2}\right) = (V_f + V_{CC})\exp\left(-\frac{1}{C_1 R_3} T\right)$$

$$\exp\left(\frac{1}{C_1 R_3} T\right) = \frac{V_f + V_{CC}}{V_{CC}\left(1 - \dfrac{R_1}{R_1 + R_2}\right)} = \frac{V_f + V_{CC}}{V_{CC}\left(\dfrac{R_2}{R_1 + R_2}\right)} \quad \cdots\cdots (1.51)$$

ここで，$V_{CC} \gg V_f$とすると，

$$\exp\left(\frac{1}{C_1 R_3} T\right) \simeq \frac{R_1 + R_2}{R_2} \quad \cdots\cdots (1.52)$$

となります．したがって，パルス幅Tは，

$$T \simeq C_1 R_3 \log_e\left(\frac{R_1 + R_2}{R_2}\right) \quad \cdots\cdots (1.53)$$

となります．

設計例を，**図7.22**に示します．ここで，$T = 10$ msecの回路を設計してみましょう．$R_1 = R_2 = 10$ kΩとすると，式(1.53)は，

$$T = C_1 R_3 \log_e\left(\frac{R_1 + R_2}{R_2}\right) = C_1 R_3 \log_e\left(\frac{(10 \times 10^3) + (10 \times 10^3)}{(10 \times 10^3)}\right)$$

$$= C_1 R_3 \log_e 2 = 0.69 C_1 R_3 \quad \cdots\cdots (1.54)$$

となります．ここで，$C_1 = 0.1$ μFとすると，R_3は式(1.54)より，

$$R_3 = \frac{T}{0.69 C_1} = \frac{(10 \times 10^{-3})}{0.69 \times (0.1 \times 10^{-6})} = 144.9 \times 10^3 = 144.9 \text{ kΩ}$$

となるので，$R_3 = 150$ kΩとします．

1.10 半波整流回路

ここでは，反転型OPアンプを用いた実用的な直線検波回路(半波整流回路)の動作原理について述べます．**図7.23**，**図7.24**において，正の入力電圧が反転入力端子に加わると，O′点の電位は負電位になるので(S点は接地電位)，ダイオードD_1には順方向のバイアス電圧が，D_2には逆方向のバイアス電圧が加わります．

したがって，D_1がON(D_1のきわめて小さい順方向抵抗r_fと帰還抵抗R_fとで帰還が有効に動作する)，D_2がカットオフ状態になります．また，S点は接地電位とみなしてよいので，

$$I_1 = \frac{V_I}{R_1} \tag{1.55}$$

$$I_1 = I_2 \tag{1.56}$$

となります．したがって，出力電圧V_Oは，

$$V_O = -R_f I_2 = -\frac{R_f}{R_1} V_I \tag{1.57}$$

となります．

次に，**図7.23**，**図7.24**において，負の入力電圧V_Iが加わると，前述とは逆にD_1がカットオフ，D_2がONになります．したがって，帰還回路がきわめて小さな順方向抵抗r_fで短絡したと考えられますから，O′点の電位は，

$$V_O' = -\frac{r_f}{R_1} V_I \qquad (r_f \ll R_1) \tag{1.58}$$

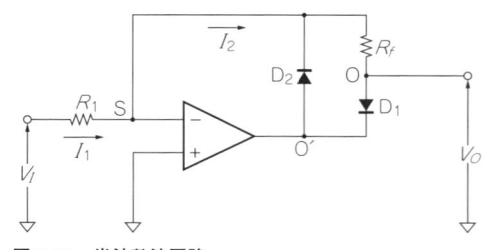

図7.23 半波整流回路

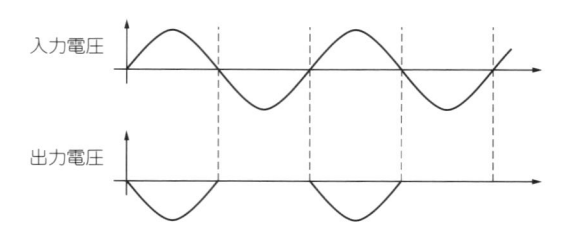

図7.24 半波整流回路の整流波形

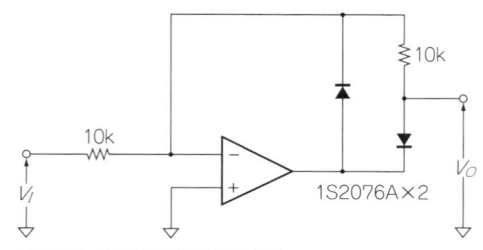

図7.25 実用的な半波整流回路

$$V_O' \simeq 0 \tag{1.59}$$

となり，D_1 は開放となります．したがって，O点の電位はS点と同電位，つまり $V_O = 0$ となります．

図7.25に，実用的な半波整流回路を示します．

1.11 絶対値増幅回路

絶対値増幅回路とは，入力電圧の極性にかかわらず，常に正の出力電圧が出る回路です．図7.26は，半波整流回路と加算回路から構成されています．すなわち，入力電圧 V_I と A_1 の出力電圧の加算が，後段の A_2 の反転入力端子に加わり，出力を得ています．

今，正の入力電圧 V_I が A_1 の反転入力端子に加わると，D_1 は ON，D_2 は OFF 状態になります．したがって，A_1 の出力側の V_O' は，

$$V_O' = -\frac{R_2}{R_1} V_I \tag{1.60}$$

となります．次に，S，S′点はともにアース電位とみなせるので，

$$I_1 = \frac{V_I}{R_3}, \quad I_2 = \frac{V_O'}{R_4} \tag{1.61}$$

となります．図7.26より，

$$I_1 + I_2 = I_3 \tag{1.62}$$

なので，式(1.62)に式(1.61)を代入して，

$$\frac{V_I}{R_3} + \frac{V_O'}{R_4} = I_3 \tag{1.63}$$

となります．したがって，A_2 の出力電圧 V_O は，

$$V_O = -R_5 I_3 \tag{1.64}$$

となり，式(1.64)に式(1.63)を代入して，

$$V_O = -R_5 \left(\frac{V_I}{R_3} + \frac{V_O'}{R_4} \right) \tag{1.65}$$

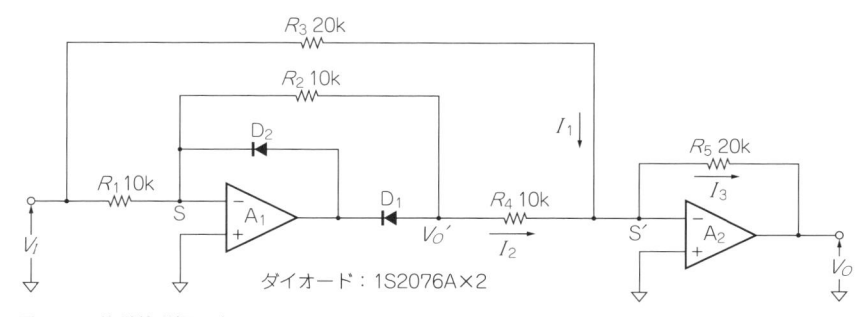

図7.26 絶対値増幅回路

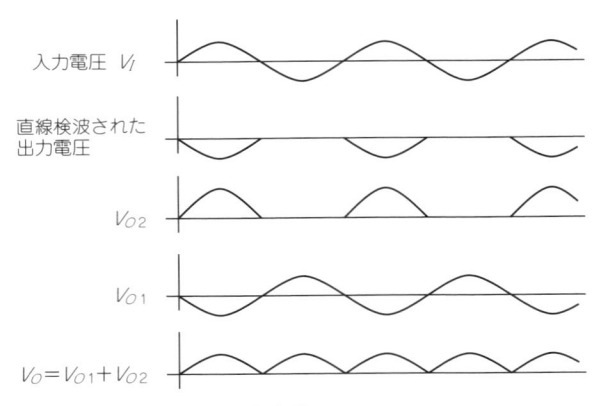

図7.27 絶対値増幅回路の各波形

が得られます．式(1.65)に式(1.60)を代入して，

$$V_O = -R_5\left(\frac{V_I}{R_3} - \frac{R_2}{R_1 R_4}V_I\right) = -R_5\left(\frac{1}{R_3} - \frac{R_2}{R_1 R_4}\right)V_I \quad \cdots\cdots (1.66)$$

となります．式(1.66)に，$R_1 = R_2 = R_4 = 10\,\mathrm{k\Omega}$，$R_3 = R_5 = 20\,\mathrm{k\Omega}$を代入すると，

$$V_O = -R_5\left(\frac{1}{R_3} - \frac{1}{R_1}\right)V_I = -(20\times 10^3)\times\left(\frac{1}{(20\times 10^3)} - \frac{1}{(10\times 10^3)}\right)V_I = V_I \quad \cdots (1.67)$$

となります．すなわち，入力電圧が正のときは，$2V_I$と$-V_I$が加算された結果になります．

次に，負の入力電圧$(-V_I)$が入力端子に加わると，前述とは逆にD_1がカットオフ，D_2がON状態になり，V_O'の電位はゼロ電位となります．したがって，V_Oは，

$$V_O = -R_5\left(\frac{-V_I}{R_3} + \frac{V_O'}{R_4}\right) = -R_5\left(-\frac{V_I}{R_3} + 0\right) = \frac{R_5}{R_3}V_I \quad \cdots\cdots (1.68)$$

となり，負の入力電圧に対しても正の出力電圧が得られます(図7.27)．

1.12　方形波/三角波発振回路

方形波と三角波を同時に発生する回路を，別名ファンクション・ジェネレータと呼ぶことがあります．図7.28でA_1がシュミット回路，A_2が積分回路です．電源を入れると，点②の電圧は，正負いずれかの方形波飽和電圧$\pm V_{O(\mathrm{sat})}$をとります．もし仮に，$+V_{O(\mathrm{sat})}$とすると，この電圧は抵抗Rを通して積分回路A_2に伝達されます．$+V_{O(\mathrm{sat})}$はこの回路で積分され，出力④の電圧V_4は漸次負の方向へ下降します(図7.29)．

初期条件として，$t=0$で$V_4=0\,\mathrm{V}$としましょう．また，点①の電圧は②と④を抵抗R_1とR_2で分割した値です．この値も漸次下降して，0Vを切るとシュミット回路A_1は反転して$-V_{O(\mathrm{sat})}$をとります．このときの積分時間を求めれば，発振周波数f_{OSC}が求められます．

まず，$+V_{O(\mathrm{sat})}\,[\mathrm{V}]$を$T'$間だけ積分して$V_4$となったとします．

1.12 方形波/三角波発振回路

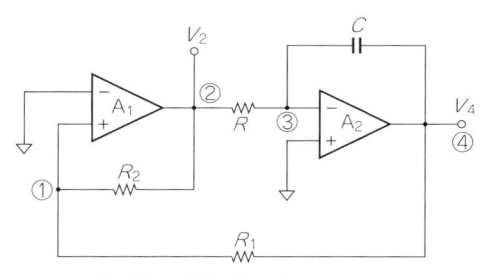

図7.28 方形波/三角波発振回路

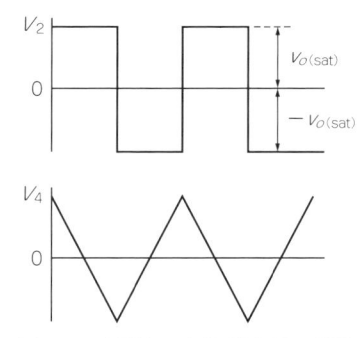

図7.29 方形波/三角波発振回路の波形

$$-\frac{1}{CR}\int_0^T V_{O(\text{sat})} dt = V_4 \quad \cdots\cdots (1.69)$$

$$V_2 - \frac{R_2}{R_1 + R_2}(V_2 - V_4) \leq 0 \quad \cdots\cdots (1.70)$$

のとき反転します(ただし, $V_2 = V_{O(\text{sat})}$).

式(1.69)より,

$$V_4 = -\frac{1}{CR} V_{O(\text{sat})} \cdot T' = -\frac{T'}{CR} V_{O(\text{sat})} \quad \cdots\cdots (1.71)$$

式(1.70)より,

$$V_2 - \frac{R_2}{R_1 + R_2} V_2 + \frac{R_2}{R_1 + R_2} V_4 = 0$$

$$V_2 \left(1 - \frac{R_2}{R_1 + R_2}\right) + \frac{R_2}{R_1 + R_2} V_4 = 0$$

$$\frac{R_1}{R_1 + R_2} V_2 + \frac{R_2}{R_1 + R_2} V_4 = 0 \quad \cdots\cdots (1.72)$$

式(1.71)を式(1.72)に代入して,

$$\frac{R_1}{R_1 + R_2} V_{O(\text{sat})} + \frac{R_2}{R_1 + R_2} \left(-\frac{T'}{CR} V_{O(\text{sat})}\right) = 0$$

$$R_1 - \frac{T' R_2}{CR} = 0$$

$$R_1 = \frac{T'}{CR} R_2$$

$$T' = CR \left(\frac{R_1}{R_2}\right) \quad \cdots\cdots (1.73)$$

となります. 式(1.73)を式(1.71)に代入して,

$$V_4 = -\frac{1}{CR}\left\{CR\left(\frac{R_1}{R_2}\right)\right\}V_{O(\text{sat})} = -\left(\frac{R_1}{R_2}\right)V_{O(\text{sat})} \quad \cdots\cdots (1.74)$$

となります．式(1.74)は，出力電圧 V_4 の最小値です．出力 V_4 は，式(1.70)の条件を満足すると反転し，$V_2 = -V_{O(\text{sat})}$ になります．このとき，積分器はこの V_2 を積分することになります．そのときの出力電圧 V_4 は，

$$V_4 = -\left(\frac{R_1}{R_2}\right)V_{O(\text{sat})} - \frac{1}{CR}\int_0^t (-V_{O(\text{sat})})dt = -\left(\frac{R_1}{R_2}\right)V_{O(\text{sat})} + \frac{1}{CR}\int_0^t V_{O(\text{sat})}dt \quad \cdots\cdots (1.75)$$

となります．この値は，最小値 $V_{4(\min)} = -(R_1/R_2)V_{O(\text{sat})}$ より漸次大きくなり，点①の電圧も漸次大きくなります．そして，

$$V_2 - \frac{R_2}{R_1 + R_2}(V_2 - V_4) \geq 0 \quad \cdots\cdots (1.76)$$

のとき，出力 V_2 は反転し，出力 V_4 は下降し始めます．このとき，V_4 は最大値 $V_{4(\max)}$ をとり，$V_{4(\min)}$ から $V_{4(\max)}$ までの t が周期 T の1/2です．

式(1.76)より，

$$R_1 V_2 + R_2 V_4 = 0 \quad \cdots\cdots (1.77)$$

です．これに，$V_2 = -V_{O(\text{sat})}$ と式(1.75)より，

$$V_4 = -\left(\frac{R_1}{R_2}\right)V_{O(\text{sat})} + \frac{1}{CR}\int_0^{T/2} V_{O(\text{sat})}dt = -\left(\frac{R_1}{R_2}\right)V_{O(\text{sat})} + \frac{T}{2CR}V_{O(\text{sat})} \quad \cdots\cdots (1.78)$$

を代入して，

$$-R_1 V_{O(\text{sat})} + R_2\left\{-\frac{R_1}{R_2}\cdot V_{O(\text{sat})} + \frac{T}{2CR}V_{O(\text{sat})}\right\} = 0$$

$$-2R_1 V_{O(\text{sat})} + \frac{T}{2CR}R_2 V_{O(\text{sat})} = 0 \quad \cdots\cdots (1.79)$$

$$2R_1 = \frac{T}{2CR}R_2$$

$$T = 4CR\left(\frac{R_1}{R_2}\right) \quad \cdots\cdots (1.80)$$

と周期 T が求められます．これより，発振周波数 f_{OSC} は，

$$f_{OSC} = \frac{1}{T} = \frac{1}{4CR}\left(\frac{R_2}{R_1}\right) \quad \cdots\cdots (1.81)$$

です．

次に，設計例を示します．1 kHz の方形波/三角波発振回路を設計してみましょう（$f_{OSC} = 1 \times 10^3$ Hz）．式(1.81)において，$R_1 = R_2 = 10$ kΩ，$C = 0.1$ μF とし，抵抗 R を求めてみましょう．

$$R = \frac{1}{4f_{OSC}C}\left(\frac{R_2}{R_1}\right) = \frac{1}{4 \times (1 \times 10^3) \times (0.1 \times 10^{-6})}\left(\frac{(10 \times 10^3)}{(10 \times 10^3)}\right) = 2500 = 2.5 \text{ kΩ}$$

そこで，$R = 2.4$ kΩ とします．**図7.30**に，設計例を示します．

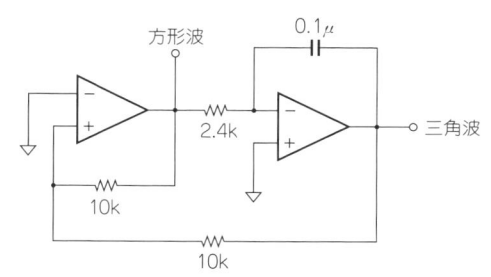

図7.30　方形波/三角波発振回路の設計例（周波数 $f_{osc} = 1\,\mathrm{kHz}$）

1.13　発振周波数とデューティ比を独立に可変できる発振回路

図7.31に，発振周波数とデューティ比を独立に可変できる発振回路を示します．ここで，A_3 がコンパレータの働きをします．A_3 のコンパレータにより，発振周波数に影響されることなく，出力方形波のデューティ比を可変することができます．図では，デューティ比の可変範囲は，おおよそ18〜82％と思われます．

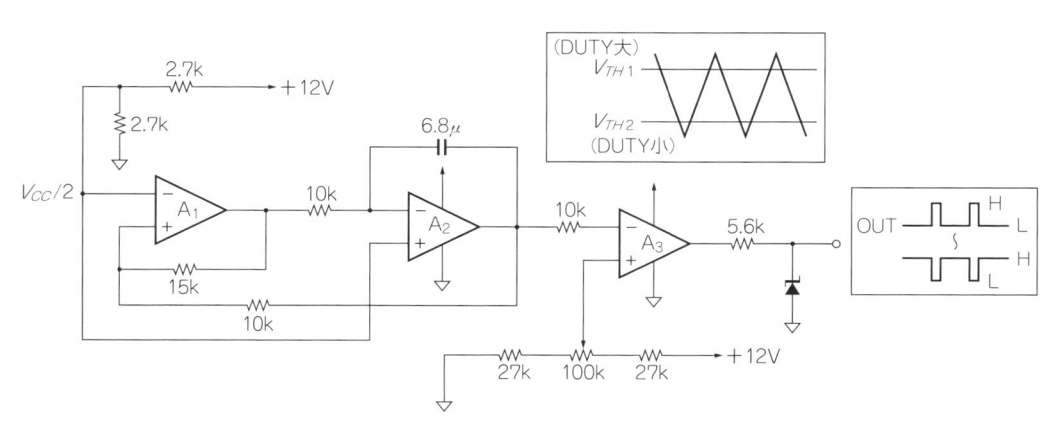

図7.31　発振周波数とデューティ比を独立に可変できる発振回路

1.14　負性インピーダンス変換器（NIC）

OPアンプはゲイン A が非常に大きいため，入力端子間電圧は $V_S \simeq 0$ とします．図7.32において，

$$V_1 = V_2 \tag{1.82}$$

$$-I_1 R_1 = I_2 R_2 \tag{1.83}$$

が成り立ちます．式(1.83)より，

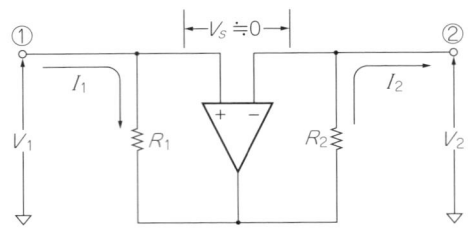

図7.32 負性インピーダンス変換器(NIC)

$$I_1 = -\frac{R_2}{R_1}I_2 \tag{1.84}$$

です．行列で表すと，

$$\begin{bmatrix} V_1 \\ I_1 \end{bmatrix} = \begin{bmatrix} 1 & 0 \\ 0 & -R_2/R_1 \end{bmatrix} \begin{bmatrix} V_2 \\ I_2 \end{bmatrix} \tag{1.85}$$

です．図7.32の②にインピーダンスZをつないで①からみると，

$$\frac{V_1}{I_1} = V_2 \bigg/ \left(-\frac{R_2}{R_1}I_2\right) = -\frac{R_1}{R_2} \cdot \frac{V_2}{I_2} = -\frac{R_1}{R_2}Z \tag{1.86}$$

式(1.82)にインピーダンスZをつないで式(1.83)からみると，

$$-I_2 = \frac{R_1}{R_2}I_1 \tag{1.87}$$

$$V_2 = V_1 \tag{1.88}$$

となります．式(1.88)÷式(1.87)とすると，

$$\frac{V_2}{-I_2} = V_1 \bigg/ \left(\frac{R_1}{R_2}I_1\right) = -\frac{R_2}{R_1}\left(-\frac{V_1}{I_1}\right) = -\frac{R_2}{R_1}Z \tag{1.89}$$

となります．

式(1.86)，式(1.89)をみるとわかるように，$R_1>0$，$R_2>0$なので，たとえば$R_1=R_2=10\text{ k}\Omega$として，②にインピーダンス$Z$を接続すると，①からみたインピーダンスは，式(1.86)より，

$$\frac{V_1}{I_1} = -\frac{R_1}{R_2}Z = -\frac{(10 \times 10^3)}{(10 \times 10^3)}Z = -Z \tag{1.90}$$

となり，負性のインピーダンスになっていることがわかります．

1.15 一般化インピーダンス変換器

一般化インピーダンス変換器(GIC：General Impedance Converter)の等価回路は，図7.33のようになります．この等価回路を見ると，負性インピーダンス変換器を2段接続した回路になっています(図7.34)．したがって，別々に計算することができます．これを計算すると，

$$\begin{bmatrix} V_1 \\ I_1 \end{bmatrix} = \begin{bmatrix} 1 & 0 \\ 0 & -Z_2/Z_1 \end{bmatrix} \begin{bmatrix} V_3 \\ I_3 \end{bmatrix} \tag{1.91}$$

1.15 一般化インピーダンス変換器

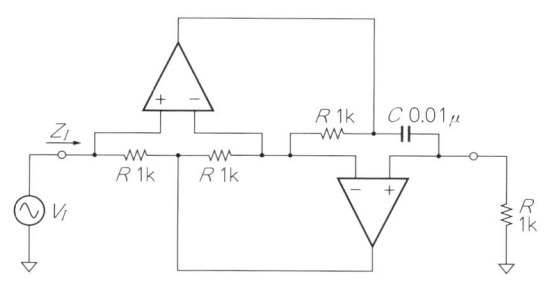

図7.33　GIC による 10 mH のインダクタと等価の回路

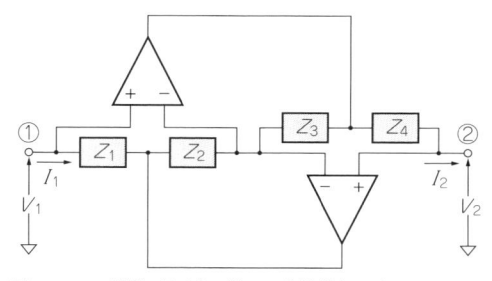

図7.34　一般化インピーダンス変換器（GIC）

$$\begin{bmatrix} V_3 \\ I_3 \end{bmatrix} = \begin{bmatrix} 1 & 0 \\ 0 & -Z_4/Z_3 \end{bmatrix} \begin{bmatrix} V_2 \\ I_2 \end{bmatrix} \quad\cdots(1.92)$$

式(1.92)を式(1.91)に代入して，

$$\begin{bmatrix} V_1 \\ I_1 \end{bmatrix} = \begin{bmatrix} 1 & 0 \\ 0 & -Z_2/Z_1 \end{bmatrix}\begin{bmatrix} 1 & 0 \\ 0 & -Z_4/Z_3 \end{bmatrix}\begin{bmatrix} V_2 \\ I_2 \end{bmatrix} = \begin{bmatrix} 1 & 0 \\ 0 & Z_2 Z_4/Z_1 Z_3 \end{bmatrix}\begin{bmatrix} V_2 \\ I_2 \end{bmatrix} \quad\cdots(1.93)$$

$$V_1 = V_2 \quad\cdots(1.94)$$

$$I_1 = \frac{Z_2 Z_4}{Z_1 Z_3} I_2 \quad\cdots(1.95)$$

式(1.94)÷式(1.95)とすると，

$$\frac{V_1}{I_1} = \frac{Z_1 Z_3}{Z_2 Z_4}\frac{V_2}{I_2} = \frac{Z_1 Z_3}{Z_2 Z_4} Z \quad\cdots(1.96)$$

つまり，

$$Z_I = \frac{Z_1 Z_3}{Z_2 Z_4} Z \quad\cdots(1.97)$$

となります．たとえば，$Z_1 = Z_2 = Z_3 = Z = R$，$Z_4 = 1/j\omega C = 1/sC$ とすると（$s = j\omega$），

$$Z_I = \frac{R \cdot R}{R \dfrac{1}{sC}} R = sCR^2 \quad\cdots(1.98)$$

となります．つまり，GIC でインダクタを模擬できることがわかります（図7.35）．

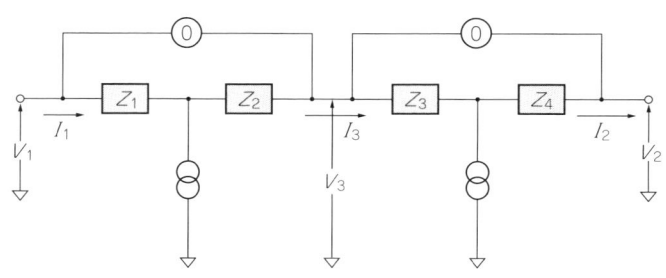

図7.35　GIC の等価回路

第7章

ここで，$C = 0.01\ \mu\mathrm{F}$，$R = 1\ \mathrm{k}\Omega$ とすると，

$$L = CR^2 = (0.01 \times 10^{-6}) \times (1 \times 10^3)^2 = 10 \times 10^{-3} = 10\ \mathrm{mH}$$

となり，10 mH のインダクタと同じ働きをすることがわかります．

1.16　インピーダンス・スケーラ

図 7.36 に，インピーダンス・スケーラの回路を示します．負帰還回路に挿入されたインピーダンス Z を，入力端子から見た場合，

$$Z_I = \frac{Z}{1 + \dfrac{R_f}{R_1}} \tag{1.99}$$

に小さくできます（$0 < Z_I < Z$）．

Ⓐ点とⒷ点は，同じ電位 e_I です．すると，出力 e_O は，

$$e_O = -\frac{R_f}{R_1} e_I \tag{1.100}$$

です．電流 I_I は，

$$I_I = \frac{e_I - e_O}{Z} \tag{1.101}$$

式 (1.100) を式 (1.101) に代入して，

$$I_I = \frac{e_I - \left(-\dfrac{R_f}{R_1} e_I\right)}{Z} = \frac{1}{Z}\left(1 + \frac{R_f}{R_1}\right) e_I \tag{1.102}$$

入力端子からみたインピーダンス Z_I は，

$$Z_I = \frac{e_I}{I_I} = \frac{e_I}{\dfrac{1}{Z}\left(1 + \dfrac{R_f}{R_1}\right) e_I} = \frac{Z}{1 + \dfrac{R_f}{R_1}} \tag{1.103}$$

となります．

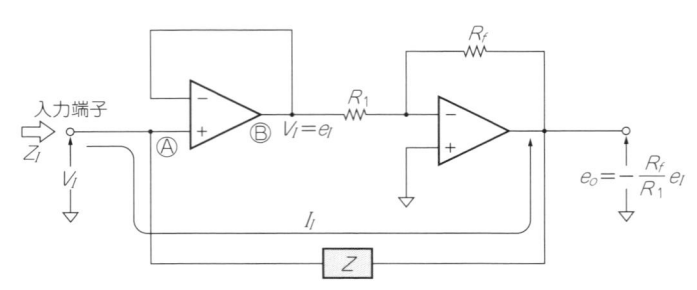

図 7.36　インピーダンス・スケーラ

たとえば，$R_1 = 1\,\text{k}\Omega$，$R_f = 10\,\text{k}\Omega$ とすると，入力端子からみたインピーダンス Z_I は Z の 1/11 となります．

2. アナログ応用回路

2.1 発光ダイオード回路

図 7.37 に，発光ダイオードの基本回路を示します．電源電圧を V_{CC} とし，LED の順方向電圧を V_F，順方向電流を I_F とすると，抵抗 R の値は，

$$R = \frac{V_{CC} - V_F}{I_F} \tag{2.1}$$

です．電源電圧 $V_{CC} = 12\,\text{V}$，LED の順方向電圧 $V_F = 2\,\text{V}$，LED に $I_F = 20\,\text{mA}$ の電流を流すと，これらの値を式 (2.1) に代入して，

$$R = \frac{12 - 2}{20 \times 10^{-3}} = 500 \tag{2.2}$$

となります．そこで，E シリーズの抵抗 510 Ω に決定します．

ここで，抵抗の消費電力 P を計算してみましょう．

$$P = I_F{}^2 R \tag{2.3}$$

これより，

$$P = (20 \times 10^{-3})^2 \times 510 = 0.204\,\text{W} \tag{2.4}$$

そこで，余裕をもって 1/2 W 型にします．また，発光ダイオードに流す電流値は厳密に 20 mA でなくてもよいので，カーボン抵抗にします．

2.2 トランジスタで駆動する発光ダイオード回路

コレクタ側において，電流 I_C が流れてトランジスタは飽和したとします．コレクタ-エミッタ間の飽和電圧を $V_{CE(\text{sat})}$ とすると，抵抗 R_L は，

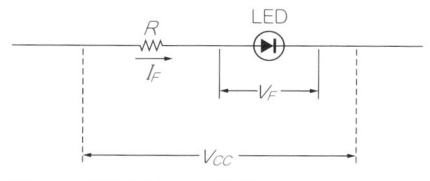

図 7.37 発光ダイオード回路

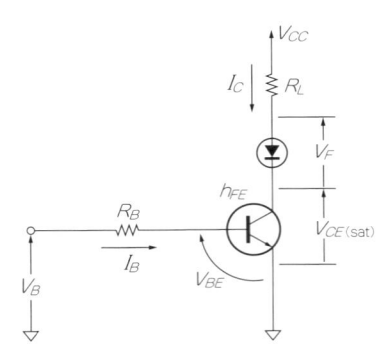

図7.38 トランジスタで駆動する発光ダイオード回路

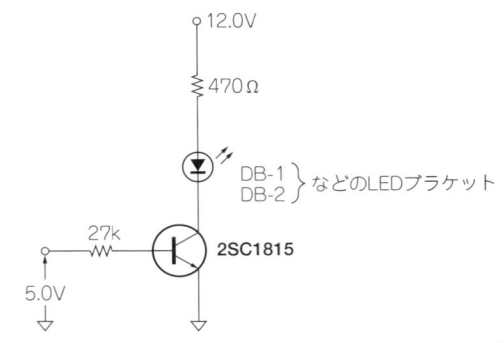

図7.39 トランジスタで駆動する発光ダイオード回路の設計例

$$R_L = \frac{V_{CC} - V_F - V_{CE(\text{sat})}}{I_C} \quad \cdots\cdots (2.5)$$

で計算されます(**図7.38**).このときベース電流I_Bは,トランジスタの電流増幅率をh_{FE}とすると,I_C/h_{FE}の150〜200%流すとします.

$$I_B = (1.5 \sim 2.0) \times \frac{I_C}{h_{FE}} \quad \cdots\cdots (2.6)$$

したがって,ベース-エミッタ間の電圧をV_{BE},ベース電圧をV_Bとすると,ベース抵抗R_Bは,

$$R_B = \frac{V_B - V_{BE}}{I_B} \quad \cdots\cdots (2.7)$$

として決定します.

式(2.5)に$V_{CC} = 12$ V,$V_F = 2$ V,$V_{CE(\text{sat})} = 0.2$ V,$I_C = 20$ mAとすると,

$$R_L = \frac{12 - 2 - 0.2}{20 \times 10^{-3}} = 490 \ \Omega$$

となります.そこで,$R_L = 470 \ \Omega$とします.

ベース電流は$h_{FE} = 180$で,150%の電流を流すとして,

$$I_B = \frac{1.5 \times (20 \times 10^{-3})}{180} = 0.167 \times 10^{-3} = 0.167 \text{ mA}$$

なので,ベース抵抗R_Bは,$V_B = 5$ V,$V_{BE} = 0.6$ Vとして,

$$R_B = \frac{5 - 0.6}{0.167 \times 10^{-3}} = 26.3 \times 10^3 = 26.3 \text{ k}\Omega$$

となります.そこで,$R_B = 27$ kΩとします(**図7.39**).

2.3 微分回路

図7.40のように,コンデンサCと抵抗Rからなる回路を微分回路といいます.入力に$V_I(t)$なる方形

2.3 微分回路

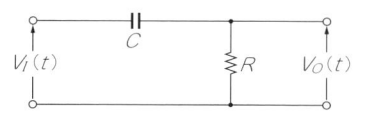

図7.40 微分回路

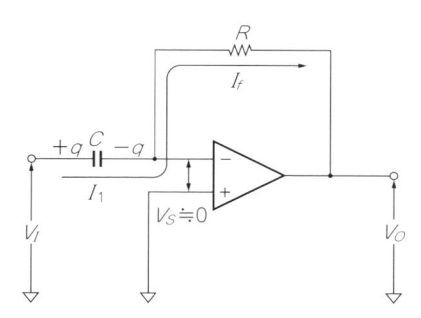

図7.42 OPアンプによる微分回路

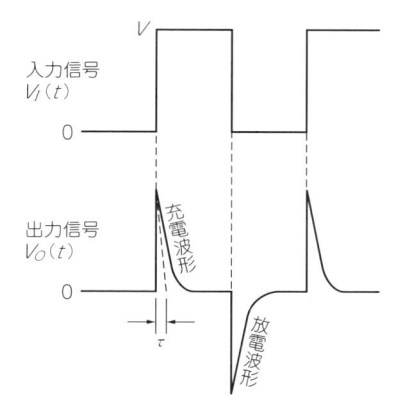

図7.41 CRで構成された回路で得られる微分波形

波電圧を加えると，$V_O(t)$なる微分波形が得られます(図7.41)．このときの時定数 τ は，

$$\tau = CR \quad \cdots \quad (2.8)$$

です(ただし，この微分波形は数学上の完全な微分波形ではない)．

OPアンプによる微分回路を，図7.42に示します．この回路では，入力電圧 V_I を数学的に完全に微分した波形が出力電圧 V_O に現れます．式で表すと，

$$V_O = -CR\frac{dV_I}{dt} \quad \cdots \quad (2.9)$$

となります．また，図7.42において，次の式が成立します．

$$V_O = -I_f R = -I_1 R \quad \cdots \quad (2.10)$$

$$V_I = \frac{q}{C} \quad \cdots \quad (2.11)$$

$$I_1 = \frac{dq}{dt} \quad \cdots \quad (2.12)$$

式(2.11)より，

$$q = CV_I \quad \cdots \quad (2.13)$$

式(2.13)を式(2.12)に代入して，

$$I_1 = \frac{d}{dt}(CV_I) = C\frac{dV_I}{dt} \quad \cdots \quad (2.14)$$

式(2.14)を式(2.10)に代入して，

$$V_O = -CR\frac{dV_I}{dt} \quad \cdots \quad (2.15)$$

となります．

しかし，このままでは周波数が上がってくるとゲインが大きくなり，雑音に弱いなどの理由のため実用になりません．そこで，積分回路を付加した図**7.43**のような回路が考えられます．

この回路において，回路のゲイン $G(\omega)$ を計算してみましょう．まず，

$$Z_1 = R_1 + \frac{1}{j\omega C_1} \qquad\qquad (2.16)$$

$$Z_2 = \frac{R_2 \cdot \frac{1}{j\omega C_2}}{R_2 + \frac{1}{j\omega C_2}} = \frac{R_2}{1 + j\omega C_2 R_2} \qquad\qquad (2.17)$$

とおくと，ゲイン $G(\omega)$ は，

$$G(\omega) = -\frac{Z_2}{Z_1} = -\frac{\frac{R_2}{1+j\omega C_2 R_2}}{R_1 + \frac{1}{j\omega C_1}} = -\frac{R_2}{R_1} \cdot \frac{1}{(1+1/j\omega C_1 R_1)(1+j\omega C_2 R_2)} \qquad\qquad (2.18)$$

となります．

$$\frac{1}{C_1 R_1} = \frac{1}{C_2 R_2} = \omega_c$$

とおくと，

$$G(\omega) = -\frac{R_2}{R_1} \frac{1}{\left(1 - j\frac{\omega_c}{\omega}\right)\left(1 + j\frac{\omega}{\omega_c}\right)} \qquad\qquad (2.19)$$

となります．

(1) $\omega \ll \omega_c$ のとき

$$G(\omega) \simeq -\frac{R_2}{R_1} \cdot \frac{1}{1 - j\omega_c/\omega} \simeq -j\frac{R_2}{R_1} \cdot \frac{\omega}{\omega_c}$$

絶対値をとって，

$$|G(\omega)| = \frac{R_2}{R_1} \cdot \frac{\omega}{\omega_c}$$

となります．

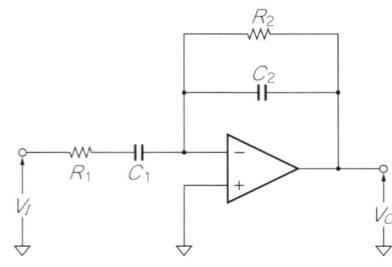

図7.43　OPアンプによる微分回路の実用設計

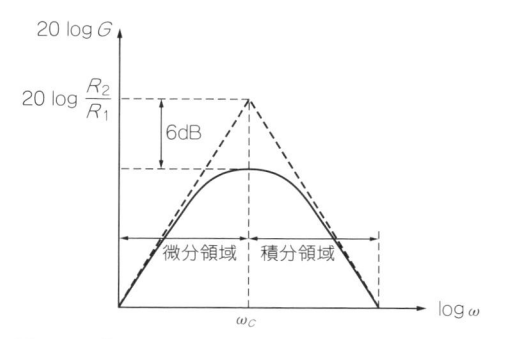

図7.44 実用回路の微分領域と積分領域

(2) $\omega = \omega_c$ のとき

$$G(\omega) = -\frac{R_2}{R_1} \cdot \frac{1}{(1-j)(1+j)} = -\frac{1}{2} \cdot \frac{R_2}{R_1}$$

となります．

(3) $\omega \gg \omega_c$ のとき

$$G(\omega) \simeq -\frac{R_2}{R_1} \cdot \frac{1}{1+j\dfrac{\omega}{\omega_c}} \simeq j\frac{R_2}{R_1} \cdot \frac{\omega_c}{\omega}$$

絶対値をとって，

$$|G(\omega)| = \frac{R_2}{R_1} \cdot \frac{\omega_c}{\omega}$$

となります．以上をグラフで表すと，**図7.44**のようになります．この微分回路を使うときは，微分領域で使うことに注意してください．たとえば，$C_1 = C_2 = 0.1\,\mu\text{F}$，$R_1 = R_2 = 1\,\text{k}\Omega$ とすると，$f_c(=\omega_c/2\pi) \simeq 1.6\,\text{kHz}$ 以下の領域を微分領域として使用できることになります．

$f \ll f_c$ では，入力信号が正弦波の場合，周波数 f に比例して出力が出てきます．

2.4 積分回路

図7.45のように，抵抗 R とコンデンサ C からなる回路を積分回路といいます．入力に $V_I(t)$ なる方形電圧を加えると，$V_O(t)$ なる積分波形が得られます（**図7.46**）．このときの時定数は，

$$\tau = CR \quad \cdots\cdots\cdots\cdots\cdots\cdots\cdots\cdots\cdots\cdots\cdots\cdots\cdots\cdots\cdots\cdots\cdots\cdots\cdots\cdots\cdots\cdots\cdots\cdots\cdots\cdots\cdots\cdots\cdots (2.20)$$

です（ただし，この積分波形は数学上の完全な積分波形ではない）．

OPアンプによる積分回路を**図7.47**に示します．この回路の出力電圧 V_O は，入力電圧 V_I を数学上の完全な形で積分した波形となります．式で表すと，

$$V_O = -\frac{1}{CR}\int V_I\,dt \quad \cdots\cdots\cdots\cdots\cdots\cdots\cdots\cdots\cdots\cdots\cdots\cdots\cdots\cdots\cdots\cdots\cdots\cdots\cdots\cdots\cdots\cdots (2.21)$$

第7章

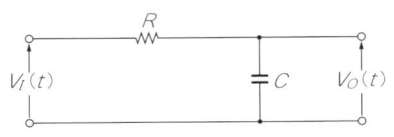

図7.45 積分回路

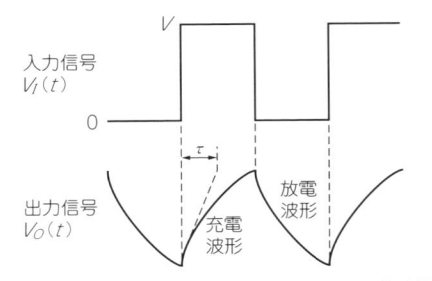

図7.46 CRで構成された回路で得られる積分波形

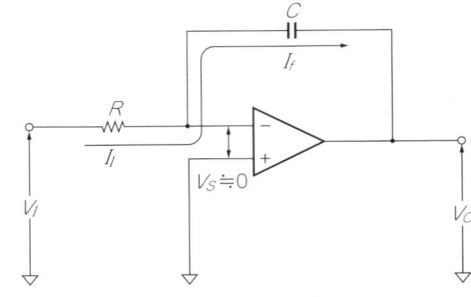

図7.47 OPアンプによる積分回路

となります．

積分回路において，入力電流I_Iでは，

$$I_I = \frac{V_I}{R} = I_f \quad \cdots\cdots(2.22)$$

コンデンサCは，この電流によって少しずつ充電されていきます．コンデンサCの端子電圧V_OはCへの入力電流$I_I = I_f$の時間積分，

$$V_O = -\frac{1}{C}\int I_f\,dt = -\frac{1}{C}\int \frac{V_I}{R}\,dt = -\frac{1}{CR}\int V_I\,dt \quad \cdots\cdots(2.23)$$

となり，積分回路として動作します．

2.5 カレント・ミラー回路

図7.48に，カレント・ミラー回路を示します．電流I_1を設定することにより，電流I_2を調整できます．ちょうど，鏡（ミラー）と似た働きをするので，この名称がつけられました．

(1) I_1によってI_2を求める

図7.48の回路において，

$$I_1 = \frac{V_1 - V_B}{R_1} \quad \cdots\cdots(2.24)$$

$$I_1 = \frac{V_B - V_{BE}}{R_2} \quad \cdots\cdots(2.25)$$

$$I_2 = \frac{V_B - V_{BE}}{R_3} \quad \cdots\cdots(2.26)$$

2.5 カレント・ミラー回路

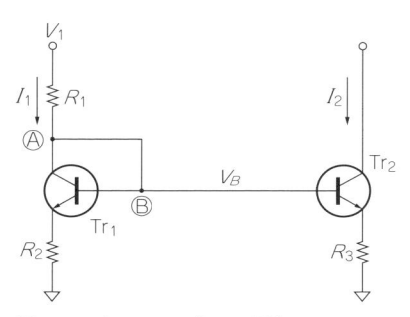

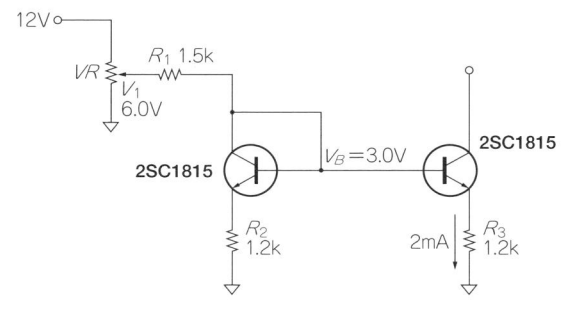

図7.48 カレント・ミラー回路

図7.49 カレント・ミラー回路の設計例

(Ⓐ点とⒷ点は同電位)

式(2.24)より,

$$V_B = V_I - I_1 R_1 \quad \cdots \cdots (2.27)$$

式(2.25)より,

$$V_B = I_1 R_2 + V_{BE} \quad \cdots \cdots (2.28)$$

式(2.28)を式(2.26)に代入して,

$$I_2 = \frac{I_1 R_2 + V_{BE} - V_{BE}}{R_3} = \frac{R_2}{R_3} I_1 \quad \cdots \cdots (2.29)$$

式(2.29)において,$R_2 = R_3$ であれば,

$$I_2 = I_1 \quad \cdots \cdots (2.30)$$

(2) V_1 により I_2 を求める

式(2.24)を式(2.29)に代入してみましょう.

$$I_2 = \frac{R_2}{R_3} I_1 = \frac{R_2}{R_3} \left(\frac{V_1 - V_B}{R_1} \right) = \frac{R_2}{R_1 R_3} (V_1 - V_B) \quad \cdots \cdots (2.31)$$

式(2.26)より,$V_B = I_2 R_3 + V_{BE}$ を代入して,

$$I_2 = \frac{R_2}{R_1 R_3} (V_1 - I_2 R_3 - V_{BE}) = \frac{R_2}{R_1 R_3} (V_1 - V_{BE}) - \frac{R_2}{R_1} I_2$$

$$I_2 \left(1 + \frac{R_2}{R_1} \right) = \frac{R_2}{R_1 R_3} (V_1 - V_{BE})$$

$$I_2 = \frac{R_2}{R_1 R_3} \cdot \frac{R_1}{R_1 + R_2} (V_1 - V_{BE}) = \frac{R_2}{R_3 (R_1 + R_2)} (V_1 - V_{BE}) = \frac{V_1 - V_{BE}}{R_3 \left(1 + \frac{R_1}{R_2} \right)}$$

となります.

回路設計例を**図7.49**に示します.**図7.49**において,$I_2 = 2\,\text{mA}$ のカレント・ミラー回路を設計してみましょう.仮に $V_B = 3.0\,\text{V}$ と決めて,R_3 に 2 mA を流すことにします.R_3 は,

$$R_3 = \frac{V_B - V_{BE}}{I_2} = \frac{3.0 - 0.6}{(2 \times 10^{-3})} = 1.2 \times 10^3 = 1.2\,\text{k}\Omega$$

となります．$R_2 = R_3$ なので，R_2 も $1.2\,\text{k}\Omega$ とします．

R_1 の値は，$V_1 = 6.0\,\text{V}$ として，

$$R_1 = \frac{V_1 - V_B}{I_1} = \frac{6.0 - 3.0}{(2 \times 10^{-3})} = 1500\,\Omega = 1.5\,\text{k}\Omega$$

とします．

精密な電流値は，可変抵抗器 V_R で調整して設定します．可変抵抗器 V_R と R_1 の間に，ボルテージ・フォロワなどのバッファを設けたほうがよいでしょう．

2.6 ミラー積分回路

図7.50のようなトランジスタ増幅器のベース（B）-コレクタ（C）間にコンデンサ C_f を接続すると，入力端子から見た等価的容量は，

$$C_m = AC_f\ [\text{F}] \quad\cdots\cdots(2.32)$$

となります．ただし，A はアンプの増幅率で，

$$A = \frac{R_L}{r_e} \quad\cdots\cdots(2.33)$$

$$r_e = \frac{0.026}{I_E},\ h_{ie} = h_{fe}r_e \quad\cdots\cdots(2.34)$$

となります．

C_m をミラー容量といいます．次に，容量が A 倍になることについて説明します．交流等価回路（図7.51）において，入力側では，

$$V_I = I_b h_{ie} = h_{ie}(I_I - I_f) \quad\cdots\cdots(2.35)$$

$$\begin{aligned}
I_f &= \frac{V_I - V_O}{1/j\omega C_f} = j\omega C_f(V_I - V_O) = j\omega C_f\{I_b h_{ie} - (-I_O R_L)\} = j\omega C_f(I_b h_{ie} + I_O R_L) \\
&= j\omega C_f\{I_b h_{ie} + (h_{fe}I_b - I_f)R_L\} = j\omega C_f\{(h_{ie} + h_{fe}R_L)I_b - I_f R_L\} \\
&= j\omega C_f\{(h_{ie} + h_{fe}R_L)(I_I - I_f) - I_f R_L\} \\
&= j\omega C_f\{(h_{ie} + h_{fe}R_L)I_I - (h_{ie} + h_{fe}R_L + R_L)I_f\} \quad\cdots\cdots(2.36)
\end{aligned}$$

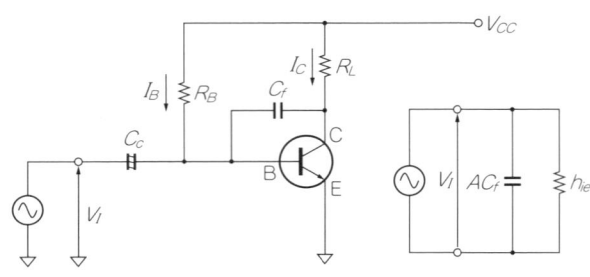

図7.50　ミラー積分回路

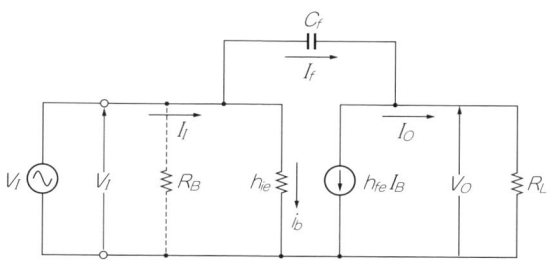

図7.51　ミラー積分回路の交流等価回路

$$I_f \left[1 + j\omega C_f \{h_{ie} + (1+h_{fe})R_L\}\right] = j\omega C_f(h_{ie} + h_{fe}R_L)I_I$$

$$I_f = \frac{j\omega C_f(h_{ie} + h_{fe}R_L)}{1 + j\omega C_f\{h_{ie} + (1+h_{fe})R_L\}}I_I \quad \cdots\cdots (2.37)$$

式(2.37)を式(2.35)に代入して，

$$V_I = h_{ie}\left[I_I - \frac{j\omega C_f(h_{ie} + h_{fe}R_L)}{1 + j\omega C_f\{h_{ie} + (1+h_{fe})R_L\}}I_I\right] = h_{ie}\left[1 - \frac{j\omega C_f(h_{ie} + h_{fe}R_L)}{1 + j\omega C_f\{h_{ie} + (1+h_{fe})R_L\}}\right]I_I$$

したがって，入力インピーダンスは，

$$Z_I = \frac{V_I}{I_I} = h_{ie} \cdot \frac{1}{1 + j\omega C_f(h_{ie} + h_{fe}R_L)} \quad \cdots\cdots (2.38)$$

$$(h_{fe} \simeq 1 + h_{fe} : h_{fe} \gg 1)$$

となります．これを変形して，

$$Z_I = \frac{1}{\dfrac{1}{h_{ie}} + j\omega C_f\left(1 + h_{fe}\dfrac{R_L}{h_{ie}}\right)} \quad \cdots\cdots (2.39)$$

$h_{ie} = h_{fe}r_e$ ですから，

$$Z_I = \frac{1}{\dfrac{1}{h_{ie}} + j\omega C_f\left(1 + \dfrac{R_L}{r_e}\right)} = h_{ie}// \left\{\frac{1}{j\omega C_f\left(1 + \dfrac{R_L}{r_e}\right)}\right\} \quad \cdots\cdots (2.40)$$

$R_L//r_e \gg 1$ なので，

$$Z_i \simeq h_{ie}// \left\{\frac{1}{j\omega C_f \cdot \dfrac{R_L}{r_e}}\right\} \quad \cdots\cdots (2.41)$$

$$A = \frac{R_L}{r_e} \quad \cdots\cdots (2.42)$$

とすれば，

$$Z_i \simeq h_{ie}// \frac{1}{j\omega C_f A} \quad \cdots\cdots (2.43)$$

2.7 ブースタ回路

OPアンプは一般に出力電力(出力電流)が小さいため,モータやランプを直接駆動することができません.そこで,これらを駆動できるようにした電力増幅回路が図7.52に示す回路です.

R_2で回路全体に負帰還をかけてあるのは,トランジスタのV_{BE}によるクロスオーバひずみを小さくするためです.さらにクロスオーバひずみを小さくするためには,ダイオードD_1,D_2を入れてトランジスタのベース-エミッタ間電圧V_{BE}を等価的に打ち消します(図7.53).

設計例を図7.54に示します.OPアンプの入力電圧がV_Iのとき,出力電圧V_Oは,

$$V_O = -\frac{R_4}{R_3} V_I \quad\quad\quad\quad\quad\quad\quad\quad\quad\quad\quad\quad\quad\quad\quad\quad\quad\quad (2.44)$$

です.そこで,$R_3 = 10\,\text{k}\Omega$,$R_4 = 20\,\text{k}\Omega$として,ゲイン(利得)Gを2倍にします.

一般的に,OPアンプの最大出力電流は5〜10 mA程度なので,ブースタ回路を用いて100 mA程度

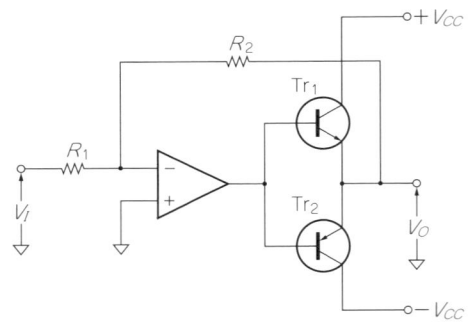

図7.52 ブースタ回路(1)

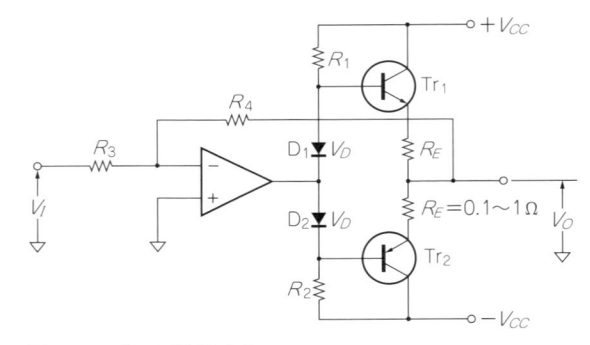

図7.53 ブースタ回路(2)

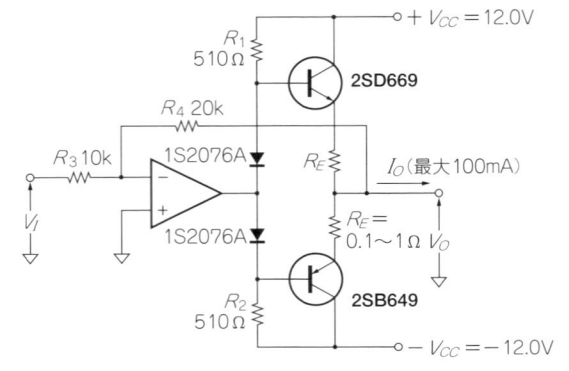

図7.54 ブースタ回路の設計例

出力をとれるようにします．

エミッタ抵抗R_Eは，保護のため0.1〜1Ω程度の小さな抵抗を入れておきます．トランジスタは，ルネサステクノロジの2SD669とコンプリメンタリの2SB649を用います．トランジスタのh_{FE}を120とすると，ベース電流は，

$$I_B = \frac{I_E}{h_{FE}} = \frac{100 \times 10^{-3}}{120} = 0.83 \times 10^{-3} = 0.83 \text{ mA} \quad \cdots\cdots (2.45)$$

必要です．

$V_{CC} = 12$ Vとして出力V_OがV_{CC}の80％まで上がったとき，余裕をもってベース電流I_Bを0.83 mA以上とれるようにします．

$$V_{CC} \times 0.8 = 12 \times 0.8 = 9.6 \text{ V}$$

$$R_1 \leq \frac{12 - (9.6 + 0.6)}{0.83 \times 10^{-3}} = 2.16 \times 10^3 = 2.16 \text{ k}\Omega \quad \cdots\cdots (2.46)$$

となるので，$R_1 = R_2 = 510$ Ωとします．

2.8　スイッチト・キャパシタ・フィルタ（SCフィルタ）

図7.55(c)において，周波数$f(=1/T)$のスピードでスイッチを切り替えます．①側にスイッチを倒したとき，コンデンサC_Iに蓄えられる電荷Q_1は，

$$Q_1 = C_I V_1 \quad \cdots\cdots (2.47)$$

であり，②側に倒したときのコンデンサC_Iに蓄えられる電荷Q_2は，

$$Q_2 = C_I V_2 \quad \cdots\cdots (2.48)$$

です．したがって，時間T秒間に①→②へ移動する電荷Qは，

$$Q = Q_1 - Q_2 = C_I V_1 - C_I V_2 = C_I(V_1 - V_2) \quad \cdots\cdots (2.49)$$

です．したがって，①→②へ流れる平均電流Iは，

$$I = \frac{Q}{T} = \frac{C_I(V_1 - V_2)}{T} \quad \cdots\cdots (2.50)$$

となります．

このようにC_I，Tによって電流値Iをいろいろ変えることができます．これは一種の抵抗器であり，

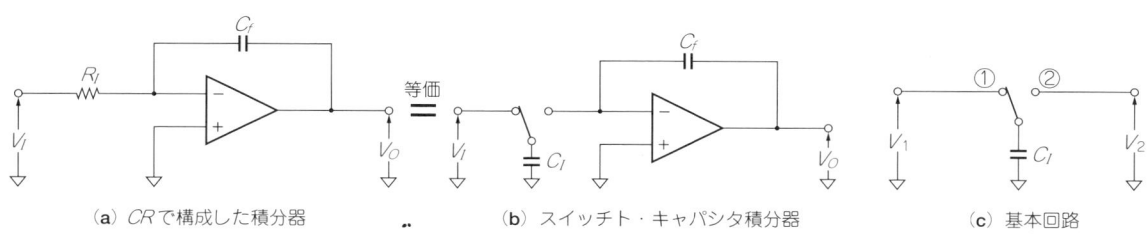

　　（a）CRで構成した積分器　　　　（b）スイッチト・キャパシタ積分器　　　　（c）基本回路

図7.55　スイッチト・キャパシタ・フィルタ

積分器の抵抗 R_I と等価です．積分器においては $V_2 = 0$ なので，式(2.50)は，

$$I = \frac{C_I V_1}{T} \quad \cdots \cdots (2.51)$$

です．等価抵抗 R_I は，

$$R_I = \frac{V_1}{I} = \frac{V_1}{\left(\frac{C_I V_1}{T}\right)} = \frac{T}{C_I} = \frac{1}{C_I f} \quad \cdots \cdots (2.52)$$

です．一方，図(a)の積分器の出力 V_O は，

$$V_O = -\frac{1}{C_f R_I} \int V_I dt \quad \cdots \cdots (2.53)$$

です．式(2.52)を式(2.53)に代入して，

$$V_O = -\frac{C_I f}{C_f} \int V_I dt \quad \cdots \cdots (2.54)$$

となります．これがスイッチト・キャパシタ積分器の出力です．

2.9 復調器(反転・非反転切り替え回路)

図7.56 に，反転・非反転切り替え回路と信号波形を示します．

(1) FET のゲート・パルスが 0 のとき

OPアンプの ⊕ 端子はアースに落ちます．したがって，OPアンプは反転増幅器として動作します．出力電圧 V_O は，

$$V_O = -\frac{R_f}{R} V_I \quad \cdots \cdots (2.55)$$

となります．$R = R_f$ とすれば，

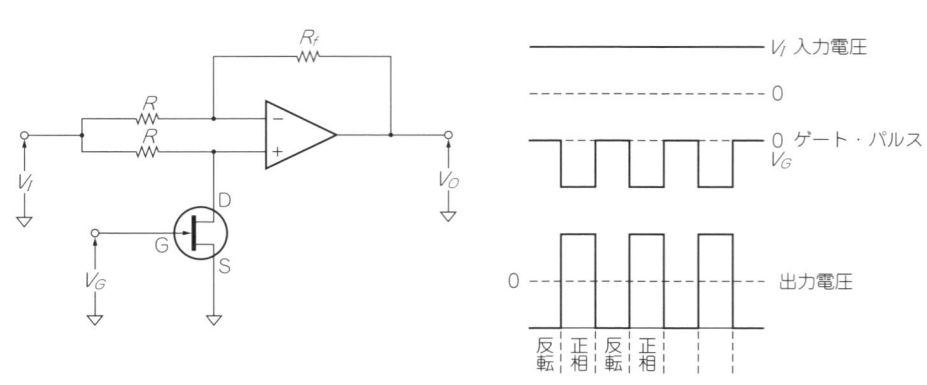

図7.56 反転・非反転切り替え回路と信号波形

$$V_O = -V_I \quad \text{..} (2.56)$$

となります.

(2) FETのゲート・パルスが負のとき

FETのドレイン-ソース間インピーダンスが非常に大きくなり，OPアンプの⊕端子はアースから浮きます．したがって，出力電圧は，重ねの理を利用して，

$$V_O = -\frac{R_f}{R} V_I + \left(1 + \frac{R_f}{R}\right) V_I = V_I \quad \text{..} (2.57)$$

となります.

この回路は，チョッパ・アンプの復調器として使えそうです.

索引

───── 数字 ─────

- 0Ω調整 ……………………………………… 71
- 1次型 RC ハイパス・フィルタ ………………… 201
- 1次型 RC ローパス・フィルタ ………………… 199
- 1段の電圧-電流変換回路 ……………… 192
- 2段の電圧-電流変換回路 ……………… 195

───── アルファベット ─────

- **B** B級増幅 ………………………………… 134
  - B級プッシュプル電力増幅器 …………… 132
- **C** CMOS ………………………………………… 68
  - CR 結合増幅回路 ………………………… 120
  - CR 直列回路 ……………………… 43, 46
  - CR 発振回路 ……………………………… 168
- **D** dBm(デシベル・ミリ) ……………………… 53
- **F** FET ………………………………………… 67
  - FM 発振器 ………………………………… 80
  - FM 変調 ……………………………………… 80
- **G** GIC ………………………………………… 226
- **H** h パラメータ ……………………………… 102
- **I** IC …………………………………………… 68
  - ICL7650 …………………………………… 161
- **L** LC 発振回路 ……………………………… 163
  - LC 発振回路の基本回路 ………………… 164
- **M** MOS型FET ………………………………… 87
- **N** NF ………………………………………… 55
  - NIC ………………………………………… 225
  - NPN型 ……………………………………… 65
  - NPNトランジスタ ………………………… 80
  - n型半導体 ………………………… 63, 72
  - nチャネルFET ……………………………… 67
- **O** OPアンプ …………………………… 68, 139
  - OPアンプの等価回路 ……………… 146, 149
- **P** PNP型 ……………………………………… 65
  - PNPトランジスタ ………………………… 80
  - PN接合 ……………………………………… 73
  - PUT ………………………………………… 86
  - p型半導体 ………………………… 63, 72
- **R** RLC 直列回路 ……………………………… 35
- **S** S/N比 ……………………………………… 54
  - SCR ………………………………………… 83
  - SEPP ……………………………………… 136
- **T** TTL ………………………………………… 68
- **U** UJT ………………………………………… 82

───── あ行 ─────

- アーリー効果 ………………………………… 95
- アクセプタ …………………………………… 73
- アクセプタ準位 ……………………………… 73
- アクティブ・フィルタ ……………………… 203
- アドミタンス ………………………………… 173
- アナログIC …………………………………… 68
- アナログ・コンピュータ …………………… 139
- アナログ素子 ………………………………… 139
- アノード ……………………………………… 86
- アボガドロ数 ………………………………… 94
- 安定度 ………………………………………… 113
- 位相 …………………………………………… 33
- 移相回路 ……………………………………… 168
- 移相型 CR 正弦波発振器 …………………… 172
- 位相差 ………………………………………… 42
- 一芯シールド ………………………………… 57
- 一般解 ………………………………………… 45
- 一般化インピーダンス変換器 ……………… 226
- インジウム ………………………… 63, 73
- インスツルメンテーション・アンプ ……… 213
- インダクタンス ………………… 32, 39, 50
- インダクタンス素子 ………………………… 19
- インバータ …………………………………… 185
- インピーダンス ……………………… 37, 49
- インピーダンス・スケーラ ………………… 228
- インピーダンスの整合 ……………………… 28
- インピーダンスのマッチング ……………… 28
- インピーダンス変換回路 …………………… 201
- ウィーン・ブリッジ正弦波発振回路 ……… 174
- エネルギー準位 ……………………………… 73
- エネルギー準位図 …………………………… 73

242

エバース・モル・モデル	93, 94
エミッタ接地	67, 81
エミッタ接地回路	103
エミッタ接地近似等価回路	97
エミッタ接地-コレクタ接地2段直結増幅回路	125
エミッタ接地電圧増幅率	97
エミッタ接地電圧分割バイアス回路	125
エミッタ接地等価回路	97
エミッタ抵抗	94, 126
エミッタ電流	81
エミッタ・フォロワ	118
演算増幅器	139
オーム計	70
オームの法則	11
オシレータ(発振器)	54
オフセット	154

―――― か行 ――――

開放電圧	23, 93
回路の最終値	47
拡散	66, 74
拡散電位	64, 74
角周波数	39, 50
角速度(角周波数)	30
重ねの理	20
加算回路	155
過剰電子	63, 72
カソード	86
価電子	63
価電子帯	73
過渡解	44, 179
過渡現象	178, 191
可変容量ダイオード	79
カレント・ミラー回路	234
簡易等価回路	94
帰還回路	163
帰還増幅回路	163
帰還抵抗	109
帰還率	163
気体定数	94
逆起電力	32

逆相	140
逆方向電圧	76, 94
逆方向飽和電流	76, 94
キャパシタンス	33
キャパシタンス素子	19
キャリア	63, 74
共振現象	50
共振周波数	50
虚数成分	41
キルヒホッフの法則	12
禁制帯	73
金属皮膜抵抗	58
空乏層	67, 75, 79
クラーメルの公式	26
クロスオーバひずみ	135
ゲート	67
ゲート・パルス	83
ゲルマニウム	63
減算回路	156
高域しゃ断周波数	202
高周波	50
合成容量	60
高入力インピーダンス	161
高入力インピーダンス減算回路	213
降伏現象	77
降伏電圧	76
効率	113
高利得増幅器	157
交流	29
交流回路	49
交流等価回路	103
交流の位相制御	90
交流の周波数	50
交流の平均電力	37
交流負荷線	112
交流負荷線の中点	131
交流負荷線の方程式	121
交流利得	208
固定バイアス回路	104
コモン・モード・ノイズ	158
コモン・モードの雑音	56, 57
コルピッツ発振回路	165

索 引

コレクタ-エミッタ間の飽和電圧 ……… 116
コレクタ-エミッタ間飽和電圧 ………… 134
コレクタ接地電圧増幅率 ………………… 99
コレクタ接地等価回路 …………………… 99
コレクタ接地入力インピーダンス ……… 100
コレクタ抵抗 ……………………………… 95
コレクタ電流 ………………………… 94, 126
コンダクタンス ……………………… 18, 25
コンデンサ ………………………………… 38
コンデンサの容量 ………………………… 50
コンパレータ …………………………… 225

――― さ行 ―――

サージ電流 ……………………………… 77
再結合 …………………………………… 79
最大消費電力 ……………………… 28, 58
最大電圧 ………………………………… 58
雑音指数 ………………………………… 55
雑音成分 ………………………………… 54
差動増幅 ……………………………… 139
差動増幅回路 ………………………… 158
差動増幅器 …………………………… 154
酸化金属皮膜抵抗 ……………………… 58
三角波 ………………………………… 222
ジーメンス ……………………………… 18
シールド線 ……………………………… 56
磁気シールド …………………………… 57
磁気誘導による雑音 …………………… 56
仕事 ……………………………………… 25
自己バイアス回路 ……………………… 106
実効値 ……………………………… 30, 54
実数成分 ………………………………… 41
時定数 ……………………………… 46, 185
周期 ……………………………………… 30
終端抵抗 ………………………………… 51
自由電子 ………………………………… 74
周波数 …………………………………… 30
周波数条件 …………………………… 165
周波数選択性 ………………………… 164
周波数特性 …………………………… 151
ジュールの法則 ………………………… 25

出力端子 ……………………………… 139
出力電圧 ……………………………… 155
出力ひずみ …………………………… 109
出力リプル電圧 ……………………… 191
シュミット回路 ……………………… 222
瞬時値 …………………………………… 29
瞬時電力 ………………………………… 31
順方向抵抗 …………………………… 220
順方向電圧 ……………………………… 79
少数キャリア …………………………… 79
消費電力 ………………………………… 38
商用交流の周波数 ……………………… 50
初期値 …………………………………… 47
初期値最終値法 ………………………… 47
シリコン ………………………………… 63
真空管 …………………………………… 87
真空中の誘電率 ………………………… 59
信号源インピーダンス ………………… 201
信号電流の半周期 ……………………… 135
信号電流の平均値 ……………………… 135
振幅 ……………………………………… 29
スイッチト・キャパシタ積分器 ……… 240
スイッチト・キャパシタ・フィルタ … 239
スイッチング回路 ……………………… 116
スタンドオフ比 ………………………… 83
スピードアップ・コンデンサ ………… 116
スルーレート ………………………… 152
正帰還 ………………………………… 172
正弦波電圧 ……………………………… 32
正孔 ……………………………………… 63
静電シールド …………………………… 56
静電誘導 ………………………………… 56
静電誘導による雑音 …………………… 56
整流作用 ………………………………… 74
整流特性 ………………………………… 75
積層セラミック・コンデンサ ………… 62
積分回路 …………………………… 222, 232
積分型 ………………………………… 172
積分型移相回路 ……………………… 170
積分波形 ……………………………… 233
接合型FET ……………………………… 87
絶対温度 …………………………… 75, 94, 95

244

絶対値増幅回路	221	定格電流	77
接地電位	220	抵抗	39
セメント抵抗	59	抵抗回路	31, 37
セラミック・コンデンサ	62	抵抗負荷A級電力増幅器	128
線形素子	19	ディジタルIC	68
センサ	213	低周波	50
前置増幅器	162	定常解	44
尖頭値	130	定常項	179
相互インダクタンス	166	定電圧回路	68, 189
相互コンダクタンス	87	定電圧ダイオード	77
増幅率	54	定電圧電源	189
ソース	67	定電流回路	97
素子の蓄積効果	116	定電流源	95
ソリッド抵抗	59	定電流ダイオード	191
		定電流特性	193

——— た行 ———

		デシベル	52
		テスタ	70
ダーリントン回路	117	テブナンの定理	21
ダイオード	63, 72	デューティ比	225
ダイオード特性	103	電圧計	69
ダイオード・リミッタ	177	電圧ゲイン	118
対数	52	電圧源	23, 92
立ち下がり電圧	215	電圧降下	11
単安定マルチバイブレータ	216	電圧増幅率	142
タンク回路	80	電圧分割バイアス回路	111
炭素皮膜抵抗	58	電圧平衡の法則	12
タンタル電解コンデンサ	62	電圧利得	140
短絡電流	23, 93	電位障壁	64, 75
直流電流増幅率	102	電荷	25, 34
直流負荷線	112	電界	25
直流負荷線の方程式	121	電界効果トランジスタ	67
直流利得	208	電解コンデンサ	62
直列接続	16, 42	電子の電荷	75, 94
直列接続法	42	伝導度変調	83
チョッパ・アンプの復調器	241	電流帰還バイアス回路	109
ツイスト配線	57	電流計	68
ツェナ降伏	77	電流ゲイン	118
ツェナ・ダイオード	77	電流源	23, 92
ツェナ電圧	189	電流制限用の抵抗	79
低域限界周波数	208, 209	電流増幅作用	82
低域しゃ断周波数	200	電流増幅率	67
定格電圧	77	電流連続の法則	12

索 引

電力	25
電力効率	132
電力増幅回路	136
等価回路	92
等価電源定理	92
等価変換	23
同相	140
特性インピーダンス	51
ドナー	73
ドナー準位	74
トライアック	83
トランジスタ	65, 80
トランジスタの増幅作用	66
トランス	57
トランス結合A級電力増幅器	132
トリガ・ダイオード	91
トリガ・パルス	217
ドリフト	162
ドレイン	67
トンネル現象	77

——— な行 ———

内部インピーダンス	22, 92
内部抵抗	66, 69
なだれ降伏	77
ナレータ	148
二芯シールド	57
入力インピーダンス	67
入力オフセット電圧	151, 154
入力オフセット電流	152
入力端子	139, 196
入力バイアス電流	152
熱エネルギー	25
熱平衡状態	73
ノイズ・フィギュア	55
ノレータ	148

——— は行 ———

バーチャル・ショート	149, 157
ハートレー発振回路	165
バイアス点	128
バイアス電流	130, 154
ハイ・インピーダンス・マイクロホン	51
バイパス・コンデンサ	129
バイポーラIC	68
波高値	116
発光ダイオード	78
発光ダイオード回路	229
発振回路	29, 43
発振周期	86, 181
発振周波数	167
発振条件	164
発振するための条件	164
発振パルス	90
バッファ	236
バリスタ	135
パルス幅	217
反転型交流増幅回路	207
反転型分圧帰還回路	209, 210
反転増幅器	141
反転端子	196
反転・非反転切り替え回路	240
半導体	63
半波整流回路	220, 221
ヒステリシス・コンパレータ回路	215
ヒステリシス電圧	216
ひずみ率	137
非線形素子	19, 94
ヒ素	72
皮相電力	38
ビデオ信号	51
非反転型交流増幅回路	208
非反転増幅器	145
非反転増幅器の等価回路	150
微分回路	216, 230
微分型移相発振回路	168
微分波形	231
微分領域	233
比誘電率	59
ピンチオフ電圧	88
フィルタ	43
フィルム・コンデンサ	62

ブースタ回路	238
ブートストラップ手法	209
負荷	24
負荷インピーダンス	131, 201
負荷抵抗	27, 97
負帰還回路	151
複素インピーダンス	39
複素数	38
複素数の性質	39
負性インピーダンス変換器	225
ブリーダ電流	111
プログラマブル・ユニジャンクション・トランジスタ	86
分圧法則	18
分流法則	18
平均電力	31, 37, 38
並列接続	16, 42
並列接続の記号//	17
並列接続法	43
閉路電流	14
ベース接地	66
ベース接地T型等価回路	95
ベース接地近似等価回路	95
ベース接地電圧増幅率	95
ベース電流	81, 117
ベースの広がり抵抗	93
ベース広がり抵抗	94
帆足-ミルマンの定理	25
ホイートストン・ブリッジ	14
方形波	222
方形波/三角波発振回路	222
ホーロー抵抗	59
ポテンシャルの勾配	74
ボルツマン定数	75
ボルテージ・フォロワ	151

――― ま行 ―――

マイクロホン	51
巻線比	131
マッチング条件	52
マルチバイブレータ発振回路	177, 181
ミス・マッチング	51
未知の抵抗	16
脈流	64
ミラー積分回路	236
ミラー容量	236
無安定マルチバイブレータ	182
無安定マルチバイブレータ発振回路	184
無効電力	38
無ひずみ	153
漏れ電流	84

――― や行 ―――

有効電力	38
誘導回路	32, 37
誘導リアクタンス	33
ユニジャンクション・トランジスタ	82
ユニポーラ	68
容量回路	33, 37
容量リアクタンス	34

――― ら行 ―――

力率	38
利得可変型差動増幅器	161
利得可変の単一差動アンプ	159
利得可変範囲	211
利得条件	165
リニアIC	68
リプル除去の効果	191
リプル・フィルタ	190
ループ電流	168
連続利得可変回路	211
ロー・インピーダンスのマイク	51
ロー・オフセット	161
ロー・ノイズ	161
ローパス・フィルタ	201

| 著 者 略 歴 |

塩沢 修
（しおざわ おさむ）

- 昭和47年　新潟大学工学部電気工学科卒
- 主著として，
  「これでわかった電子回路入門」，オーム社
  「基礎からの電波・アンテナ工学」，啓学出版
  「基礎からの電気・電子回路入門講座」，総合電子出版社
  「トランジスタのはなし」，技報堂出版
  など．

村橋 善光
（むらはし よしみつ）

- 平成11年　国立岐阜工業高等専門学校　電気工学科卒
- 平成13年　名古屋大学工学部　電気電子・情報工学科卒
- 平成15年　名古屋大学大学院工学研究科　博士課程前期課程　電気工学専攻修了
  同年　名古屋大学大学院工学研究科　博士課程後期課程　電子情報学専攻

- **本書記載の社名，製品名について** ── 本書に記載されている社名および製品名は，一般に開発メーカーの登録商標です．なお，本文中では™，®，©の各表示を明記していません．
- **本書掲載記事の利用についてのご注意** ── 本書掲載記事は著作権法により保護され，また産業財産権が確立されている場合があります．したがって，記事として掲載された技術情報をもとに製品化をするには，著作権者および産業財産権者の許可が必要です．また，掲載された技術情報を利用することにより発生した損害などに関して，CQ出版社および著作権者ならびに産業財産権者は責任を負いかねますのでご了承ください．
- **本書に関するご質問について** ── 文章，数式などの記述上の不明点についてのご質問は，必ず往復はがきか返信用封筒を同封した封書でお願いいたします．ご質問は著者に回送し直接回答していただきますので，多少時間がかかります．また，本書の記載範囲を越えるご質問には応じられませんので，ご了承ください．
- **本書の複製等について** ── 本書のコピー，スキャン，デジタル化等の無断複製は著作権法上での例外を除き禁じられています．本書を代行業者等の第三者に依頼してスキャンやデジタル化することは，たとえ個人や家庭内の利用でも認められておりません．

JCOPY〈出版者著作権管理機構委託出版物〉
本書の全部または一部を無断で複写複製（コピー）することは，著作権法上での例外を除き，禁じられています．本書からの複製を希望される場合は，出版者著作権管理機構（TEL：03-5244-5088）にご連絡ください．

電子回路の基本法則からトランジスタ/OPアンプ回路の設計まで
改訂新版　電子回路設計の基礎知識

著　者　塩沢　修／村橋　善光
発行人　寺前　裕司

発行所　CQ出版株式会社
　　　　〒112-8619　東京都文京区千石4-29-14
電　話　出版部　03(5395)2148
　　　　販売部　03(5395)2141

2005年10月1日　初版発行
2020年4月1日　第8版発行

©塩沢 修／村橋 善光 2005
（無断転載を禁じます）

ISBN978-4-7898-3753-8
定価はカバーに表示してあります
乱丁，落丁はお取り替えします

編集担当者　山岸　誠仁
DTP・印刷・製本　三晃印刷株式会社
Printed in Japan